Mathias Hutzler

Getränkerelevante Hefen - Identifizierung und Differenzierung

Mathias Hutzler

Getränkerelevante Hefen - Identifizierung und Differenzierung

Wie können Hefen praxisrelevant unterschieden werden, und wie können Identifizierungsergebnisse technologisch bewertet werden?

Südwestdeutscher Verlag für Hochschulschriften

Impressum / Imprint
Bibliografische Information der Deutschen Nationalbibliothek: Die Deutsche Nationalbibliothek verzeichnet diese Publikation in der Deutschen Nationalbibliografie; detaillierte bibliografische Daten sind im Internet über http://dnb.d-nb.de abrufbar.
Alle in diesem Buch genannten Marken und Produktnamen unterliegen warenzeichen-, marken- oder patentrechtlichem Schutz bzw. sind Warenzeichen oder eingetragene Warenzeichen der jeweiligen Inhaber. Die Wiedergabe von Marken, Produktnamen, Gebrauchsnamen, Handelsnamen, Warenbezeichnungen u.s.w. in diesem Werk berechtigt auch ohne besondere Kennzeichnung nicht zu der Annahme, dass solche Namen im Sinne der Warenzeichen- und Markenschutzgesetzgebung als frei zu betrachten wären und daher von jedermann benutzt werden dürften.

Bibliographic information published by the Deutsche Nationalbibliothek: The Deutsche Nationalbibliothek lists this publication in the Deutsche Nationalbibliografie; detailed bibliographic data are available in the Internet at http://dnb.d-nb.de.
Any brand names and product names mentioned in this book are subject to trademark, brand or patent protection and are trademarks or registered trademarks of their respective holders. The use of brand names, product names, common names, trade names, product descriptions etc. even without a particular marking in this works is in no way to be construed to mean that such names may be regarded as unrestricted in respect of trademark and brand protection legislation and could thus be used by anyone.

Verlag / Publisher:
Südwestdeutscher Verlag für Hochschulschriften
ist ein Imprint der / is a trademark of
AV Akademikerverlag GmbH & Co. KG
Heinrich-Böcking-Str. 6-8, 66121 Saarbrücken, Deutschland / Germany
Email: info@svh-verlag.de

Herstellung: siehe letzte Seite /
Printed at: see last page
ISBN: 978-3-8381-1482-8

Zugl. / Approved by: München, TU, Dissertation, 2009

Copyright © 2010 AV Akademikerverlag GmbH & Co. KG
Alle Rechte vorbehalten. / All rights reserved. Saarbrücken 2010

Zusammenfassung

Hefen sind in der Getränkeindustrie einerseits als Schadorganismen und andererseits als Starterkulturen für alkoholische Getränke von Bedeutung. Die Identifikation von Schadhefen lässt eine Einschätzung des Verderbnispotentials und der Herkunft der Schadhefeart zu. Alkoholische fermentierte Getränke können durch Einzel- oder Mischkulturen hergestellt werden. Mischkulturen sind oft nicht definiert, d. h. deren Identifizierung auf Artebene kann Aufschlüsse über deren Gäreigenschaften und mögliche Hefe-Hefe Interaktionen bringen. Einzelstarterkulturen bedürfen der regelmäßigen Kontrolle auf Art- und Stammebene, um einen einwandfreien Prozess zu gewährleisten.

In dieser Arbeit wurden Real-Time PCR Assays, PCR-DHPLC-, Sequenzierung- und FT-IR Spektroskopie-Methoden entwickelt, optimiert bzw. auf die getränkemikrobiologische Analytik übertragen, um getränkerelevante Hefen zu identifizieren und zu differenzieren. Es wurden ein Screening Real-Time PCR Assay für getränkerelevante Hefe, verschiedene Real-Time PCR Identifizierungs-Assays für Nicht-*Saccharomyces* und *Saccharomyces* Hefearten – darunter auch die industriell genutzten Hefearten *S. cerevisiae* und *S. pastorianus* (syn. *carlsbergensis*) – entwickelt und evaluiert. Durch sie ist es erstmals möglich, *S. cerevisiae* Kontaminationen in untergärigen Brauereikulturhefen sensitiv zu detektieren und *S. sensu stricto* Kontaminationen artspezifisch in Betriebshefen nachzuweisen. Die Real-Time PCR Systeme sind kompatibel gestaltet und können simultan angewendet werden. Ein Transfer auf ein Mikrochip Real-Time PCR Format war möglich. Die PCR-DHPLC Analyse eines DNA-Abschnittes der IGS2-rDNA ermöglichte eine hochspezifische Differenzierung der industriell genutzten Stämme der Hefearten *S. cerevisiae* und *S. pastorianus* (syn. *carlsbergensis*). Die FT-IR Spektroskopie und die Sequenzierungsmethoden konnten erfolgreich auf die Identifizierung von getränkerelevanten Hefearten übertragen werden. Durch eine Kombination der Sequenzierungsmethoden, der Real-Time PCR Assays und der FT-IR Spektroskopie konnten 363 Hefestämme identifiziert werden und diese 53 verschiedenen Hefearten zugeordnet werden. Darunter befanden sich Isolate aus Brauereien, Getränkebetrieben und Starterkulturen. Erstmals konnte die Art *S. kudriavzevii* aus dem Brauereiumfeld identifiziert werden. Zur Vorkultivierung getränkerelevanter Hefen wurde neben YM basierten Differentialmedien das Universalmedium YM+Bromphenol+Coumarsäure mit differenzierenden nicht-inhibierenden Eigenschaften entwickelt.

Abstract

In beverage industries yeasts are considered as spoilage yeasts on the one hand and on the other hand they are of importance as starter cultures for fermented alcoholic beverages. An identification of spoilage yeasts on species level allows an evaluation or estimation of their spoilage potential and their origin. Alcoholic fermented beverages can be produced by starter cultures using single species or mixed species cultures. Frequently mixed cultures are not defined. Therefore identification on species level can clarify fermentation characteristics and yeast-yeast interactions of participated yeast species. Single species starter cultures require a continuous control of their identity on species and strain level to ensure a proper and efficient fermentation process.

In this study real-time PCR assays, PCR-DHPLC methods, sequencing methods and FT-IR spectroscopy methods were being developed, optimised and transferred to the microbiological analysis of beverages with the aim to identify and differentiate beverage-relevant yeasts. A screening real-time PCR assay for the detection of beverage-relevant yeasts, a variety of real-time PCR identification-assays for non-*Saccharomyces* and *Saccharomyces* species were being developed and evaluated. The *Saccharomyces* species included the industrial yeast species *S. cerevisiae* und *S. pastorianus* (syn. *carlsbergensis*). For the first time these assays enable to detect contaminations of *S. cerevisiae* in bottom-fermenting brewing yeasts and to detect *S. sensu stricto* contaminations species-specific in starter cultures. The fluorescent probes and the temperature protocols of the real-time PCR assays were designed compatible and the assays can be performed simultaneously. A transfer of the assays to a microchip real-time PCR format was successful. PCR-DHPLC analyses of an IGS2-rDNA-fragment allowed a specific differentiation of industrial strains of *S. cerevisiae* und *S. pastorianus* (syn. *carlsbergensis*). FT-IR Spectroscopy and sequencing methods were being transferred successfully to identify beverage-relevant yeasts. A combination of sequencing methods, real-time PCR assays and FT-IR spectroscopy methods enabled the identification (on species level) of 363 isolated strains from 53 species. The isolates originated from breweries, beverage companies and starter cultures. For the first time *S. kudriavzevii* was isolated and identified from a brewing environment. YM-based selective media and the universal medium YM+ bromophenol blue+ coumaric acid with selective non-inhibiting characteristics were developed to pre-cultivate beverage-relevant yeasts.

Inhaltsverzeichnis

ZUSAMMENFASSUNG I

ABSTRACT III

INHALTSVERZEICHNIS V

ABKÜRZUNGSVERZEICHNIS X

1   EINLEITUNG 1

2   ZIELSETZUNG 4

3   STAND DES WISSENS 6

   3.1   PHYLOGENETIK UND SYSTEMATIK DER HEFEN 6
   3.2   GETRÄNKERELEVANTE HEFEN 9
      3.2.1   *Industriell genutzte, getränkerelevante Hefen* 9
      3.2.2   *Schadhefen* 12
          3.2.2.1   Schadhefen in alkoholischen Getränken 12
          3.2.2.2   Schadhefen in alkoholfreien Getränken 15
          3.2.2.3   Getränkerelevante Schadhefen - eine Übersicht 17
   3.3   HEFEIDENTIFIZIERUNG UND –DIFFERENZIERUNG 19
      3.3.1   *Allgemeine Aspekte* 19
      3.3.2   *Übersicht aktueller Identifizierungs- und Differenzierungsmethoden* 20
      3.3.3   *Nährmediennachweis und -differenzierung* 22
      3.3.4   *Sequenzierung* 27
      3.3.5   *Real-Time PCR* 29
      3.3.6   *Mikrochip Real-Time PCR* 32
      3.3.7   *PCR-DHPLC* 34
      3.3.8   *FT-IR-Spektroskopie* 36

4   MATERIAL UND METHODEN 39

   4.1   GERÄTE, VERBRAUCHSMATERIALIEN, CHEMIKALIEN, REAGENZIEN, SOFTWARE 39
      4.1.1   *Materialien zur Kultivierung und Stammhaltung von Mikroorganismen* 39
      4.1.2   *DNA-Präparation* 40
      4.1.3   *PCR, Elektrophorese und Sequenzierung* 41
          4.1.3.1   Standard PCR 41
          4.1.3.2   Gelelektrophorese 41
          4.1.3.3   Sequenzierung 41

Inhaltsverzeichnis

- 4.1.3.4 Real-Time PCR ... 41
- 4.1.3.5 Mikrochip Real-Time PCR ... 42
- 4.1.4 *DHPLC* ... 42
- 4.1.5 *FTIR-Spektroskopie* ... 42
- 4.2 MIKROORGANISMEN, STAMMHALTUNG UND KULTIVIERUNG ... 42
  - 4.2.1 *Hefen* ... 42
  - 4.2.2 *Bakterien* ... 45
  - 4.2.3 *Schimmelpilze* ... 45
- 4.3 NÄHRMEDIEN ... 46
  - 4.3.1 *Nährmedienherstellung und –zusammensetzung* ... 46
  - 4.3.2 *Beimpfung* ... 49
- 4.4 DNA-ISOLATIONSMETHODEN ... 49
- 4.5 DNA-KONZENTRATIONSMESSUNG ... 51
- 4.6 GELELEKTROPHORESE ... 51
- 4.7 SEQUENZIERUNG VON PCR PRODUKTEN ... 51
- 4.8 DURCHFÜHRUNG, EVALUIERUNG, KOMBINATION VON PCR METHODEN ... 52
  - 4.8.1 *Standard PCR* ... 52
  - 4.8.2 *Real-Time PCR* ... 54
  - 4.8.3 *PCR-Effizienz, Spezifität, Sensitivität, relative Richtigkeit, Nachweisgrenzen zur Beurteilung von Real-Time PCR-Systemen* ... 59
  - 4.8.4 *Mikrochip-Real-Time PCR* ... 61
  - 4.8.5 *PCR-DHPLC* ... 62
- 4.9 FT-IR-SPEKTROSKOPIE ... 63
  - 4.9.1 *Messung der FT-IR Spektren* ... 63
  - 4.9.2 *Auswertung der FT-IR-Daten* ... 64
  - 4.9.3 *Erstellung des künstlichen neuronalen Netzes* ... 65
- 4.10 IDENTIFIZIERUNG UND DIFFERENZIERUNG VON PRAXISPROBEN ... 66
  - 4.10.1 *Identifizierung von Hefe Praxisisolaten aus der Getränkeindustrie* ... 66
  - 4.10.2 *Identifizierung von Hefeisolaten aus indigenen fermentierten Getränken und deren Starterkulturen* ... 67
  - 4.10.3 *Re-Identifizierung von Hefen aus künstlich kontaminierten Getränken* ... 67
  - 4.10.4 *Praxisrelevante Differenzierung von S. cerevisiae bzw. S. pastorianus Stämmen* ... 68

5 ERGEBNISSE ... 69
- 5.1 DIFFERENZIERUNG BRAUEREIRELEVANTER HEFEN ÜBER NÄHRMEDIEN ... 69
  - 5.1.1 *Evaluierung gängiger Differenzierungsmedien* ... 69
  - 5.1.2 *Innovative Modifikationen des YM-Mediums* ... 72

Inhaltsverzeichnis

5.1.3 Kombination des YM-Mediums mit Hefehemmstoffen 75
5.1.4 CHROMagar-Candida 80
5.2 OPTIMIERUNG VON SEQUENZIERUNGSVERFAHREN 82
   5.2.1 D1/D2 Domäne der 26S rDNA 82
   5.2.2 ITS1-5,8s-ITS2 Region der rDNA 83
   5.2.3 IGS1 Region der rDNA 85
   5.2.4 IGS2 Region der rDNA 86
   5.2.5 Ablauf und Kostenanalyse der Identifizierung über Sequenzierung für die QS in Getränkebetrieben 92
5.3 REAL-TIME PCR 93
   5.3.1 Primer-, Sondendesign und Evaluierung der entwickelten Real-Time PCR-Systeme 93
      5.3.1.1 Screening-System für getränkerelevante Hefen (SGH) 93
      5.3.1.2 Identifizierungssysteme für Nicht-S. Hefen 97
      5.3.1.3 Identifizierungssysteme für S. sensu stricto Hefen 102
      5.3.1.4 Differenzierungssysteme zur Unterscheidung industriell eingesetzter Saccharomyces Arten (Fokus S. cerevisiae und S. pastorianus UG) 105
   5.3.2 Transfer des Real-Time PCR Systemes Sce in ein Mikrochip-PCR Format . 112
      5.3.2.1 Reduzierung des Real-Time PCR Volumens 112
      5.3.2.2 Vergleich der konventioneller Real-Time PCR und der Mikrochip-Real-Time PCR 113
5.4 PCR-DHPLC 116
   5.4.1 Differenzierung von getränkerelevanten Hefearten 116
      5.4.1.1 Primerdesign und PCR-DHPLC Entwicklung 116
      5.4.1.2 Auftrennung der rDNA-Regionen ITS1 und ITS2 117
   5.4.2 Differenzierung von industriell genutzten S. pastorianus und S. cerevisiae Hefenstämmen 120
      5.4.2.1 Primerdesign und PCR-DHPLC Entwicklung 120
      5.4.2.2 Auftrennung eines partiellen Abschnittes der IGS2 rDNA-Region 121
5.5 FT-IR-SPEKTROSKOPIE 126
   5.5.1 Erweiterung der Opus-Datenbank mit getränkerelevanten Hefen 126
   5.5.2 Aufbau eines künstlichen neuronalen Netzes für Saccharomyces Hefen ... 127
5.6 IDENTIFIZIERUNG UND DIFFERENZIERUNG VON PRAXISPROBEN 129
   5.6.1 Identifizierung von Hefe-Praxisisolaten aus dem Brauereiumfeld 129
   5.6.2 Identifizierung von Hefeisolaten aus indigenen fermentierten Getränken und deren Starterkulturen 131
   5.6.3 Re-Identifizierung von Hefen aus künstlich kontaminierten Getränken 133
   5.6.4 Praxisrelevante Differenzierung von S. cerevisiae und S. pastorianus Stämmen 138

Inhaltsverzeichnis

6 DISKUSSION 143

6.1 DIFFERENZIERUNG ÜBER NÄHRMEDIEN 143
6.2 SEQUENZIERUNG/ SEQUENZANALYSE 150
6.3 REAL-TIME PCR 152
6.4 PCR-DHPLC 159
6.5 FT-IR SPEKTROSKOPIE 162
6.6 PRAXISRELEVANTER EINSATZ, VOR- UND NACHTEILE DER UNTERSUCHTEN METHODEN 163

7 LITERATURVERZEICHNIS 167

8 ANHANG 187

8.1 INFORMATIONEN ZU GETRÄNKESCHÄDLICHEN HEFEARTEN UND VERWANDTEN ARTEN IN ALPHABETISCHER REIHENFOLGE 187

8.1.1 Brettanomyces/ Dekkera sp. (B. custersianus, B. naardenensis, B. nanus, D. anomala, D. bruxellensis) 187

8.1.2 Candida sp. (C. glabrata, C. intermedia, C. parapsilosis, C. sake, C. tropicalis) 189

8.1.3 Debaryomyces hansenii (anamorph C. famata) 191

8.1.4 Hanseniaspora uvarum (anamorph Kloeckera apiculata) 192

8.1.5 Issatchenkia orientalis (anamorph Candida krusei) 193

8.1.6 Kazachstania exigua (anamorph Candida holmii), Kazachstania servazzii, Kazachstania unispora 193

8.1.7 Lachancea kluyveri 194

8.1.8 Naumovia dairenensis 195

8.1.9 Pichia fermentans (anamorph Candida lambica) 195

8.1.10 Pichia membranifaciens (anamorph Candida valida) 195

8.1.11 Pichia guilliermondii (anamorph Candida guilliermondii) 196

8.1.12 Saccharomyces sensu stricto sp. (bayanus, cariocanus, cerevisiae, kudriavzevii, mikatae, paradoxus, pastorianus) 196

8.1.13 Schizosaccharomyces pombe 199

8.1.14 Torulaspora delbrueckii (anamorph Candida colliculosa) 199

8.1.15 Torulaspora microellipsoides (früher Zygosaccharomyces microellipsoides) 200

8.1.16 Wickerhamomyces anomalus (früher Pichia anomala, anamorph Candida pelliculosa) 200

8.1.17 Zygosaccharomyces bailii 201

8.1.18 Zygosaccharomyces rouxii (anamorph Candida mogii) 202

8.1.19 Zygosaccharomyces sp. (Z. bisporus, Z. lentus, Z. mellis) 202

Inhaltsverzeichnis

8.1.20 Zygotorulspora florentinus (früher Zygosaccharomyces florentinus) 203

8.2 ÜBERSICHT ZU BRAUEREIRELEVANTEN SELEKTIVMEDIEN 203

    8.2.1 Medien mit Hemmstoffkomponenten 203

    8.2.2 Medien mit spezifischem Nährstoffbedarf 204

    8.2.3 Medium mit Farbdifferenzierung 206

    8.2.4 Medium mit spezifischer Bebrütungseigenschaft 207

8.3 ERGEBNISSE DER IDENTIFIZIERUNGEN VON HEFE-PRAXISISOLATEN AUS DEM UMFELD DER BRAUEREI- UND GETRÄNKEINDUSTRIE 207

8.4 HEFESTÄMME ZUR ERMITTLUNG DER SPEZIFITÄT UND DER RELATIVEN RICHTIGKEIT 212

8.5 ERGEBNISTABELLEN VON YM-MEDIEN MIT HEFEHEMMSTOFFEN 213

8.6 SEQUENZPOLYMORPHISMEN DER ITS1-5,8S-ITS2 RDNA DER S. SENSU STRICTO ARTEN . 217

8.7 EVALUIERUNGSERGEBNISSE DES REAL-TIME PCR SCREENINGS FÜR GETRÄNKERELEVANTE HEFEN FÜR DAS UNTERSUCHTE STAMMSET 218

8.8 EVALUIERUNGSERGEBNISSE DER REAL-TIME PCR IDENTIFIZIERUNGSSYSTEME FÜR NICHT-SACCHAROMYCES ARTEN 219

8.9 EVALUIERUNGSERGEBNISSE DER REAL-TIME PCR IDENTIFIZIERUNGSSYSTEME FÜR SACCHAROMYCES SENSU STRICTO ARTEN 243

8.10 EVALUIERUNGSERGEBNISSE DER REAL-TIME PCR SYSTEME ZUR UNTERSCHEIDUNG DER INDUSTRIELL EINGESETZTEN HEFEARTEN SACCHAROMYCES CEREVISIAE UND SACCHAROMYCES PASTORIANUS 247

8.11 PCR-DHPLC IGS2-314-PROFILE INDUSTRIELLGENUTZTER HEFEN 250

8.12 IDENTIFIZIERUNGSERGEBNISSE VON HEFEISOLATEN AUS DEM BRAUEREIUMFELD MIT BEKANNTEM (PI-BB) UND UNBEKANNTEM (PI-BA) PROBENAHMEORT 253

Abkürzungsverzeichnis

AfG	alkoholfreie(s) Getränk(e)
AFLP	Amplified Fragment Length Polymorphism
B	*Brettanomyces*
BD	Becton, Dickinson and Company
BE	Bittereinheiten [mg iso-α Säure/l]
BLAST	Basic Local Alignment Search Tool
BLQ	Forschungszentrum Weihenstephan für Brau- und Lebensmittelqualität der TU München
BMG	Biermischgetränk
bp	Basenpaare
100 bpl	100-Basenpaarleiter
BSA	Bovine Serum Albumine (Rinderserumalbumin)
BT II	Lehrstuhl für Technologie der Brauerei II
BT II K	BT II, Mikroorganismen-Kryobankstammsammlung
BVF	Bügelverschlußflasche
c	Konzentration
C	*Candida*
CBS	Centralbureau voor Schimmelcultures, Utrecht, Niederlande
CFU	Colony Forming Units (Koloniebildende Einheiten)
CLEN	Hefe-Selektivnährmedium basierend auf den Stickstoffquellen Cadaverin-Di-Hydrogenchlorid, Lysin, Ethylendiamin, Kaliumnitrat
Cry	*Cryptococcus*
C_t	Cycle threshold (PCR-Schwellenwert)
d	Tag
D	*Dekkera*
dd	bidestilliert
DHPLC	Denaturing high-performance liquid chromatography
DIMS	Direct Injection Mass Spectrometry
dNTP	Desoxyribonucleotid
dsDNA	doppelsträngige DNA
rDNA	ribosomale DNA
DSMZ	Deutsche Stammsammlung für Mikroorganismen und Zellkulturen, Braunschweig
EBI	European Bioinformatics Institute, Cambridge, UK

Abkürzungsverzeichnis

EV-Bier	Endvergorenes Bier
f	forward primer (Vorwärtsprimer)
FAM	6-Carboxy-fluorescin
FH	Fremdhefe(n)
FRET	Fluorescence resonance energy transfer
FTIR(-S)	Fourier transformierte Infrarot Spektroskopie
GC	Gas-Chromatography (Gaschromatographie)
GC-TOF	Gas-Chromatography-Time-of-Flight
gDNA	genomische DNA
H	*Hanseniaspora*
HEX	Hexachloro-6-carboxy-fluorescin
I	*Issatchenkia*
IAC	Internal Amplification Control (Interne Amplifikationskontrolle)
IGM	InstaGene Matrix
IGS	Intergenic Spacer
IPHT	Institut für Photonische Technologien, Jena
ITS	Internal Transcribed Spacer
K	Kryobank
K	*Kazachstania*
KNN	Künstliches neuronales Netz
KZE	Kurzzeiterhitzung
L	*Lachancea*
M	*Metschinkowia*
MALDI-TOF	Matrix-Assisted Laser Desorption/Ionisation Time of Flight
MBH	Nährmedium für bierschädliche Hefen
MC	Mikrochip
MC RT-PCR	Mikrochip Real-Time PCR
MHK	Minimale Hemmstoffkonzentration
MIB	Micro Inoculum Broth
min	Minuten
MRS	Nährmedium nach DeMan, Rogosa, Sharpe
MS	Mass Spectrometry (Massenspektrometrie)
N	*Naumovia*
NB	Nutrient Broth
NBRC	Stammsammlung des National Institute of Technology and Evaluation, Biolocical Resource Center, Chiba, Japan

Abkürzungsverzeichnis

NCBI	National Center for Biotechnology Information, Bethesda, USA
neg	negativ
nos	Numbers/ Nummern
NS-FH	Nicht *Saccharomyces*-Fremdhefen
NTC	No Template Control (PCR-Negativkontrolle)
OG	obergärige Brauereikulturhefen oder obergärig(e)
p	probe (Fluoreszenzsonde)
P	*Pichia*
PCMF	Polycarbonat Membranfilter
PCR	Polymerase Chain Reaction (Polymerasekettenreaktion)
PFGE	Pulsed Field Gel Electrophoresis
PI	Praxisisolat
PI BA	PI von Brauereien/ Getränkeherstellern (Anonyme Proben)
PI BB	PI von Brauereien/ Getränkeherstellern (Probenamebereich bzw. Hersteller bekannt)
PI C	PI Starterkultur Chicha (Costa Rica)
PI S	PI Starterkultur Satho (Thailand)
PI W	PI Starterkultur Bananenwein (Costa Rica)
Py-MS	Pyrolyse Massenspektrometrie
QS	Qualitätssicherung
r	reverse primer (Rückwärtsprimer)
R	*Rhodotorula*
R^2	Bestimmtheitsmaß der linearen Regression
RAPD	Random Amplified Polymorphic DNA
RFLP	Restriction Fragment Length Polymorphism
RT-PCR	Real-Time PCR
s	Standardabweichung
S	*Saccharomyces*
S. c.	*Saccharomyces cerevisiae*
Sch	*Schizosaccharomyces*
SDS	Natriumdodecylsulfat
sec	Sekunden
SEQ	Sequenzierung
S-FH	*Saccharomyces*-Fremdhefen
sp	Spezies
spp	Spezies pluralis

Abkürzungsverzeichnis

ssp	Subspezies
T	*Torulaspora*
U	Umdrehungen
UG	untergärige Brauereikulturhefen oder untergärig(e)
UV	Ultraviolett
VTT	VTT Biotechnology, Espoo, Finland
W	Hefebank Weihenstephan, Freising
W	*Wickerhamomyces*
WSYC	Weihenstephan Culture Collection of Yeast and Mould Strains, Freising
WSYC G	Weihenstephan Culture Collection of Yeast and Mould Strains, Glycerinstammsammlung, Freising
XMACS	Hefe-Selektivnährmedium basierend auf den Kohlenstoffquellen Xylose, Mannit, Adonit, Cellobiose und Sorbit
YCB	Hefe Kohlenstoff Basis
YNB	Hefe Stickstoff Basis
YNB w/o AA	Hefe Stickstoff Basis ohne Aminosäuren
YM	Hefe-Universalnährmedium auf Hefe- und Malzexktraktbasis
Z	Zellzahl
Z	*Zygosaccharomyces*

1 Einleitung

Hefen können als einzellige Pilze der Klassen Ascomycetes und Basidomycetes, deren vegetative Vermehrung auf Sprossung oder Zellteilung beruht und welche ihr sexuelles Stadium nicht durch einen Fruchtkörper ausprägen, definiert werden (284). Der Name Hefe ist wahrscheinlich auf das deutsche Wort heben zurückzuführen. Während der alkoholischen Gärung „heben" sich bzw. steigen die Hefezellen zur Flüssigkeitsoberfläche auf. In anderen Sprachen weisen die Begriffe für Hefe ebenfalls eine Verbindung zur Gärung auf: Yeast=während der Gärung gebildeter Schaum (Englisch), gist=Schaum (Niederländisch); zestos=Schaum (Griechisch); levure von lever=heben (Französisch); levadura von levantar=heben (Spanisch), lievito=heben (Italienisch). In slawischen Sprachen ist der Begriff für Hefe direkt von dem entsprechenden Wort für Gärung abgeleitet (142). Die Namensherkunft der Hefe verdeutlicht, dass die historisch-kulturelle Bedeutung der Hefe eng mit der Kultivierung durch den Menschen in verschiedenen Vergärungsprozessen verflochten ist. Die gärungstechnologisch bedeutendsten Hefen sind Arten der Gattung *Saccharomyces*, welche nach aktuellem taxonomischem Kenntnisstand in den *Saccharomyces sensu stricto* Komplex eingruppiert sind (217, 282). Dieser Komplex beinhaltet *Saccharomyces cerevisiae*, welche zur Produktion von obergärigem Bier, Wein, Brennereimaische, Sake und vielen anderen alkoholischen Getränken verwendet wird, *Saccharomyces bayanus*, die in der Wein- und Apfelweinproduktion (Cidre, Cider) eingesetzt wird, *Saccharomyces pastorianus,* die als Starterkultur für die untergärige Bierherstellung und Apfelweinherstellung dient und vier weitere Arten, die nicht industriell genutzt werden (16, 215, 217). Die Geschichte der gezielten Nutzung der Hefen – ohne deren Existenz als Mikroorganismen und eigentliche Verursacher der Gärung zu kennen – reicht bis 6000 Jahre v. Chr. in die Zeit der Hochkulturen des mittleren Ostens zurück (72, 284). 1680, einige Jahrtausende später, beobachtete Antonie van Leeuwenhoek wahrscheinlich als erster Mensch Hefen im Mikroskop. La Voisier entdeckte 1789 die Kohlendioxidentwicklung während der Gärung. 1815 stellte Gay-Lussac eine Gärungsgleichung auf, in der 2 Moleküle Saccharose zu 4 Molekülen Ethanol und 4 Molekülen Kohlendioxid umgesetzt werden. Bis Louis Pasteur 1870 demonstrierte, dass lebende Hefen für die Gärung alkoholischer Getränke verantwortlich sind, war eine Publikation von

Friedrich Woehler und Justus von Liebig aus dem Jahr 1839 gültig, die die Gärung als einen rein chemischen Prozess beschreibt, der durch den Abbau toter Hefezellen ermöglicht wird (201, 248). Pasteur beschrieb in seinen Studien auch Mikroorganismen, die qualitative Abweichungen und einen schlechten Geschmack des Bieres verursachen (72, 248). Wie Pasteur erkannte, haben nicht alle Hefen für die Getränkeproduktion positive Eigenschaften. Schadhefen können in vielen Sektoren der Getränkeindustrie durch unkontrollierte Fermentation zum Verderb des Produktes führen und somit großen wirtschaftlichen Schaden anrichten (87). Diese Schadhefen verteilen sich weitläufig über die 800 bekannten Hefearten (20, 258). Schätzungen besagen, dass zusätzlich etwa 669000 unbeschriebene Hefearten existieren (284). Trotz der Artenvielfalt der Hefen vermögen nur wenige Spezies in Getränken zu wachsen und diese zu verderben (206, 258). Das Schadhefespektrum und die Schadhefeanfälligkeit eines spezifischen Getränkes ist abhängig von der physikalisch-chemischen Zusammensetzung dieses Getränkes und dessen Eigenschaften als Hefenährmedium (59, 128, 258, 270). Es existieren verschiedene Publikationen, die die potentielle Hefeflora bzw. Schadhefeflora für spezifische Getränke, Getränkevorstufen, Getränkegruppen und Getränkerohstoffe beschreiben (11, 12, 60, 66, 128, 129, 135, 160, 206, 258, 259). Bisher existieren keine wissenschaftlichen Publikationen und keine veröffentlichten Schätzungen über das Ausmaß des wirtschaftlichen Schadens durch den Schadhefeverderb von Getränken. Es wird davon ausgegangen, dass es sich europaweit um Millionen, möglicherweise auch Milliarden Euro pro Jahr handelt (258). Gründe hierfür sind, dass Getränkehersteller nicht verpflichtet sind, Schadhefezwischenfälle zu melden, viele Verbraucher geringere Produktfehler (verursacht durch Hefewachstum) nicht melden oder nicht registrieren und auch nur ein Teil der schwerwiegenderen Produktfehler (z. B. Bombagenbildung, Trübung, Aromafehler) tatsächlich gemeldet werden (258). Eine Identifizierung und Katalogisierung auftretender Schadhefe-Spezies in einem spezifischen Getränk erlaubt es, dem Technologen eine getränkespezifische Schadhefeflora und das Schädigungspotential der auftretenden Hefearten aufzunehmen (60). Korrekte Art-Identifizierungen von getränkeschädlichen Hefen ermöglichen es, technologische Prozesse und deren Qualitätssicherungssysteme zu verbessern und Rohstoff- und Produktqualität zu bewerten (60). Hefen werden normalerweise phänotypisch (z. B. durch Verwertungsmuster bestimmter Zucker) oder anhand

Einleitung

diagnostisch etablierter Gensequenzen identifiziert (85, 148). DNA-basierte Identifizierungsmethoden sind zuverlässiger und schneller als phänotypische Methoden und sind bereits in Wissenschaft und Industrie weit verbreitet (148). Die Identifikation von getränkerelevanten Schadhefen auf Artebene ist in der Regel ausreichend, das Schadpotential und die technologischen Konsequenzen abzuleiten. Für einige spezielle Fragestellungen ist es jedoch ratsam, eine weitergehende Differenzierung einer Art auf Subspezies oder Stammebene durchzuführen. Ein Beispiel für eine weitergehende Differenzierung auf Subspeziesebene ist *Saccharomyces cerevisiae* var. *diastaticus*, die gefährlichste Fremdhefe im Brauereibereich. Sie besitzt übervergärende Aktivität, welche anhand einer DNA-Sequenz, die für das Enzym Glucoamylase kodiert, differenziert werden kann (36). Eine weitergehende Differenzierung von Schadhefen auf Stammebene kann in Spezialfällen angewendet werden, wie z. B. bei atypischen Konservierungsstoff-resistenten *S. cerevisiae*, *Sch. pombe* und *Z. bailii* Stämmen (174, 259). Eine weitaus größere Rolle spielt die Differenzierung auf Stammebene im Bereich der industriell genutzten Hefestämme zur Herstellung von vergorenen Getränken. Die Wahl des Hefestammes hat einen großen Einfluss auf Charakter und Qualität des Produktes. Hierbei sind u. a. Eigenschaften aufzuführen wie unterschiedliche Bildung von sekundären Stoffwechselprodukten und Aromprofilen, Gärgeschwindigkeiten, Vergärungsgrade, Bruchbildungsvermögen und Temperaturoptima (236). Differenzierungsmethoden auf Stammebene sollten im Optimalfall die Identität eines bestimmten Produktionsstammes sicherstellen (236). Die vorliegende Arbeit setzt sich mit der Anwendung, Erweiterung und Optimierung bestehender Identifizierungs- und Differenzierungsmethoden für getränkerelevante Schad- und Nutzhefen und deren Einbindung in die getränkemikrobiologische Qualitätssicherung auseinander. Ein weiterer Aspekt ist die Entwicklung neuartiger Identifizierungs- und Differenzierungsmethoden (z. B. Methodenentwicklungen für Real-Time PCR Systeme, PCR-DHPLC, FT-IR-Spektroskopie) für bisher ungelöste getränkemikrobiologische Problemstellungen. In der Praxis sind den verschiedenen Identifizierungsmethoden Vorkultivierungen auf Nährmedien vorgeschaltet. In diesem Zusammenhang beschäftigt sich diese Arbeit auch mit Neuentwicklungen und Modifikationen von Selektiv- und Universalmedien.

2 Zielsetzung

Das Ziel dieser Arbeit ist es, Verfahren zu entwickeln oder zu modifizieren, mit welchen ausreichend exakt und anwenderfreundlich getränkerelevante Kultur- und Schadhefen sowohl in Rein- als auch in Mischkulturen auf Art- und Stammebene identifiziert werden können. Die hierbei entwickelten modifizierten Verfahren stehen nicht in Konkurrenz zueinander, vielmehr sollten deren Vorteile und deren sinnvolle, praxistaugliche Kombinationsmöglichkeiten hervorgehoben und optimiert werden. Selektive Kultivierungsverfahren eignen sich dazu, Gruppen von Hefen mit bestimmten Wachstumseigenschaften aus Getränken zu vermehren und somit eine gewisse Vorauswahl zu erzielen. Diese selektiven Eigenschaften können in zwei Richtungen forciert werden. Ein Ziel ist es, eine bestimmte Hefespezies zu vermehren und alle anderen zu unterdrücken. Hiermit könnte z. B. eine bestimmte Kontaminante gezielt identifiziert werden und nachfolgende Identifizierungsverfahren wären somit überflüssig. Das gegenläufige Ziel ist es, das Wachstum einer bestimmten Hefeart oder sogar eines bestimmten Hefestammes zu unterdrücken und möglichst viele abweichende Hefearten bzw. -stämme zu kultivieren. Ein Beispiel hierfür ist die Unterdrückung eines Brauereikulturhefestammes und die Kultivierung aller Brauereifremdhefen. Beide Zielsetzungen wurden bearbeitet. In der QS-Praxis sind breitere Anreicherungsmethoden spezifischeren Methoden vorgeschaltet. Im Laufe der letzten beiden Jahrzehnte haben sich DNA-basierte Identifizierungsmethoden, beruhend auf den unterschiedlichen genetischen Codes verschiedener Organismenarten, etabliert. Hierzu gehören Real-Time PCR, rDNA-Sequenzierung und PCR-DHPLC, welche in dieser Arbeit näher auf ihre bestmöglichen Einsatzweisen und –gebiete hin untersucht werden. Es sollten Real-Time PCR Systeme entwickelt werden, die Hefearten identifizieren (Identifizierungssystem), die Hefearten in Gruppen identifizieren (Gruppensystem) und die getränkerelevante Hefen im allgemeinen nachweisen (Screeningsystem). Es sollten Hefearten sowohl in Reinkulturen als auch aus Hefemischpopulationen mit sehr niedrigen Nachweisgrenzen identifiziert werden. Deren Spezifitäten, Sensitivitäten, Nachweisgrenzen, PCR-Effizienzen und praktische Anwendbarkeit sollten ermittelt werden. Die Übertragbarkeit ausgewählter Real-Time PCR Systeme auf ein Mikrochip-PCR Format wird untersucht. Zeitaufwendige und kostenintensive rDNA Sequenzierungsmethoden sollten mo-

Zielsetzung

difiziert werden, um sie in der QS-Praxis als Identifizierungs-Referenzmethoden einsetzen zu können. Die PCR-DHPLC sollte bezüglich der Art-Identifizierung und der Differenzierung industriell genutzter *Saccharomyces cerevisiae* und *pastorianus* Stämmen untersucht werden. Die FT-IR-Spektroskopie, die eine biochemische Bestandsaufnahme einer Hefesuspension ermöglicht, sollte zur Art-Identifizierung von Reinkulturen und zur Differenzierung der Arten des *S. sensu stricto* Komplexes eingesetzt werden. In diesem Zusammenhang sollte die bestehende Hefe-Datenbank mit getränkerelevanten Arten erweitert und ein neuronales Netz für den *S. sensu stricto* Komplex entwickelt werden. Die entwickelten Methoden wurden auf ein großes Spektrum aus Hefe-Praxisisolaten angewendet. In diesem Zusammenhang wurde innerhalb eines Zeitraumes von 2 Jahren die Hefeflora im Brauereisektor untersucht. Die Entwicklungen sollten zudem zur Aufklärung der originären Hefeflora von indigenen Getränken (Satho-Reisgetränk aus Thailand, Bananenwein aus Costa Rica, Chicha-Maisgetränk aus Costa Rica) eingesetzt werden.

3 Stand des Wissens

3.1 Phylogenetik und Systematik der Hefen

Hefen werden entweder nach ihrem Phänotyp oder nach ihrer genetischen Sequenz identifiziert (32). Viele molekularbiologische Methoden wurden in den letzten Jahren entwickelt und werden als Alternative zu physiologischen Methoden betrachtet (85). Die Mehrheit dieser Methoden verwendet die ribosomale DNA der Hefen als Zielsequenz. Die ribosomalen Gene (5S, 5,8S, 18S und 26S) der Art *Saccharomyces cerevisiae* und der meisten anderen Hefearten sind in tandemartige Einheiten wie in Abbildung 1 angeordnet, welche sich im Genom auf Chromosom XII 100-200mal in einer Kopf-Schwanz Anordnung wiederholen (85, 182). Im Englischen wird der Begriff tandem-repeats – der rDNA – verwendet, welcher jedoch nicht mit short-tandem-repeats (Mikrosatelliten-DNA Abschnitte) zu verwechseln ist.

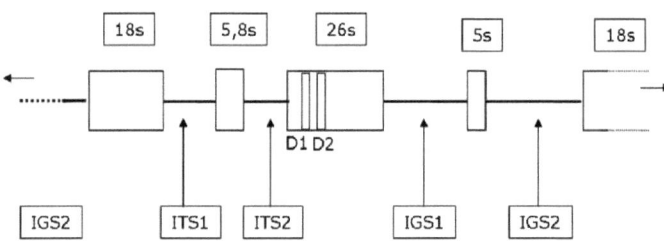

Abbildung 1: Struktur der ribosomalen DNA (nach (21, 85, 279))

Die kodierenden DNA-Abschnitte werden von nicht kodierenden Abschnitten, den ITS- (internal transcribed spacer) und den IGS-Regionen (intergenic spacer) getrennt (95, 182). Die ribosomalen Gene sowie die ITS- und IGS-Regionen sind etablierte Werkzeuge, um phylogenetische Verwandtschaftsverhältnisse aufzuklären und Spezies zu identifizieren (151). Die ITS- und IGS-Regionen weisen einen hohen Grad an interspezifischen Unterschieden auf (84). Gleichzeitig sind die intraspezifischen Polymorphismen in den ITS-Regionen nicht sehr ausgeprägt, weshalb sich diese Regionen anders als die 18S oder 26S rDNA-Abschnitte für Identifizierungen nah verwandter Spezies besser eignen (78, 137, 178). Vereinzelte DNA-Abschnitte der IGS-Regionen können intraspezifische Unterschiede

Stand des Wissens

aufweisen, d.h. Unterschiede der DNA-Sequenzen einzelner Stämme innerhalb einer Spezies (95, 125, 181, 182). Die zwei am häufigsten genutzten DNA-Regionen für Identifizierungszwecke auf Artebene sind die D1 und D2 Domänen, welche sich am 5' Ende des 26S Genes befinden, und das 18S Gen (130, 151). Diese Sequenzen sind in freien Internet-Datenbanken des NCBI oder EBI verfügbar. Besonders im Fall der D1/D2 Region des 26S Genes ist eine Vielfalt von Sequenzen hinterlegt, welche zum Vergleich der Sequenz einer unbekannten Sequenz herangezogen werden, um bei einer Übereinstimmung von 99% oder mehr diese Sequenz einer Spezies zuzuordnen (85, 151). Die Sequenzierung, der Sequenzabgleich und deren Ablaufschemata sind unter 3.3.4 näher beschrieben. In der Literatur werden weitere Gene und DNA-Abschnitte wie z. B. Histon Promotor Sequenzen, Actin-1-, Beta-Tubulin-, Cytochrom Oxidase II-, RNA-PolymeraseII-, Pyruvat-Decarboxylase-, EF1-α-, YCL008c-, URA3-, MET10-, LRE1-, GRC3-, SED1-, STE2-, BUL2-Gene beschrieben, die zur Aufklärung der Verwandtschaftsverhältnisse der Hefen genutzt werden können (22, 43, 54, 152, 171, 172, 215). Diese Abschnitte werden mittels PCR amplifiziert und anschließend sequenziert oder mittels Gel-Elektrophorese bzw. Real-Time Technologien nachgewiesen. Neben weiteren Genen lassen sich die Gene LRE1 und GRC3 nutzen, um die phylogenetischen Verhältnisse der Arten von *S. pastorianus* inklusive der untergärigen Brauereihefen und *S. bayanus* zu untersuchen (215). Eine Differenzierung anderer Arten des *S. sensu stricto* Komplexes anhand dieser Gene ist ebenfalls möglich (127). Des Weiteren wird auch beschrieben, dass sich die mitochondriale DNA zur Differenzierung von Brauereihefen und von Arten des *S. sensu stricto* Komplexes nutzen lässt (41, 85, 152, 216, 227, 270). Eine phylogenetische Multigenanalyse ermöglicht die Differenzierung der Arten des *Saccharomyces sensu stricto* Komplexes (152). *S.* Arten, welche auf Grund der Multigenanalyse nicht mit den *S. sensu stricto* Arten verwandt sind, gehören nicht der Gattung *S.* an und lassen sich innerhalb 14 vorgeschlagener Gattungen einteilen (147, 152). Der *S. sensu lato* Komplex, d.h. *S.* Arten, welche nur entfernt verwandt zu *S. cerevisiae* sind, ist nicht mehr existent (147, 152, 189, 217). Dessen Arten gehören nun zu verschiedenen Gattungen, wie z. B. *Kazachstania*, *Naumovia* und *Lachancea* (147, 150, 189). So ist z. B. die typische getränkeschädliche Hefeart *Saccharomyces exiguus* nun unter *Kazachstania exigua* aufgeführt (221). Der *S. sensu stricto* Komplex bestand ursprünglich aus den vier *S.* Arten *bayanus, cere-*

visiae, paradoxus, pastorianus und seit dem Jahr 2000, in dem die drei S. Arten cariocanus, kudriavzevii und mikatae beschrieben wurden, aus sieben Arten (192, 217, 282). Die S. sensu stricto Arten und der Zusammenhang von nicht-Hybrid Arten zu Hybrid Gruppen sind schematisch in Abbildung 2 dargestellt (217). Innerhalb der drei industriell genutzten Arten S. bayanus, S. cerevisiae und S. pastorianus befinden sich Hefen mit Hybridnatur.

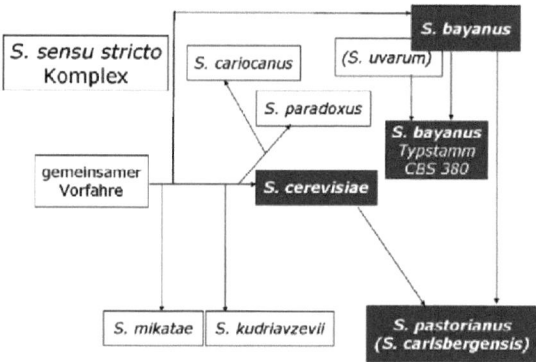

Abbildung 2: Schematische Darstellung der Saccharomyces sensu stricto Arten und der Zusammenhang von reinen Spezies und Hybridspezies (nach (217))

Die Art S. bayanus steht in der Diskussion, zwei Gruppen zu beinhalten. Die eine Gruppe beinhaltet Hefen, die der ehemals eigenständigen Spezies S. uvarum ähnlich sind. Die andere Gruppe beinhaltet reine S. bayanus Stämme. Aktuelle Hypothesen besagen, dass der S. bayanus Typstamm CBS 380 ein Hybrid, d. h. eine genetische Mischung aus den beiden erwähnten Gruppen ist, d. h. aus S. uvarum und S. bayanus (43, 138, 143, 262). Es ist sehr wahrscheinlich, dass die Verwendung dieses Stammes als Referenzstamm zu Missinterpretationen und verwirrenden Schlussfolgerungen geführt hat (217). Nach obig genannten Hypothesen hat der S. bayanus Typstamm den gleichen S. bayanus-Elternstamm wie die untergärige Brauhefe, welche in S. pastorianus eingruppiert ist und früher als S. carlsbergensis benannt war (43, 138, 143, 262). Die Art S. pastorianus lässt sich ebenfalls in zwei Gruppen unterteilen: S. pastorianus Typstamm-ähnliche Stämme und Stämme, die durch den ehemaligen Typstamm für untergärige Bierhefe S. carlsbergensis vertreten werden (298). Die S. pastorianus Typstämme verschiedener Mikroorganismen-Sammlungen scheinen sich zu unterschei-

Stand des Wissens

den. So scheint der Typstamm CBS 1538 Hybridcharakter vergleichbar zu *S. carlsbergensis* aufzuweisen, wohingegen der Typstamm NRRL-Y 1551 kein Hybrid ist (138). Es ist wahrscheinlich, dass durch die Verwendung der Typstämme als Referenzstämme fehlerhafte Interpretationen und Schlussfolgerungen in Identifikations- und Charakterisierungsstudien entstanden sind (217).

3.2 Getränkerelevante Hefen

3.2.1 Industriell genutzte, getränkerelevante Hefen

In gärungstechnologischen Verfahren der Getränkeindustrie werden hauptsächlich die drei Arten *S. cerevisiae*, *bayanus* und *pastorianus* eingesetzt, deren Stellung innerhalb des *S. sensu stricto* Komplexes unter 3.1 beschrieben ist (64, 72, 215). Obergärige Brauereikulturhefen gehören zur Art *S. cerevisiae*, untergärige Brauereikulturhefen zur Art *S. pastorianus* (43, 124, 217). Die Brauereihefen werden kontrolliert in Reinzuchtverfahren vermehrt und später zur Gärung eingesetzt (97, 264). Zur Herstellung von Spezialbieren, wie z. B. Berliner Weiße oder belgischen Bieren (Lambic) und englischen Bieren (Porter, Ale) kommen zusätzlich *Dekkera* spp. (anamorph: *Brettanomyces* spp.) als Nachgär-Kulturen zum Einsatz (12, 72). Hierbei ist die bedeutendste Art *Dekkera bruxellensis*, welche bei anderen Bier- und Getränketypen als obligate oder potentielle Schadhefe – wie unter 3.2.2.1 und 3.2.2.2 ersichtlich – eingestuft ist (12, 225). Bei der Weinherstellung werden *S.* Starterkulturen sowie Spontangärverfahren eingesetzt (64, 66). In Spontangärverfahren konkurrieren während der Angärphase viele Hefearten. Hauptsächlich treten *Hanseniaspora uvarum* (anamorph: *Kloeckera apiculata*), *Debaryomyces hansenii*, *Metschnikowia spp.*, *Candida spp.*, *Pichia spp.*, *Wickerhamomyces spp.* auf, wobei *Hanseniaspora uvarum* mehr als 60% der Gesamtzellpopulation ausmacht (12, 64). Die Vielfalt an Hefearten im Traubenmost hängt von verschiedenen Faktoren wie dem geografischen Standort, den klimatischen Bedingungen, der Traubensorte, dem Maß der Beschädigung der Traubenoberflächen und den Verarbeitungsbedingungen ab (211). Mit steigendem Alkoholgehalt als Folge der Gärung setzen sich alkoholtolerante *S.* Stämme durch. Ob die gärverantwortlichen *S.* Hefen hauptsächlich von der Traubenoberfläche oder von den Winzerkellern stammen, ist noch nicht geklärt (64). Einen analogen Zusammenhang bietet die *S.* Population während der Apfelweinbereitung: *S.* Hefen bewachsen natürlicherweise nicht die Apfeloberfläche, werden jedoch auf den Apfelpressen gefunden (16). In der Traubenweinproduktion hängt die Weiterentwicklung der originären Hefepopulation auch von den unterschiedlichen Verarbeitungsparametern, wie z. B. Handlese, maschinelle Lese, Gärtemperatur und SO_2-Konzentration ab (64). Neben den stark gärenden *S.* Arten können andere gärkräftige bzw. gärfähige Hefearten in Spontangärungen wie *Zygosaccharomyces spp.*, *Zygotorulaspora spp.*, *Kazachstania exigua*, *Lachancea kluyveri*, *Saccharomycodes ludwigii* und *Torulaspora delbrueckii* auftreten (12, 93, 150). *S. paradoxus* Stämme mit guten oenologischen Eigenschaften, die aus kroatischen Weingärten isoliert wurden, kamen dort in größerer Anzahl vor als *S. cerevisiae* (220). In kontrollierten Weingärungen kommen *S. cerevisiae* und *S. bayanus* Stämme zum Einsatz. Es wurden auch Starterkultur-Kombinationen aus *S. cerevisiae* und verschiedenen *C. spp.* untersucht, mit dem Effekt, dass resultierende Weine andere sensorische Eigenschaften aufwiesen als die Weine, die ausschließlich mit *S. cerevisiae* Reinzuchthefe vergoren wurden (93, 136, 272). In den westlichen Kulturen kommt *S. cerevisiae* bei der Herstellung von Brennereimaischen, Sekt, Apfelwein und anderen Obstweinen als Starterkultur zum Einsatz. Ländliche, spontan vergorene Apfelmoste werden hauptsächlich mit *Hanseniaspora spp.* erzeugt (66). Bei der Apfelweinherstellung können auch *S. bayanus* und *S. pastorianus* Stämme und oft Gemische dieser beiden Arten zum Einsatz kommen, wobei *S. bayanus* die Angärphase dominiert und *S. pastorianus* die restliche Gärung dominiert (16). Viele *S. bayanus* Stämme sind kryotolerant, d. h. sie können bei niedrigen Gärtemperaturen (8-15°C) stabil wachsen. Untergärige Brauereikulturstämme der Art *S. pastorianus*, die auch die Fähigkeit zum Wachstum bei niedrigen Temperaturen haben, sind Hybride aus *S. cerevisiae* und *S. bayanus*, wobei die mitochondriale DNA ausschließlich von *S. bayanus* stammt (216). Aus Wein und Apfelwein wurden auch Hybride aus *S. cerevisiae* und *S. bayanus* isoliert (176). Zudem wurden aus Wein kryotolerante Hybride aus *S. cerevisiae* und *S. kudriavzevii* isoliert (105). Verschiedene chromosomal kodierte Gene sowie mitochondriale Gene von *S. kudriavzevii* konnten nachgewiesen werden (105, 164). Diese Erkenntnisse bekräftigen die Theorie, dass der kryotolerante Charakter kaltgärender Hefen immer vom genetischen Nicht-*S. cerevisiae* Anteil herrührt (216). Neben den großindustriell hergestellten alkoholischen Getränken gibt es eine Vielfalt an semi-industriell und auf handwerkliche Weise hergestellte, „fermentierte Ur-Getränke" (engl. indigenous fer-

Stand des Wissens

mented beverages). Verschiedene Hefearten spielen bei deren Produktion in Starterkulturen oder in Spontangärkulturen eine Rolle (29, 252). „Indigenous fermented beverages" kann mit „indigenen/einheimischen vergorenen Getränken" oder „vergorenen Ur-Getränken" übersetzt werden. Als Beispiele sind Pulque, Chicha aus Lateinamerika, Zuckerrohrwein, Sake, Satho aus Asien, und Ajon, Busaa, Tej, Kaffir/Sorghum Bier aus Afrika zu nennen (29, 187, 251, 252). Diese Getränke beinhalten eine große Vielfalt an Hefearten, wobei S. Arten am häufigsten beschrieben sind (134, 252). Die Identifizierungen der Hefearten aus diesen Getränken stammen meistens aus älteren Studien und wurden meistens phänotypisch vorgenommen (252). In neueren Studien wird die Hefemikroflora mit Hilfe von molekularbiologischen Methoden, wie z. B. 18S bzw. 26S rDNA Sequenzierung, genauer beschrieben (35, 134, 154, 274). Hefearten, welche als Starterkulturen, semi-kontrollierte Kulturen oder in spontanen Gärprozessen zur Herstellung ausgewählter alkoholischer Getränke genutzt werden, sind in Tabelle 1 zusammengefasst.

Tabelle 1: Hefearten in Starterkulturen und Spontangärpopulationen zur Herstellung alkoholischer Getränke (12, 16, 52, 64, 66, 72, 150, 217, 220, 251, 252, 276)

Getränketyp	Hefearten in Starterkultur	Hefearten in Spontangärpopulationen
Bier		
Bier (untergärig)	S. pastorianus UG	-
Bier (obergärig)	S. cerevisiae	-
Bier (obergärig, Spezialbiere)	S. cerevisiae, D. bruxellensis	-
Wein		
Traubenwein	S. bayanus, S. cerevisiae	S. bayanus, S. cerevisiae, S paradoxus, C. spp., Debaryomyces hansenii, P. fermentans, Hanseniaspora uvarum, I. orientalis, M. pulcherrima, Kregervanrija fluxuum, Saccharomycodes ludwigii, T. delbrueckii, Zygotorulaspora spp., K. exigua, L. kluyveri, W. anomalus, Z. spp.
Apfelwein	S. cerevisiae, S. bayanus, S. pastorianus	C. oleophila, C. sake, C. stellata, C. tropicalis, H. uvarum, H. osmophila, H. valbyensis, L. cidri, Kluyveromyces marxianus, Kregervanrija delftensis, M. pulcherrima, Lindnera misumaiensis, P. guilliermondi, P. nakasei
Sonstiger Obstwein	S. cerevisiae	-
CO_2-haltiger Wein (Sekt, Prosecco, Champagner)	S. cerevisiae	-
Destillierte alkoholische Getränke		
Whisk(e)y	S. cerevisiae, S. cerevisiae var. diastaticus	-
Cognac, Armagnac, Brandy	Siehe Traubenwein	Siehe Traubenwein
Rum	S. cerevisiae, S. bayanus, Sch. pombe	-

Stand des Wissens

Getränketyp	Hefearten in Starterkultur	Hefearten in Spontangärpopulationen
Indigene fermentierte Getränke		
Kaffir/Sorghum Bier (Hirsebier)	S. cerevisiae	-
Pulque (vergorener Agavensaft)	S. cerevisiae	S. cerevisiae, Hanseniaspora uvarum
Sake (alkoholisches Reisgetränk)	S. cerevisiae var. sake, C. sake	-
Palmwein	-	S. cerevisiae, Sch. pombe, P. membranifaciens, P. fermentans, C. tropicalis
Honigwein (Tej)	-	S. cerevisiae
Chicha (alkoholisches Maisgetränk)	-	S. cerevisiae, S. pastorianus, Kregervanrija fluxuum
Busaa (alkoholisches Mais-, Hirsegetränk)	-	S. cerevisiae, I. orientalis
Zuckerrohrwein	-	*S. cerevisiae, Saccharomycopsis fibuligera
*Takju/Yakju (alkoholisches Reis oder Weizengetränk)	-	*S. cerevisiae, C. inconspicua, C. sake), P. triangularis, W. anomalus
*Süß-saure alkoholische Reis- und Maniok-Getränke basierend auf Ragi, Loogpang, Bubod, etc. Starterkulturen	-	* S. cerevisiae, C. intermedia, C. parapsilosis, C. solani, Cryptococcus humicola, Filobasidium capsuligenum, Kodamaea ohmeri, Kregervanrija fluxuum, P. membranifaciens, P. guilliermondii, Saccharomycopsis fibuligera, Saccharomycopsis malanga, W. canadensis, W. anomalus, W. subpelliculosa

*semi-kontrollierte Gärungen, basierend auf natürlich kultivierten Starter-Mischkulturen

3.2.2 Schadhefen

3.2.2.1 Schadhefen in alkoholischen Getränken

Die Begriffe „wilde Hefen", Fremdhefen und Schadhefen werden oft als Synonyme benutzt, wobei es aber sinnvoll ist, diese Begriffe abzugrenzen. „Wilde Hefen" und Fremdhefen fassen Hefearten bzw. -stämme zusammen, welche nicht mit dem Produktionsstamm/der Starterkultur identisch sind (12, 127). D. h. Fremdhefen müssen nicht unbedingt obligate, potentielle oder indirekte Schädlinge alkoholischer Getränke sein. Sie können auch latent in einem Getränk oder in dessen Produktionsumgebung vorliegen, ohne eine Schädigung hervorzurufen (12). Der Begriff Schadhefen impliziert hingegen, dass hier zugehörige Hefen eine indirekte oder direkte Produktschädigung verursachen (127). In den Herstellungsprozessen alkoholischer Getränke können Schadhefen während der Gärung mit der Betriebshefe bzw. mit der „gewollten" Hefeflora (bei Spontan- oder Mischgärungen) konkurrieren und den Gärverlauf negativ beeinflussen (12, 167). So kann z. B. ein untergäriger Brauereihefestamm in einem Bier-Produktionsprozess, der mit einem anderen untergärigen Stamm arbeitet, eine

Schadhefe darstellen (12, 124). Gärstörungen und die Bildung von ungewollten Aromen in Zwischenprodukten gehören zu den indirekten Produktschädigungen und sind oft irreversibel (12). Indirekte Schadhefen zeichnen sich dadurch aus, dass sie das fertige alkoholische Getränk nicht unmittelbar schädigen können, jedoch im Produktionsbereich Produktvorschädigungen verursachen können (12). Indirekte Schädigungen treten häufig in der Starterkultur und während der Angärung auf (12). Werden indirekte Schädigungen frühzeitig erkannt, können sie durch entsprechende Maßnahmen beseitigt (Verschneiden, scharfe Filtration) werden (12). Eine direkte Produktschädigung eines fertigen alkoholischen Getränkes findet durch Schadhefen statt, die dessen Milieu tolerieren und darin wachstumsfähig sind (127). Indirekte Schadhefen sind hauptsächlich Primärkontaminanten, d. h. sie treten im Prozess vor der Abfüllung auf, wohingegen direkte Schadhefen (potentielle, obligate) Primär- und Sekundärkontaminaten sein können, d. h. sie können in jeder Prozessstufe (auch nach der Abfüllung) wachsen (255). Bei filtrierten alkoholischen Getränken liegt das Endprodukt (aus mikrobieller Sicht) nach der Filtration vor, bei destillierten Getränken nach der Destillation, bei unfiltrierten Getränken ist diese Grenze der Zeitpunkt, ab dem das Produkt keinen weiteren Änderungen produktspezifischer Parameter unterliegt (langfristige Ausbauprozesse ausgenommen, wie z. B. Wein- oder Whiskylagerung). Der Zeitpunkt an, dem sich das Endprodukt aus mikrobiologischer Sicht nicht mehr ändert, ist auch die Grenze für direkte bzw. indirekte Schädigung. In Tabelle 2 sind die indirekten und direkten Schadhefearten verschiedener alkoholischer Getränke aufgelistet. Relativ junge Getränkekategorien stellen die Bier-, Wein- und Spirituosenmischgetränke dar. Aussagekräftige Studien zur Schadhefen-Anfälligkeit existieren bisher nur für Biermischgetränke (33, 128).

Tabelle 2: Indirekte und direkte Schadhefen verschiedener Getränketypen (12, 52, 60, 93, 128, 155, 167)

Getränketyp	Indirekte Schadhefen	Direkte Schadhefen
Bier		
Bier	S. spp. (bayanus, cerevisiae, pastorianus), C. spp. (inconspicua, intermedia, rugosa, sake, stellata, tropicalis), Debaryomyces hansenii, H. uvarum, I. orientalis, K. exigua, Kluyveromyces marxianus (v. a. Sauergut), Kregervanrija fluxuum, P. spp. (fermentans, jadinii, membranifaciens), R. glutinis, Saccharomycopsis fibuligera, Saccharomycodes ludwigii, W. anomalus	S. spp. (bayanus, pastorianus, cerevisiae, cerevisiae var. diastaticus) B. spp. (custersianus, nanus), D. spp. (anomala, bruxellensis)
Biermischgetränke	siehe Bier (indirekte und direkte Schadhefen)	S. spp. (bayanus, cerevisiae, cerevisiae var diastaicus. paradoxus, pastorianus), B. naardenensis, D spp. (anomala, bruxellensis), K. exigua, L. kluyveri, N. castelli, Sch. pombe
Wein		
Traubenwein	S. spp. (bayanus, cerevisiae, pastorianus), C. spp. (boidinii, glabrata, inconspicua, norvegica, parapsilosis, rugosa, sake, stellata, tropicalis, zeylanoides), Cryptococcus laurentii, Debaryomyces spp. (etchellsii, hansenii), H. spp. (guilliermondii, uvarum), I. orientalis, Torulaspora delbrueckii, K. exigua, Kluyveromyces marxianus Kregervanrija fluxuum, L. kluyveri, M. pulcherrima, P. spp. (guilliermondii, jadinii, membranifaciens, farinosa, fermentans), R. spp. (glutinis, mucilaginosa), Saccharomycopsis fibuligera, Sch. pombe, T. delbrueckii, W. spp. (anomalus, subpelliculosa	S. spp. (cerevisiae), D. spp. (anomala, bruxellensis), Saccharomycodes ludwigii, Zygosaccharomyces spp. (bailii, rouxii)
Apfelwein	S. spp., C. spp. (anglica, boidinii, cidri, norvegica, pomicola), Hanseniaspora spp. (uvarum, osmophila, valbyensis), M. pulcherrima, P. spp. (guilliermondi), Saccharomycodes ludwigii	S. spp. (bayanus, cerevisiae), D. spp. (anomala, bruxellensis), Z. bailii
Weinmischgetränke	Siehe Traubenwein (indirekte und direkte Schadhefen)	Keine Literaturangaben
Destillierte alkoholische Getränke		
Whisk(e)y	siehe Bier	-
Cognac, Armagnac, Brandy	siehe Wein	-
Spirituosenmischgetränke (Alkopops)	-	Keine Literaturangaben
Indigene fermentierte Getränke		
Alkoholische Getränke, die mit unkontrollierter bzw. semikontrollierer Hefeflora produziert werden	Hefearten, die sich von den eingesetzten Betriebsarten unterscheiden und Gärverlauf und Produktqualität negativ beeinflussen	Hefearten, die im fertigen Produkt wachstumsfähig sind und dieses schädigen

Mischgetränke setzen sich aus zwei Anteilen zusammen, zum einem aus einem alkoholischem Getränk und zum anderen aus einem alkoholfreien Getränk. Die zugesetzten alkoholfreien Getränke variieren meist sehr in ihrer Zusammenset-

Stand des Wissens

zung (Zuckeranteil, -spektrum, Säfte, Aromen, Antioxidantien, Konzentrate, Fruchtauszüge, Stabilisatoren, pH-Wert, Farbstoffe) und ihrem Mischungsanteil (128). Das potentielle Schadhefespektrum eines Mischgetränkes hängt von seiner Rezeptur und seinen Milieueigenschaften ab (128). Als indirekte Schadhefen der Mischgetränke können die Schadhefen der alkoholischen Getränke Bier und Wein betrachtet werden, da diese Getränke hier als Zwischenprodukte zu sehen sind. Für den Limonadenanteil besteht im Regelfall keine indirekte Schädigungsgefahr, da die wenig anfälligen Limonadenrohstoffe (Sirupe, Konzentrate, Aromen) erst kurz vor dem eigentlichen Mischprozess (z. B. Inlineausmischung) mit dem alkoholischen Getränk zur alkoholfreien Komponente ausgemischt werden (239). Erst nach dem Ausmischen ist das Milieu vorteilhaft für Schadhefen. Direkte Schadhefen für Biermischgetränke sind in Tabelle 2 aufgeführt. Destillierte alkoholische Getränke und deren Anteil für Spirituosenmischgetränke sind durch den hohen Alkoholgehalt für Schadhefe-Kontaminationen unanfällig. Die Schadhefeflora für Bier und Wein und Apfelwein ist ausgiebig erforscht (12, 60, 93, 167). Über das Schadhefespektrum in Fruchtweinen existieren keine Studien, es ist jedoch davon auszugehen, dass es mit dem in Wein und Apfelwein vergleichbar ist. Ähnlich verhält es sich im Bereich der indigenen fermentierten Getränke. Für indigene Getränke lässt sich die Aussage für direkte und indirekte Schadhefen treffen, welche in Tabelle 2 angegeben ist. Da für indigene Getränke in vielen Studien (siehe 3.2.1) zunächst die an der Gärung beteiligten Hefearten identifiziert werden müssen um kontrollierte Prozesse mit definierten Starterkulturen zu gewährleisten, steht die Erforschung der Schadhefeflora bislang noch im Hintergrund.

3.2.2.2 Schadhefen in alkoholfreien Getränken

Eine begrenzte Anzahl von Hefearten kann in alkoholfreien Getränken, welche definierte mikrobiologische Umgebungsbedingungen bieten, gefunden werden. Viele Hefearten halten diesen jedoch nicht Stand (259). Eine sehr große Anzahl von Hefearten verschiedener Gattungen wurde aus alkoholfreien Getränken isoliert (15, 214, 232-235, 246, 258, 299). Viele der isolierten Hefen wirken sich nicht auf alkoholfreie Getränke aus, da sie zufällig „in das Getränk gelangen", nicht wachstumsfähig sind oder in kurzer Zeit absterben. Die wirklich schädlichen Hefearten aus dieser Hintergrundflora zu erkennen, ist von Bedeutung (259). In diesem Zusammenhang wurden Hefearten aus alkoholfreien Getränken nach DAVENPORT in drei verschiedene Kategorien eingeordnet (55, 259). Tabelle 3 enthält Hefearten der Kategorie I-III, wobei Kategorie I Schadhefen beinhaltet, die das Potential haben, aus einer Zelle pro Gebinde zu wachsen und das Getränk zu verderben (55). Hefearten aus Kategorie II können Verderb verursachen, wenn Produktionsfehler stattfinden oder wenn es sich um ein mikrobiell anfälliges Getränk handelt (55). Sie tauchen bei guter Betriebshygiene nur in niedrigen Zellzahlen auf. In Kategorie III sind Arten zu finden, die als Hygienekeime bezeichnet werden können, die häufig als Indikatorkeime eingesetzt werden und im Regelfall keinen Verderb verursachen. Hefearten der Kategorie IV sind Arten aus Fremdhabitaten, welche normalerweise nicht im Produktionsbereich alkoholfreier Getränke beheimatet sind. Als Beispiel ist *Kluyveromyces lactis* zu nennen, welche typischerweise aus dem Molkereibereich stammt. Wird diese Hefe in der AfG Produktion gefunden, ist dies ein Indiz, dass ein Kontakt mit Molkereiprodukten oder –equipement stattfand (259). BACK teilt die Hefearten der AfG-Industrie nach ihrem Gärpotential ein, nämlich in gärkräftige, gärfähige, gärschwache und nicht gärfähige Arten (11, 13). In Tabelle 3 sind die Hefearten der Kategorien I-III dem entsprechendem Gärpotential zugeordnet.

Stand des Wissens

Tabelle 3: Gruppierung der Hefearten aus alkoholfreien Getränken (Softdrinks) und deren Produktionsumgebungen nach ihrem Schad- und Gärpotential (modifiziert nach (11, 13, 20, 60, 221, 259))

Gärpotential	I Schadhefearten	II Potentielle Schadhefearten/ Hygienearten	III Hygienearten
gärkräftig	S. cerevisiae	S. bayanus	
	Z. bailii	Zygotorulaspora florentinus	
gärfähig	K. exigua	I. orientalis	
	Sch. pombe	L. fermentati	
	Z. rouxii	L. kluyveri	
	Z. bisporus	T. delbrueckii	
	Z. lentus	T. microellipsoides	
gärschwach	B. naardenensis	C. boidinii	C. lactis-condensi
	D. anomala	C. davenportii	C. sake
	D. bruxellensis	C. etchellsii	C. solani
		C. intermedia	C. tropicalis
		C. parapsilosis	C. lusitaniae
		C. stellata	D. etchellsii
		Debaryomyces hansenii	
		H. uvarum	
		L. thermotolerans	
		Lodderomyces elongisporus	
		P. fermentans	
		P. minuta	
		P. guilliermondii	
		W. anomalus	
Atmungshefe (nicht gärfähig)		C. inconspicua	(Aureobasidium pullulans)
		P. membranifaciens	Cryptococcus albidus
			Cryptococcus laurentii
			Rhodotorula glutinis
			Rhodotorula mucilaginosa

3.2.2.3 Getränkerelevante Schadhefen - eine Übersicht

Der Verderb von Getränken durch Schadhefen kann diverse Erscheinungsbilder aufweisen. Die Verderbnis-Effekte, die in alkoholfreien und alkoholhaltigen Getränken auftreten können, zeigt Tabelle 4. Gasproduktion, Trübung, Bodensatz und Fehlaromen durch Schadhefen können in beiden Getränkegruppen auftreten (168). Lediglich die Filmbildung tritt nur bei alkoholischen Getränken auf (168).

Stand des Wissens

Tabelle 4: Durch Hefewachstum verursachte Verderbnis-Effekte in Getränken (modifiziert nach (168))

Getränkegruppe	Verderbnis-Effekte				
	Gasproduktion	Trübung	Bodensatz	Filmbildung	Fehlaromen
filtrierte, alkoholische Getränke (z. B. Bier, Wein)	+	+	+	+	+
alkoholfreie Getränke (Soft Drinks)	+	+	+	-	+

DEAK und BEUCHAT beschreiben das errechnete prozentuale Auftreten/Vorkommen von 96 Schadhefearten in Früchten, alkoholfreien Getränken, Bier und Wein (60). Tabelle 5 listet das prozentuale Auftreten ausgewählter Hefearten auf.

Tabelle 5: Errechnetes prozentuales Auftreten/Vorkommen (%) von ausgewählten Schadhefearten (aus 96 Schadhefearten) in Früchten, alkoholfreien Getränken, Bier und Wein (modifiziert nach (60))

Schadhefeart	Vorkommen (%)	Schadhefeart	Vorkommen (%)
Brettanomyces naardenensis	0,09	*Pichia angusta*	0,58
Candida apicola	0,65	*Pichia burtonii*	0,55
Candida glabrata	0,86	*Pichia fermentans*	1,60
Candida intermedia	0,74	*Pichia guilliermondii*	2,40
Candida parapsilosis	1,38	*Pichia jadinii*	0,74
Candida sake	1,72	*Pichia membranifaciens*	4,43
Candida stellata	1,66	*Rhodotorula glutinis*	2,58
Candida tropicalis	1,85	*Rhodotorula minuta*	0,55
Candida versatilis	0,92	*Rhodotorula mucilaginosa*	3,45
Cryptococcus albidus	1,45	*Saccharomyces bayanus*	1,85
Cryptococcus laurentii	0,92	*Saccharomyces cerevisiae*	6,40
Debaryomyces hansenii	4,61	*Saccharomyces pastorianus*	0,92
Dekkera anomala	0,65	*Saccharomycodes ludwigii*	1,01
Dekkera bruxellensis	0,43	*Schizosaccharomyces pombe*	1,69
Hanseniaspora guilliermondii	1,01	*Sporobolomyces roseus*	0,83
Hanseniaspora uvarum	3,20	*Torulaspora delbrueckii*	4,68
Issatchenkia orientalis	3,23	*Torulaspora microellipsoides*	1,11
Kazachstania exigua	1,11	*Wickerhamomyces anomalus*	4,25
Kluyveromyces marxianus	2,21	(früher *Pichia anomala*)	
Kregervanrija fluxuum	1,11	*Wickerhamomyces subpelliculosa*	1,29
Lachancea kluyveri	0,65	(früher *Pichia subpelliculosa*)	
Lachancea thermotolerans	0,98	*Zygosaccharomyces bailii*	4,76
Lodderomyces elongisporus	0,55	*Zygosaccharomyces bisporus*	0,92
Metschnikowia pulcherima	2,46	*Zygosaccharomyces rouxii*	3,20

Unter 3.2.2.1 und 3.2.2.2 ist aufgeführt, welche Schadhefearten indirekte und direkte Schädigung der verschiedenen Getränke verursachen können. Die Kom-

Stand des Wissens

bination dieser Daten mit der prozentualen Verteilung aus Tabelle 5 lässt eine Voreinstufung des Schadpotentials einer Hefeart und der Schadenswahrscheinlichkeit dieser Hefeart für einen bestimmten Getränketyp zu. Des Weiteren sind im Anhang 8.1 allgemeine Informationen zu bedeutenden getränkeschädlichen Hefearten und nah verwandten nicht-getränkeschädlichen Hefearten aufgeführt. Die Hefearten sind in alphabetischer Reihenfolge beschrieben und beinhalten zusätzliche Informationen zu ihrem Vorkommen/Auftreten und einer Beschreibung der getränketechnologisch relevanten Wachstums- und Stoffwechseleigenschaften. Im Besonderen wird auf die Resistenz gegenüber Konservierungsstoffen, die Osmotoleranz und die Temperaturbeständigkeit der verschiedenen Hefearten eingegangen. Auf morphologische Beschreibungen und physiologische Verwertungsspektren (z.B. für Zucker, Stickstoffquellen) wird nur zum Teil eingegangen, da für diese Zwecke Nachschlagewerke und Datenbanken von z. B. BARNETT et al. BOEKHOUT et al., KURTZMAN und FELL, ROBERT et al. existieren (20, 32, 149, 221). Der Anhang 8.1 soll die Funktion eines Nachschlagewerkes erfüllen, in dem schnell ein getränkemikrobiologischer Überblick zu einer bestimmten Hefeart gewonnen werden kann. Anhang 8.1 beinhaltet Beschreibungen zu Hefearten, für die bereits Identifizierungsmethoden (in Vorarbeiten am BT II) entwickelt wurden oder die in dieser Arbeit etabliert wurden. Für die weiteren getränkeschädlichen Hefearten, die im Anhang 8.1 beschrieben sind, können die bestehenden Identifizierungssysteme erweitert werden oder als Vorlage für spezifische Identifizierungssysteme dienen.

3.3 Hefeidentifizierung und –differenzierung

3.3.1 Allgemeine Aspekte

Die Identifizierung kann als Zuordnung eines unbekannten Mikroorganismus zu einer bestimmten Klasse/Art nach einer existierenden Klassifikation, definiert werden (212). Die Identifizierung auf Speziesebene (mittels rDNA Sequenzierung) ist in der getränkemikrobiologischen Praxis mittlerweile als Referenzmethode anerkannt und Stand der Technik (85, 148, 256). Eine Differenzierung ist im Allgemeinen eine - von der taxonomischen Ebene unabhängige – Unterscheidung zweier Organismen. Identifizierung und Differenzierung können auf verschiedenen Expressionsebenen genetischer Information stattfinden: Genomebene, Proteinebene, Morphologie-/ Zellkomponentenebene und die Ebene der Verhaltensweise (110). Im Bereich der Getränkemikrobiologie werden Differenzierungen zwischen Arten, Unterarten, Stämmen und praxisrelevanten Gruppen durchgeführt (12, 57, 85, 256). Von hoher Bedeutung, v. a. im Bereich der industriell genutzten Hefen, ist die Differenzierung verschiedener Stämme einer Art (=Stammdifferenzierung), wobei der Ausdruck Stammcharakterisierung oft synonym verwendet wird (85, 236, 237). Bei Schadorganismen ist die Identifizierung auf Art- oder Stammebene ein wichtiges Werkzeug zur Lokalisierung einer Kontaminationsquelle – mit Hilfe eines Stufenkontrollplanes – innerhalb eines Prozesses (256).

3.3.2 Übersicht aktueller Identifizierungs- und Differenzierungsmethoden

In Tabelle 6 sind verschiedene Identifizierungs- und Differenzierungsmethoden nach ihren Wirkprinzipien geordnet. Zusätzlich sind zu den einzelnen Methoden der Differenzierungsgrad und zugehörige Veröffentlichungen, die getränkerelevante Hefen behandeln, angegeben.

Tabelle 6: Übersicht über Identifizierungs- und Differenzierungsmethoden für Hefen (modifiziert nach (85, 256))

Methode	Differenzierungsgrad	Bisher untersuchte Hefegruppe, -gattung, -art/ Matrix, Quellenangabe
Physiologische, morphologische Methoden		
Standard-Methoden	Gattung, Art	Diverse Hefearten/ Lebensmittel, Getränke (20, 149, 221)
Miniaturisierte kommerzielle Systeme (z. B. API 20C AUX, Rapid IDYeast Plus,	Gattung, Art	C. spp., Clavispora lusitanae, I. orientalis, H. spp., M. spp., P. spp., R. spp., S. spp., Saccharomycopsis cratagenesis., T. spp., W. spp./ Orangensaft (8)
Chemotaxonomische Methoden		
Gesamt-Fettsäurenanalyse (FAME = determination of fatty acid methyl ester compounds)	Art	B. naardenensis, Debaryomyces hansenii, D. spp., I. orientalis, Kluyveromyces marxianus, P. spp., S. spp., Z. rouxii, W. spp./ Fruchtkonzentrate (231) C. spp., K. unispora, S. cerevisiae, T. delbrueckii, W. anomalus/ Brauereiisolate (266)
Protein-Fingerprinting (z. B. 2D-protein map)	Art, Stamm	S. cerevisiae, S. pastorianus, Sch. sp, Z. rouxii/ Bier, Bierhefen, Weinhefen (1) S. cerevisiae, S. pastorianus/ Bierhefen (141)
Massenspetrometrische Methoden (z. B. MALDI-TOF MS, Py-MS, DIMS, GC-TOF MS)	Art, Stamm	Diverse Hefearten (datenbankabhängig)/ Lebensmittel, Getränke (238) S. cerevisiae, S. pastorianus/ Bierhefen (208, 267)
Fourier tranformierte Infrarot Spektroskopie (FT-IR)	Art, Stamm	S. cerevisiae, S. pastorianus/ Bierhefen (267) Diverse Hefearten/ Lebensmittel, Getränke (293)
Immunologische Methoden		
Technik basierend auf monoklonalen Antikörpern (z. B. ELISA)	Art, Stamm	B. spp., D. spp./Wein (146) S. cerevisiae, S. pastorianus, Sch. sp, Z. rouxii/ Bier, Bierhefen, Weinhefen (1)
Molekulargenetische Methoden		
Sequenzierung	Art	S. cerevisiae/ Sorghum Bier (278) C. spp., Claviaspora spp., Geotrichum spp., H.

Stand des Wissens

Methode	Differenzierungsgrad	Bisher untersuchte Hefegruppe, -gattung, -art/ Matrix, Quellenangabe
		spp., I. spp., M. spp., P. spp., R. spp., S. cerevisiae, S. bayanus, Saccharomycopsis spp., T spp., W. spp./ Orangensaft (8) Bulleromyces spp., C. spp., Clavispora spp., Cryptococcus spp., Filobasidium spp., Galactomyces spp., H. spp., I. spp., P. spp., R. spp., S. spp., Sporobolomyces spp., Trichosporon spp., W. spp., Williopsis spp./ Mälzereiprozess (160) C. spp., S. spp., P. spp., W. spp./ Bier (266)
Karyotypisierung	Stamm	C. guilliermondi, ,C. pulcherima , H. uvarum S. cerevisiae/ Trauben Wein (227) S. bayanus/ Wein (62, 193, 194) S. cerevisiae/ Sherry (80) S. cerevisiae/ Cachaca (108) S. cerevisiae, S. bayanus/ Cider (195) S. cerevisiae/ Wein (173) S. cerevisiae/ Most (7)
RFLP mt DNA	Stamm	S. cerevisiae/ Trauben (50) S. cerevisiae, C. stellata, H. uvarum, M. pulcherrima, T. delbrueckii/ Wein (210) S. cerevisiae/ Sherry (79, 80) S. cerevisiae/ Most (41) S. cerevisiae/ Most, Wein (86) S. cerevisiae/ Wein (23, 107, 165, 173, 269, 270) C. guilliermondi, ,C. pulcherima , Kloeckera apiculata, S. cerevisiae/ Trauben, Wein (227)
Fluoreszenz/ Chemielumineszenz in-situ Hybridisierung (FisH/ CisH)	Gattung, Art	B. custersianus, B. naardenensis, B. nanus, D. anomala, D. bruxellensis/ Wein (225) C. stellata, H. uvarum, H. guillermondii, Kluyveromyces marxianus, Kluyveromyces thermotolerans, P. membranifaciens, S. cerevisiae, T. delbrueckii, W. anomalus/ Most, Wein (296) D. bruxellensis/ Wein (254)
Polymerase Ketten Reaktion (PCR) basierte Methoden	Gattung, Art, Stamm	
PCR-RFLP der 5.8S ITS rDNA Region	Art	S. cerevisiae/ Sorghum Bier (278) C. spp., D. anomala, H. spp., I. terricola, Kloeckera apiculata, Kluyveromyces thermotolerans, L. kluyveri, M. pulcherrima, R. glutinis, S. spp., Sch. spp., T. delbrueckii Z. spp./ Wein (23, 80, 94, 210, 227, 270) C. spp., Claviaspora spp., Geotrichum spp., H. spp., I. spp., M. spp., P. spp., R. spp., S. cerevisiae, S. bayanus, Saccharomycopsis spp., T spp., W. spp./ Orangensaft (8) C. spp., Claviaspora sp, H. spp., P. spp., R. spp., Trichosporon spp., W. spp./ Orangen, OrangenSaft (161) D. spp., Debaryomyces spp., H spp., M. spp., P. spp., S. spp., Saccharomycodes spp., W. spp./ Cider (185)
PCR-DGGE, PCR TGGE	Art, Stamm	Aureobasidium pullulans, H. spp., M. spp./ Trauben (209) C. spp., H. spp., Kloeckera apiculata, Kluyveromyces spp., P. spp., M. spp., S. cerevisiae, W. spp./ Wein (49)
Real-Time PCR	Art, Unterart	D. bruxellensis/ Wein (61, 204) C. tropicalis, K. exigua, P. membranifaciens, D. anomala, D. bruxellensis, S. cerevisiae, S. cerevisiae var. diastaticus., S.pastorianus, Saccharomycodes ludwigii, W. anomalus/ Bier (36, 37) Getränke und Lebensmittel verderbende Hefen (Gruppennachweis, Screening)/ Saft (30, 44) Getränkerelevante Hefen (Gruppennachweis, Screening), S. cerevisiae var. diasaticus/ Getränke (71)
RAPD-PCR	Stamm	S. cerevisiae/ Cachaca (108) Sch. pombe/ Cachaca (104) S. cerevisiae, S. pastorianus/ Bierhefen (236)
Miikrosatelliten PCR	Stamm	S. cerevisiae, Kloeckera apiculata/ Wein (42) S. cerevisiae/ Wein (121) S. cerevisiae, S. pastorianus/ Bierhefen (236)

Methode	Differenzierungsgrad	Bisher untersuchte Hefegruppe, -gattung, -art/ Matrix, Quellenangabe
AFLP-PCR	Stamm	*S. cerevisiae, S. pastorianus*/ Bierhefen (237)
δ-Sequenzen PCR	Stamm	*S. cerevisiae, S. pastorianus*/ Bierhefen (236) *S. cerevisiae*/ Wein (48, 62, 165, 210) *S. cerevisae*/ Most (41)

Tabelle 6 verdeutlicht, dass molekularbiologische Methoden und darunter die PCR basierten Methoden in den letzten Jahren an Bedeutung gewonnen haben und viele Publikationen zur Identifizierung und Differenzierung von getränkerelevanten Hefen bestehen. Die Methoden, die in dieser Arbeit Anwendung fanden und deren aktueller Stand bezüglich der Untersuchung getränkerelevanter Hefen sind in den folgenden Kapiteln beschrieben (siehe 3.3.3 - 3.3.8). Darunter befinden sich auch die Methoden PCR-DHPLC und Mikrochip Real-Time PCR (siehe 3.3.6 und 3.3.7), welche nicht in Tabelle 6 auftauchen, da mit ihnen bisher keine getränkerelevanten Hefen untersucht wurden. Ein Teil der Ergebnisse der PCR-DHPLC Methode wurde bereits vorveröffentlicht (125).

3.3.3 Nährmediennachweis und -differenzierung

Die Durchführung der meisten modernen eindeutigen Identifizierungs- und Klassifizierungsmethoden auf Art- und Stammebene (siehe 3.3.2) ist im Regelfall erst nach einer universellen oder selektiven Vorkultivierung auf Nährmedien möglich. Klassische mikrobiologische Methoden zum Nachweis von Hefen basieren auf der Kultivierung und Anreicherung von Hefen mit festen (Agar) und flüssigen (Bouillon) Nährmedien, nachdem die Ursprungsprobe direkt, als Aliquot einer Verdünnungsreihe oder als Membranfilter auf/in das Nährmedium überführt wird (12, 58, 71). Das Verdünnen, Schütteln bzw. Zerkleinern einer Probe ist bei Getränken, die suspendierte Teilchen beinhalten, wichtiger als bei klaren Getränken (wie z. B. Wein), da Zellen an suspendierten Partikeln haften können (167). Die Kultivierung erfolgt normalerweise bei Temperaturen zwischen 25 und 28 °C für 5-7 Tage, kann jedoch bei langsam wachsenden Hefen (z. B. *Z. spp., D. spp.*) auch bis zu 14 Tage in Anspruch nehmen (167). Bei der Verwendung von Selektivmedien bzw. Differentialmedien kann ebenfalls mit verlängerten Bebrütungszeiten gerechnet werden (58). Im Idealfall sollte ein Medium den Nährstoffansprüchen möglichst aller relevanten Hefen (für ein spezifisches Getränk) genügen, das Wachstum von vorgeschädigten Hefen unterstützen, Bakterienwachstum unter-

Stand des Wissens

drücken und ein Überwachsen mit Schimmelpilzen vermeiden (71, 88). Weitere Ansprüche an ein ideales Medium sind eine maximale Wiederfindungsrate, reproduzierbare Ergebnisse, und es sollte ein einfach herzustellendes Medium mit einfacher Zusammensetzung sein (58). Viele unterschiedliche komplexe unselektive Hefemedien werden verwendet, die Zucker als Energiequelle (z. B. Glucose, Fructose, Saccharose), verdaute Proteine als Stickstoffquelle (z. B. Pepton, Trypton, Casein) und komplexe Zusätze (Malzextrakt, Hefeextrakt) enthalten (167). Einige Untersuchungen zielen nur auf den summarischen Nachweis von Hefen und Schimmelpilzen ab (58). Einige der wichtigsten Hefe-Universalmedien sind der Würzeagar (WA), der Malzextraktagar (MEA), der Sabouraud-Glucose Agar (SGA), der Trypton-Glucose Hefeextrakt Agar (TGYA), Kartoffel-Dextrose Agar (PDA), Orangenfruchtsaft Agar (OFSA), Hefeextrakt-Malzextrakt Agar (YM-A), Hefeextrakt-Malzextrakt Bouillon (YM-B) (11, 12, 58, 135, 148). Zusätzliche Komponenten wie Antibiotika gegen Bakterienwachstum (z. B. Chloramphenicol, Oxytetracyclin), Schimmelpilzwachstum unterdrückende Substanzen (z. B. Bengalrot, Biphenyl, Dichloran, Natriumpropionat) und Indikatoren (z. B. Bromphenolblau, Bromkresolgrün) können dem Medium zugesetzt werden (167). Bakterienwachstum kann auch durch Absenkung des pH-Wertes auf 3,5 unterdrückt werden, wobei die Wiederfindungsrate bei dem Einsatz von Antibiotika höher liegt (45, 71). Dichloran-Bengalrot-Chloramphenicol Agar (DBRC) wirkt antibakteriell und fungistatisch und wird oft eingesetzt, wenn Hefen aus bakterien- und schimmelpilzhaltigen Habitaten isoliert werden sollen (71, 148). Es ist zu berücksichtigen, dass Substanzen, die Schimmelpilzwachstum unterdrücken, auch das Wachstum von Hefearten negativ beeinflussen können (17). Neben den Universalmedien werden selektive Medien eingesetzt, die auf die Ansprüche eines Industriezweiges (z. B. Brauerei, Winzerei, AfG-Hersteller) oder der nachzuweisenden Hefeart (z. B. *D. bruxellensis*, *S. cerevisiae var. diastaticus*) abgestimmt sind (71). So würde ein optimales Selektivnährmedium für den hefehaltigen Brauereibereich (=Unfiltratbereich) alle indirekt, potentiell und obligat bierschädlichen Hefen nachweisen und die verwendete S. Betriebshefe unterdrücken (124, 135, 223, 277). Im hefefreien Bereich der Brauerei (=Filtratbereich) ist sogar die Betriebshefe als potentielle Schadhefe zu betrachten (223). Für den Unfiltratbereich existiert noch kein optimales Nährmedium, das alle Schadhefen nachweisen und zugleich die Betriebshefe unterdrücken kann (135). Sollen im Filtratbereich

Schadhefen und Betriebshefen nachgewiesen werden, kann ein Universalmedium wie z. B. WA und YM-A verwendet werden (36, 223). So müssen im Unfiltratbereich mindestens drei verschiedene Selektivmedien kombiniert werden, um das Fremdhefespektrum (NSFH, SFH) so weitgehend abzudecken (12, 123). Problematisch gestaltet sich der Nachweis von *S. sensu stricto* Stämmen, die nah verwandt mit *S. cerevisiae* (obergärigen Kulturhefen) und *S. pastorianus* (untergärige Kulturhefen) sind oder sogar der gleichen Art angehören (277). Die Medien, die diese *S.* Fremdhefen (SFH) nachweisen, wie z. B. Kristallviolett Agar (KV), Taylor & Marsh Agar (TM), LWYM (Lin's Wild Yeast Medium) weisen Erfassungslücken auf, d.h. neben der Betriebshefe wird auch ein Teil der SFH unterdrückt (135, 242). KV, TM und LWYM erhalten durch Hemmstoffe (Kristallviolett, Kupfersulfat, Fuchsinsulfit) ihre selektiven Eigenschaften (135, 277). Die Nährmedien-Selektivität kann zudem durch weitere Prinzipien bewerkstelligt werden: Spezifischer Nährstoffanspruch (Nährmedien, die nur eine oder bestimme Stickstoffquelle(n) oder Kohlenstoffquellen(n) enthalten), spezifische Bebrütungseigenschaften (Nährmedien werden aerob oder anaerob und bei bestimmten Temperaturen bebrütet), Differenzierung über Färbung (Nährmedium enthält Indikator, der Arten spezifisch färbt), Differenzierung über Stoffwechselprodukte (Nährmedium enthält Edukt, welches durch Hefewachstum in ein wahrnehmbares Produkt umgesetzt wird wie z. B. eine geruchsaktive Substanz) (71, 123, 135, 277). Die verschiedenen selektiven Prinzipien können auch kombiniert zum Einsatz kommen, wie es z. B. bei dem Medium für bierschädliche Hefen (MBH) der Fall ist (74). Im Anhang unter 9.2 befindet sich eine Übersicht zu häufig verwendeten Selektivnährmedien für den Fremdhefe-Nachweis in Brauereien. Diese sind von 8.2.1 bis 8.2.4 nach ihren selektiven Prinzipien geordnet. BRANDL beschreibt ein Konzept, wie drei Anwendungsmodifikationen des Basismediums YM einen praxisgerechten und weitestgehend lückenlosen Nachweis von Fremdhefen in obergärigen und untergärigen Brauereien bewerkstelligen können (36). Der Einsatz der Medienkombination YM, YM bei 37 °C Bebrütungstemperatur (siehe Anhang 8.2.4) und YM+$CUSO_4$ (250 ppm) wird in Abbildung 3 dargestellt.

Stand des Wissens

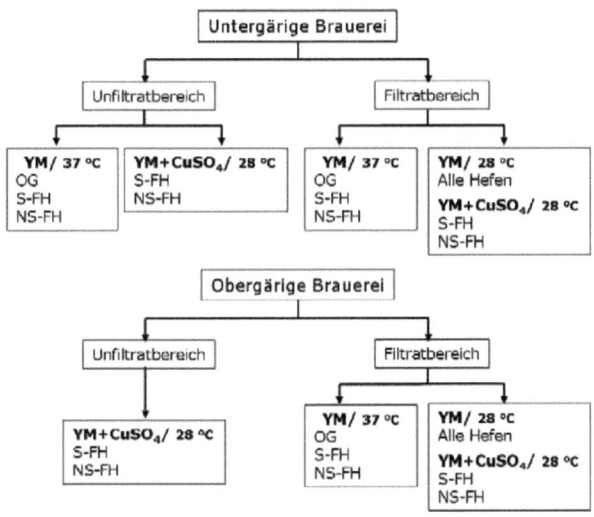

Abbildung 3: Probenbearbeitungsschema basierend auf YM-Varianten zum Fremdhefenachweis in untergärigen und obergärigen Brauereien (nach (36))

Der Fremdhefenachweis wurde mit dem Bearbeitungsschema nach BRANDL auf 24-48h reduziert, und zudem waren diese Medien für eine anschließende Real-Time PCR Analyse verwendbar, ohne Inhibitionen zu verursachen (36). Der Ansatz von BRANDL stellt die Grundlage für die Untersuchungen dieser Arbeit. Die Nachweislücken, die in der Literatur für SFH und NSFH für die Medien YM (37°C) und YM+$CUSO_4$ beschrieben werden (siehe 8.2.1 und 8.2.4), sollen genauer evaluiert werden. Weitere Hemmstoffe sollen in Kombination mit YM untersucht werden, mit dem Ziel, die Nachweislücken und die Zahl der einzusetzenden Medien weiter zu minimieren. Zudem sollen weitere selektive Prinzipien (Farbindikation, Aromaprecursoren) in das Medium YM mit einfließen, um schon bei der Basisvariante einen höheren Informationsgewinn zu erreichen. Als Vorbild dienen Ansätze von EIDTMANN et. al. (Bromphenolblau als Indikator), HOPE (neuartige Hemmstoffe wie Zimtsäure) und RODRIGUES et al. (p-Kumarsäure als Precursor für phenolische Fehlaromen) (74, 120, 226). Neben den YM-Varianten sollen noch andere neuartige Medien wie CLEN, XMACS und MBH (siehe Anhang 8.2.2 und 8.2.3), die in der Literatur als vielversprechend beschrieben wurden, auf ihr Nachweispotential untersucht werden (3, 4, 56, 74). CHROMagar Candida wird in der medizinischen Mikrobiologie zur Differenzierung von klinisch relevan-

Stand des Wissens

ten und pathogenen *Candida* Arten verwendet (*C. albicans* grün, *C. tropicalis* blau, *C. glabrata* rosa) (58, 163, 271). CHROMagar-Candida wurde schon auf die Tauglichkeit zur Differenzierung von Hefen aus Lebensmitteln untersucht (58). TORNAI-LEHOCKI und PÉTER beobachteten, dass sich *S. cerevisiae* violett färbte und eine Differenzierung zwischen *Z. bailii* und *Z. rouxii* mit CHROMagar Candida möglich ist (271). Viele der untersuchten Arten, die auch zu den getränkerelevanten Hefearten gehören, zeigten eindeutig zuordenbare Färbungen (58, 271). Getränkerelevante und insbesondere brauereirelevante Hefen wurden bisher noch nicht mit CHROMagar Candida untersucht. Für osmotolerante Hefen wie z. B. *Z. rouxii* werden Verdünnungslösungen und Medien mit hohen prozentualen Anteilen an Glucose, Glycerin oder Saccharose verwendet, die einen niedrigen a_w-Wert aufweisen und die Hefezellen vor einem osmotischen Schock bewahren (71). Als Beispiele sind Dichloran-18 % Glycerin Agar (DG18), Malzextrakt-Hefeextrakt Agar mit 30 % Glucose (YM30G), Typton-Hefeextrakt Agar mit 10 % Glucose (TY10G) und Plate-Count Agar mit 52 % Saccharose zu nennen (206). In Kombination mit Verdünnungslösungen mit 40 % Glucose oder 30 % Glycerin können die Medien eingesetzt werden, um osmotolerante Hefen aus konzentrierten Produkten (z. B. Saftkonzentrate, Zuckersirupe) nachzuweisen. Säure- und konservierungsmittelresistente Hefestämme von z. B. *S. cerevisiae* und *Z. bailii* können mit angesäuerten Universalmedien (z. B. 0,5% Essigsäure) wie MEA oder TGYA selektiv nachgewiesen werden. Die Verarbeitung von Getränkeproben kann mittels Plattengussverfahren, Oberflächenverfahren (z. B. Spatel), Membranfiltration oder Flüssiganreicherung durchgeführt werden, wobei folgende Aspekte bei der Verarbeitungswahl abgewogen werden müssen: Hitzestress (bei Plattengussverfahren), einsetzbares Probenvolumen (bei Plattengußverfahren größer als bei Oberflächenverfahren), Sensitivität (bei Oberflächenverfahren größer als bei Plattengußverfahren), Quantifizierung (bei Flüssignährmedium schwierig) (71). Für nachfolgende molekularbiologische Downstream-Anwendungen (z. B. Real-Time PCR) ist eine Flüssiganreicherung von Vorteil, da die Hefezellen über einen Zentrifugationsschritt leicht von der Flüssigkeit getrennt werden können und somit der DNA-Isolation zur Verfügung stehen (36).

Stand des Wissens

3.3.4 Sequenzierung

Unter 3.1 wird beschrieben, dass über Sequenzierung hauptsächlich die Nukleotidabfolge der D1/D2 26S-, 18S-, ITS1-5,8S-ITS2-, IGS1- und IGS2-Region der rDNA bestimmt werden, um Hefearten zu identifizieren (21, 85). Ribosomale DNA besitzt hoch konservierte Bereiche und Bereiche, die zwischen Arten und sogar Stämmen Sequenzunterschiede aufweisen können. Deswegen wurde die rDNA von sehr vielen Mikroorganismen sequenziert, um diese Informationen konsequenterweise in die mikrobiologische Phylogenetik und Taxonomie einfließen zu lassen (21). Folglich sind die ribosomalen DNA Sequenzen für die Mehrzahl der bekannten Mikroorganismen, inklusive der Hefen verfügbar und werden für Routinediagnostik und –identifizierung verwendet (275). Der Aufbau der rDNA und einige Eigenschaften der unterschiedlichen rDNA-Regionen sind in Abbildung 1 und unter 3.1 ersichtlich. Alle rDNA Regionen besitzen Differenzierungspotential, aber der Fokus bei der Identifizierung von Gattungen und Arten lag bisher auf den 18S-, D1/D2 26S- und die ITS1-5,8S-ITS2-Regionen (147, 275). So wurde die D1/D2 Domäne der 26S rDNA Sequenzen, die eine Sequenzlänge von etwa 600 Nukleotiden hat, für nahezu alle bekannten Hefearten sequenziert. Die Sequenzen können unter Genbank (http://www.ncbi.nlm.nih.gov/), DataBank of Japan (http://www.ddbj.nig.ac.jp/) und European Molecular Biology Laboratory (http://www.ebi.ac.uk/embl/) in Datenbanken abgerufen und verglichen werden (21). Die D1/D2 26S-Sequenzierung und der anschließende Sequenzvergleich in den Datenbanken ist mittlerweile eine Routinemethode zur Identifizierung und phylogenetischen Analytik für Hefen der Ascomycota und Basidiomycota (21, 83, 151, 152, 240). Da die ITS-Regionen höhere interspezifische Polymorphismenraten aufweisen als die 26S-Region, können mit ihr einige Spezies identifiziert werden, welche die 26S-Region nicht unterscheidet (40, 192). Als Beispiele können die drei Cluster *H. uvarum/ H. guilliermondi, S. cerevisiae/ S. bayanus, S. pastorianus* und *Cryptococcus magnus/ Filobasidium floriforme/ Filobasidium elegans* nicht mit D1/D2 26S Sequenzen eindeutig unterschieden werden, wohingegen eine Differenzierung mit den ITS-Regionen bessere Ergebnisse liefert (21, 36). Gene und Sequenzen, die neben den rDNA Regionen zur Aufklärung phylogenetischer Verwandtschaftsverhältnisse, aber weniger für Identifizierungszwecke verwendet

Stand des Wissens

werden, sind unter 3.1 aufgeführt. Abbildung 4 zeigt den schematischen Ablauf der Hefeidentifizierung über Sequenzierung.

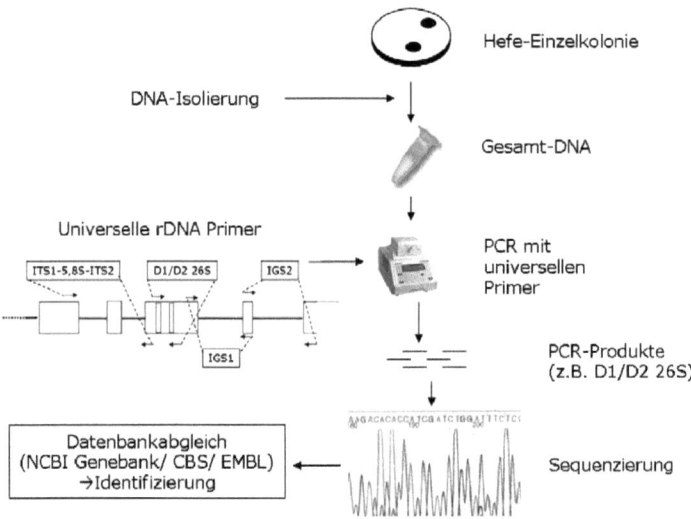

Abbildung 4: Hefeidentifizierung durch PCR-Amplifikation von rDNA Regionen, Sequenzierung und Sequenzdatenbankabgleich (modifiziert nach (85))

Zunächst muss eine Einzellkolonie, bzw. eine Reinkultur einer Hefe vorliegen, um daraus die DNA zu isolieren und ggf. aufzureinigen (21). Anschließend wird die PCR mit Primern der gewünschten DNA-Region durchgeführt. Abbildung 4 zeigt die rDNA Regionen, die in dieser Arbeit untersucht wurden. Bevor die PCR-Produkte über das automatische Sequenziersystem laufen, müssen sie mit z. B. kommerziellen Kits aufgereinigt werden, um dNTPs und Primer zu entfernen (85). Am Anfang der Sequenzierungsreaktion stehen das PCR-Produkt, fluoreszenzmarkierte dNTPs (wobei die Basen A, T, C, G unterschiedlich markiert sind), die Sequenzierprimer (identisch mit Vorwärts- oder Rückwärtsprimer der vorherigen PCR) und das Enzym Polymerase (166). Es findet nun eine Strangsynthese statt, bei der DNA-Fragmente unterschiedlicher Länge aber mit basespezifischen Endmarkierungen entstehen. Es folgt eine Auftrennung der DNA-Fragmente in feinen Kapillaren nach Größe und mit gleichzeitiger Laseranregung, wobei eine basenspezifische Emission erzeugt wird (85). Die gemessenen Signale können mit einer Software in eine Peakabfolge übersetzt werden, die der Basenabfolge der DNA-Sequenz entspricht (siehe Abbildung 4). Ein Sequenzierautomat erreicht eine Geschwindigkeit von etwa 600 Nukleotiden in 2-3 h (85). Die erhaltene DNA-Sequenz kann mit Hilfe der oben beschriebenen Referenzdatenbanken den ähnlichsten Sequenzen und somit einer Hefeart zugeordnet werden.

3.3.5 Real-Time PCR

Die Standard PCR oder Endpunkt PCR ist eine Methode, die spezifische DNA-Abschnitte in sehr kurzer Zeit zu vervielfältigen vermag. Mit Hilfe von Primern (synthetischen Oligonukleotiden) und dem Enzym Polymerase, die in einer definierten thermischen Abfolge mit einer DNA-Zielsequenz reagieren, ist es möglich, diese 10^{12}-fach innerhalb von 1-2 h zu amplifizieren (186). In der getränkemikrobiologischen QS konnte sich die Standard PCR nie richtig etablieren, wohingegen die Real-Time PCR immer weiter Einzug und Akzeptanz findet (38, 126, 256, 287, 295). Bei der Standard PCR werden die PCR-Produkte in Agarose-Gelelekrophorese aufgetrennt, anschließend mit Ethidiumbromid angefärbt und unter UV-Licht ausgewertet (36). Mit der Real-Time PCR ist es möglich, die Amplifikation der PCR-Produkte während der stattfindenden PCR-Zyklen zu messen. Diese Technik basiert auf der Quantifizierung eines Fluoreszenzdonors (Reporter), dessen Signal direkt proportional mit der Anzahl der PCR-Produkte oder der Zunahme der PCR-Produkte (je nach Methode) zunimmt (85). Der Ablauf einer Real-Time PCR Analyse, die in Abbildung 5 schematisiert ist, findet in einem Thermocycler statt, der mit einem Detektionssystem ausgestattet ist, das ihm ermöglicht, das emittierte Fluoreszenzsignal nach jedem Zyklus zu messen und zu quantifizieren. Die gewonnenen Informationen zeigt die Amplifikationskurve, die das Fluoreszenzsignal über der Zyklennummer darstellt (85).

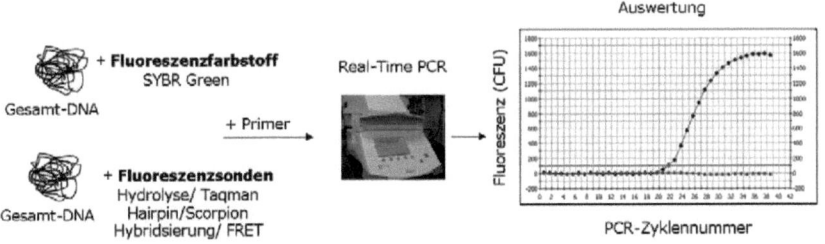

Abbildung 5: Schematischer Ablauf einer Real-Time PCR (modifiziert nach (85))

Die Zyklennummer, bei der sich eine ansteigende Amplifikationskurve mit einem festgelegten Fluoreszenz-Schwellenwert (geringfügig über dem Hintergrundsignal) schneidet, wird „threshhold cycle number" (C_t-Wert) genannt (36, 98). Der Ct-Wert ist indirekt proportional zur Ausgangszellzahl oder der Ausgangskopienzahl der DNA-Zielsequenz. Somit kann er genutzt werden, um auf die Ausgangszellzahl oder Ausgangs-Zielsequenzkopien zurückzurechnen oder um unterschiedliche Proben quantitativ zu vergleichen (36, 85). Das Fluoreszenzsignal kann durch interkalierende Farbstoffe, wie z. B SYBR Green oder durch unterschiedlich funktionierende Fluoreszenzsonden entstehen (85). SYBR Green® interkaliert in dsDNA, und die Zunahme des Fluoreszenzsignals steigt mit der Zunahme der Anzahl der PCR-Produkte. Wird ein steigender Temperaturgradient der Hauptreaktion nachgeschaltet, kann eine Schmelzkurvenanalyse durchgeführt werden, die auf dem Prinzip der Freisetzung des SYBR Green® Farbstoffes und somit der Signalabnahme bei dem spezifischen Schmelztemperaturbereich eines PCR-Produktes beruht (119). Drei Typen von Fluoreszenzsonden können unterschieden werden: Hydrolyse-Sonden (z. B. Taqman®-Sonden), „loop-shaped" (ring- oder schlaufenförmige) Sonden (z. B. Molecular Beacons, Scorpions) und Hybridisierungssonden (z. B. FRET-Sonden) (85, 119). In dieser Arbeit wurden ausschließlich Taqman®-Hydrolysesonden eingesetzt, weshalb nur auf deren Funktionsweise eingegangen wird. Eine Taqman®-Sonde ist ein Oligonukleotid, das ein Donor-Photochrom (Reporter) am 5'-Ende und ein Akzeptor-Photochrom (Quencher) am 3'-Ende gebunden hat und im Ursprungszustand kein Fluoreszenzsignal emittiert. Nachdem die Taqman®-Sonde an die Ziel-DNA bindet, hydrolysiert die Taq-Polymerase, ausgehend vom Primer, durch ihre Exonuclease-Aktivität die Taqman®-Sonde, und das Donor-Photochrom kann ein Fluoreszenzsignal emittieren (85, 119). Die Zunahme des Fluoreszenzsignals steigt wie bei SYBR-Green mit der Zunahme der Anzahl der PCR-Produkte. Die Taqman®-Sonde mit „minor groove binder" (MGB) ist eine Spezialform, die kürzer und spezifischer als die Ursprungsform ist. Der MGB ist ein Konjugat, das an das 3'-Ende der Taqman®-Sonde gebunden ist und eine große Schmelztemperaturdifferenz einer spezifischen und einer unspezifischen Sonden-Zielsequenzbindung verursacht (156). Dieser Zusammenhang garantiert die gewünschte Spezifität sowie keine Signalabgabe durch die Bildung von „non-target" (nicht-Ziel) Amplifikaten (156). Eine Taqman®-MGB Sonde wurde in dieser Arbeit

Stand des Wissens

zur Unterscheidung von sehr ähnlichen DNA-Sequenzen ober- und untergäriger Hefen eingesetzt (siehe 5.3.1.4). Publizierte Real-Time PCR Nachweissysteme für verschiedene getränkerelevante Hefen sind Tabelle 6 (siehe 3.3.2) zu entnehmen. Viele publizierte oder kommerzielle Real-Time PCR Systeme für diverse Mikroorganismen sind Multiplexsysteme, d.h. mehrere Primer-Sonden-PCR-Systeme, die zueinander kompatibel sind und simultan nebeneinander mit verschiedenen Sonden laufen, welche mit verschiedenen Fluoreszenzfarbstoffen (emittieren bei unterschiedlichen Wellenlängen) markiert sind (36, 75, 140). Hierbei können unterschiedliche DNA-Zielsequenzen bzw. Mikroorganismen simultan nachgewiesen und identifiziert werden (158). Wie oben erwähnt, ist anhand des Ct-Wertes eine Quantifizierung der Real-Time PCR möglich. Wird die Zyklenzahl der allgemeinen mathematischen Beschreibung eines exponentiellen Real-Time PCR Verlaufs nach RUTLEDGE und CÔTÉ durch den Ct-Wert ersetzt, kommt man zu folgender Formel (228):

Formel 1: $\quad N_t = N_o \cdot (E+1)^{Ct}$

N_t: Anzahl der Amplikons bei t Zyklen

N_0: Menge an Ausgangs-DNA

Ct: Zyklenzahl bei Überschreiten des Fluoreszenzschwellenwertes

E: Effizienz der PCR wobei E= E[%]/100[%]

Formel 1 ist zu entnehmen, dass die Zunahme an PCR-Produkten (N_t) von der Effizienz (E), vom C_t-Wert (C_t) und von der Menge an Ausgangs-Ziel-DNA (N_0) abhängig ist. Im optimalen Fall beträgt die Effizienz 100%, was gleichbedeutend mit einer Verdopplung der Amplikons pro Zyklus ist (228). Schon niedrige Unterschiede in der Effizienz können zu großen Unterschieden in der PCR-Produktausbeute führen (218). Bei einer semilogarithmischen Datenauswertung eines Real-Time PCR Laufes stellt die exponentielle Vervielfältigungsphase der PCR-Produkte eine Gerade dar. In dieser Phase werden die PCR-Produkte mit konstanter Effizienz vervielfältigt (218). Die Umformung der Formel 1 über Formel 2 zu Formel 3 ergibt die Geradengleichung, die den linearen Zusammenhang zwischen dem Ct-Wert und Log N_0 (wobei N_t bei gleicher Fluoreszenzintensität konstant ist) beschreibt (268):

Formel 2: $$LogN_t = LogN_0 + C_t \cdot Log(1+E)$$

Formel 3: $$C_t = LogN_0 \cdot \frac{-1}{Log(E+1)} + \frac{LogN_t}{Log(E+1)}$$

Dieser Zusammenhang kann genutzt werden, um experimentell – über Verdünnungsreihen-Messungen der Ziel-DNA – die Effizienz zu ermitteln (218, 268). Die ermittelten Ct-Werte werden über die logarithmierten DNA-Konzentrationen der Verdünnungsreihe in einem Graph aufgetragen. Die resultierende Geradensteigung (slope), die in Formel 4 dargestellt ist, wird empirisch ermittelt (268).

Formel 4: $$slope = \frac{-1}{Log(E+1)}$$

Durch Einsetzen der Geradensteigung (slope) in Formel 5 kann die Effizienz eines PCR-Systems berechnet werden (218).

Formel 5: $$E = \left(10^{-1/slope}\right) - 1$$

Bei einer Änderung der DNA-Ausgangsmenge um den Faktor 10 resultiert bei PCR-Systemen mit einer Effizienz von 100% ein Ct-Wert Unterschied von 3,32 (268).

3.3.6 Mikrochip Real-Time PCR

NORTHRUP et al., NAGAI et al. und GIORDANO et al. beschreiben Chipthermocycler mit Miniaturreaktionskammern, in denen eine PCR mit sehr niedrigen Probenvolumina in sehr kurzen Amplifikationszeiten stattfindet (99, 188, 196). FELBEL entwickelte ein Real-Time PCR System im planaren Mikrochipformat, mit dem Nachweisgrenzen von bis zu 2 Molekülen/µl erreicht werden, mit dem PCR-Ansatz-Volumina auf 1-3µl reduziert werden können und welches vollständig dem technischen Stand konventioneller Real-Time PCR-Cycler entspricht (82). Abbildung 6 und Abbildung 7 zeigen schematisch die Struktur und die Funktionsweise eines Real-Time PCR Mikrochips nach FELBEL (82). In Abbildung 6 ist die Grundstruktur des planaren Mikrochips mit Heizstrukturen, Heizsensoren und transparentem Detektionsfenster dargestellt. Auf dem Detektionsfenster befindet sich der PCR-Mix (PCR-Lösung), der mit Mineralöl überdeckt ist, das vor

Verdampfung schützt. Die Heizstrukturen übertragen die Temperaturen eines PCR-Protokolles auf den PCR-Mix. Durch die Anordnung der Heiz- und Sensorstrukturen können Heizraten von 15 K/s und Kühlraten von 5 K/s erreicht werden, welche deutlich über denen konventioneller Blockcycler liegen (82).

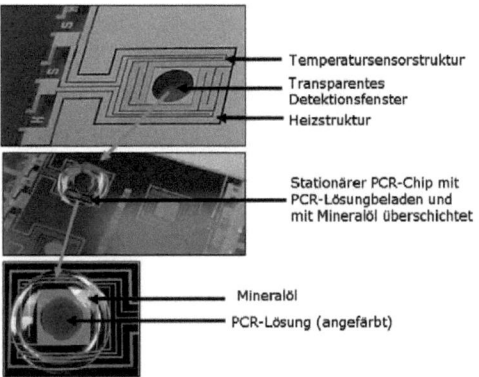

Abbildung 6: Struktur eines Mikrochips zur Durchführung der Real-Time PCR im Mikrovolumenformat mit Heizzone, Detektionsfenster und mineralölüberschichteter PCR-Lösung (modifiziert nach (82))

Der Aufbau in Abbildung 7 befindet sich in einem abgedunkelten Gehäuse (nicht gezeigt) und stellt einen beladenen PCR-Mikrochip dar, unter dessen transparentem Detektionsfenster optische Fasern zur Fluoreszenzanregung und -detektion angebracht sind. Die Anregungseinheit besteht aus LED und Filter und die Detektionseinheit aus Photomultplier und Filter.

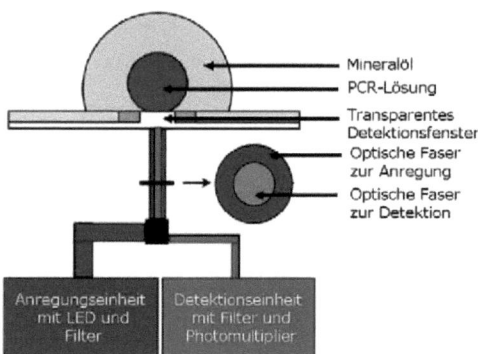

Abbildung 7: Fluoreszenzanregung und -detektion auf einem Real-Time PCR Mikrochip über optische Fasern durch ein Detektionsfenster (modifiziert nach (82))

Die Filtereinheiten müssen auf die Wellenlängen des jeweiligen verwendeten Fluoreszenzfarbstoffes (z.B. 6-FAM) abgestimmt sein. Eine Real-Time PCR Messung ist mit dieser Anordnung möglich und zielt wie oben erwähnt auf eine Volumenreduzierung des PCR-Mixes (Kostenersparnis) und eine Verkürzung der Reaktionszeit (Zeitersparnis) ab. Zudem ist es denkbar, das Mikrochip-Real-Time PCR-Format bei weiterer Optimierung in ein „vor-Ort" Handgerät überzuführen (82). In dieser Arbeit wurde ausschließlich die stationäre Mikrochip-Real-Time-PCR Pilotanlage des IPHT (siehe 4.1.3.5), die basierend auf den Forschungsergebnissen von FELBEL entwickelt wurde, verwendet (82). Bisher wurden keine getränkerelevanten Hefen auf diesem System untersucht. In dieser Arbeit werden ausgewählte Real-Time PCR Identifizierungssysteme für getränkerelevante Hefearten (z. B. *S. cerevisiae*) auf Kompatibilität mit der stationären Mikrochip-Real-Time PCR hin untersucht.

3.3.7 PCR-DHPLC

Das WAVE® System (siehe 4.1.4) kann verschiedene DNA-Fragmente (z.B. PCR-Produkte) über reverse Ionenpaar-Flüssigphasenchromatographie trennen. So werden DNA-Fragmente (z. B. PCR-Produkte) auf einer DHPLC-Säule, die aus einer hydrophoben C_{18}-Polystyrol-Divinylstyrol-Matrix besteht, zurückgehalten, wenn diese Matrix durch das ionenpaarbildende Agenz Triethyl-Ammoniumacetat

(TEAA) positiv geladen wird (273). Das negativ geladene Rückgrat der DNA-Fragmente bindet an die positiv geladene Ammoniumgruppe von TEAA. Es wird anschließend ein ansteigender Acetonitril-Gradient durch die Säule geführt. Acetonitril löst die Bindung und setzt das DNA-Fragment wieder frei (273). Je nach Stärke der Bindung (abhängig von der Länge und dem GC-Gehalt des DNA Fragmentes) wird das DNA Fragment früher oder später freigesetzt. Wie Abbildung 8 zeigt, kann die Temperatur der DHPLC-Säule über einen Ofen so gesteuert werden, dass doppelsträngige DNA-Fragmente teilweise oder ganz denaturieren, d. h. aufspalten. Hierher rührt der Begriff Denaturierende HPLC. Verschiedene Temperaturen können für unterschiedliche Applikationen genutzt werden.

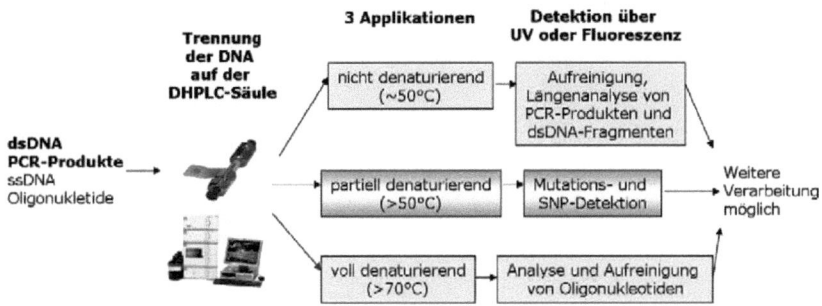

Abbildung 8: Verschiedene Anwendungsmöglichkeiten eines DHPLC-Systemes zur DNA-Fragmentanalyse

Bei dem Einsatz der DHPLC in der mikrobiellen Analytik kommen hauptsächlich partiell denaturierende Temperaturen zum Einsatz. Durch partielle Denaturierung lassen sich PCR-Fragmente mit wenigen Basen Unterschied oder mit SNPs (single nucleotide polymorphisms) differenzieren, weshalb die DHPLC in der Medizin zur Erkennung von Mutationen eingesetzt wird (63). Mikrobiologische Anwendungen sind hauptsächlich die Identifikation von Mischpopulationen und Stammtypisierungen, wobei PCR-Produkte über die DHPLC analysiert werden (67, 102, 103). HUTZLER und GOLDENBERG übertrugen und erweiterten eine DHPLC-Methode zur Auftrennung von klinisch relevanten *Candida* Mischpopulationen auf brauereirelevante Hefearten (102, 125). Die gleiche Arbeit beschreibt eine Methode zur Typisierung von *S. cerevisiae* und *S. pastorianus* UG Stämmen, die in Brauereien

Stand des Wissens

als Betriebskulturen verwendet werden (125). Die Anwendung dieser beiden Methoden veranschaulicht Abbildung 9.

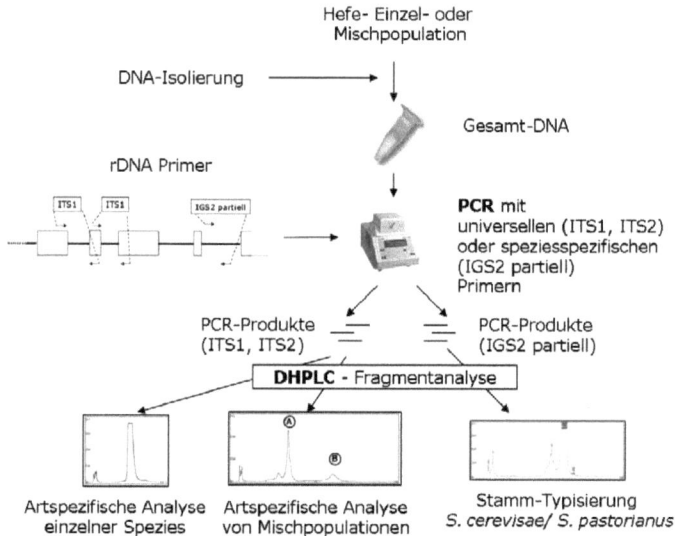

Abbildung 9: Ablaufschema von PCR-DHPLC Applikationen für brauereirelevante Hefen (modifiziert nach (125))

Für die Identifizierung von unbekannten Hefeeinzelkulturen oder -mischkulturen werden PCR-Produkte der ITS1- oder ITS2-Region amplifiziert und über die DHPLC analysiert. Für die Typisierung von Brauereikulturstämmen wird ein Teilfragment der IGS2-Region mit speziesspezifischen Primern amplifiziert und über die DHPLC analysiert (125). Dabei ist zu berücksichtigen, dass die verschiedenen DHPLC-Anwendungen mit unterschiedlichen Gradienten und Temperaturprofilen laufen (siehe 4.8.5).

3.3.8 FT-IR-Spektroskopie

Die Fourier-transform Infrarot (FT-IR-) Spektroskopie ist eine schnelle und kostengünstige Methode zur Identifikation von Mikroorganismen (116, 191). Hier wird der mittlere Infrarotbereich mit einer Wellenzahl von 200–4000 cm^{-1} genutzt

Stand des Wissens

und die charakteristische Absorption bei bestimmten Wellenzahlen kann funktionellen Gruppen (z. B. Fettsäuren, Proteinen, Polysacchariden) zugewiesen werden (191). Die Absorption von Infrarotlicht durch funktionelle Gruppen der Zellen bzw. Zellbestandteile liefert ein Spektrum, das einem Fingerabdruck ähnelt und durch den Vergleich mit Referenzspektren identifiziert werden kann (293). Ist eine ausgedehnte und genau entwickelte Referenzdatenbank mit Referenzspektren etabliert, kann ein zuverlässiges Identifizierungsergebnis – ausgehend von einer Einzelkolonie- innerhalb von 25h vorliegen (145, 199). Der Ablauf einer FT-IR-Probenaufbereitung über die Kultivierung eines Zellrasens aus einer Einzelkolonie, die Suspension eines homogenen Teiles dieses Zellrasens in einem bestimmten Volumen und die Auftragung eines Aliquots der Suspension auf eine ZnSe-Platte und deren Trocknung sind in Abbildung 10 ersichtlich (292).

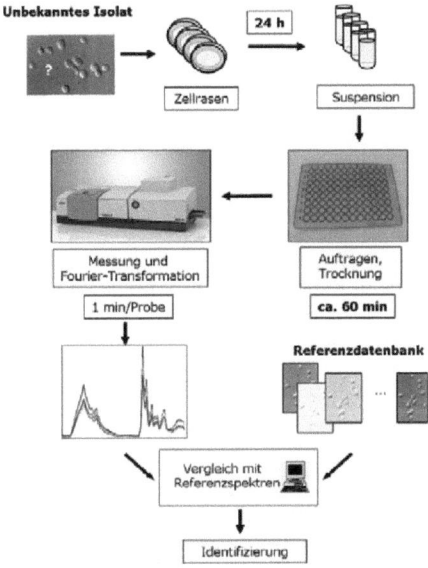

Abbildung 10: Hefeidentifizierung einer unbekannten Probe mittels FT-IR-Spektroskopie über Referenzdatenbankabgleich (nach (292))

Anschließend erfolgt die FT-IR-Messung und der Abgleich mit der Referenzdatenbank, um das unbekannte Hefeisolat zu identifizieren (292). Die geräteinterne OPUS Software (Bruker) errechnet über Algorithmen die Distanzen von Spektren

Stand des Wissens

unbekannter Mikroorganismen zu den Spektren der Datenbank (145). Auf diesem Wege können unbekannte Spektren auf Grund ihrer Ähnlichkeit mit in der Datenbank hinterlegten Spektren identifiziert werden (145). Zusätzlich gibt es noch eine weitere Form der Datenauswertung. Für komplexe Problemstellungen können künstliche neuronale Netze (KNNs) geschaffen werden. KNNs sind selbstlernende Systeme verbunden mit multivariater Datenanalyse, die mit einer speziellen Software generiert werden können. Ein KNN muss einen speziellen Kalibrierungsprozess durchlaufen, wobei es von „trial and error" lernt und artspezifische Muster erkennt (219). In einer modularen Struktur können verschiedene KNNs hierarchisch miteinander verknüpft werden. Hierbei ist das Identifizierungspotential sehr hoch, da auf jeder Ebene der hierarchischen Anordnung gezielt auf Probleme eingegangen werden kann (219). Abbildung 11 zeigt schematisch ein hierarchisch aus mehreren Subnetzen aufgebautes KNN mit vier Ebenen zur Differenzierung von Spektren in verschiedene Arten.

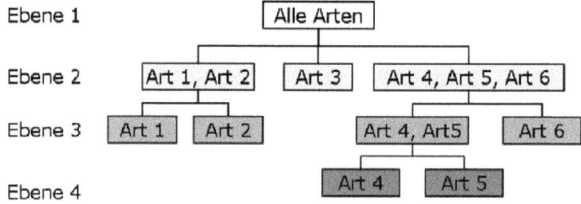

Abbildung 11: Beispielstruktur eines modular aufgebauten, künstlichen neuronalen Netzwerkes mit vier Ebenen (modifiziert nach (219))

Der Vorteil von neuronalen Netzen ist, dass für den Entscheidungsprozess unwichtige Informationen verworfen werden und nur die signifikanten Informationen gespeichert werden. Somit wird nur ein Minimum an Speicherkapazität verbraucht. Geringe aber charakteristische Varianzen in den Spektren werden richtig erkannt und Fehler im System bei der Evaluierung festgestellt (190).

Material und Methoden

4 Material und Methoden

4.1 Geräte, Verbrauchsmaterialien, Chemikalien, Reagenzien, Software

4.1.1 Materialien zur Kultivierung und Stammhaltung von Mikroorganismen

- Petrimat, Dosierautomat für Flüssignährmedien (Struers, Kopenhagen, Dänemark)
- Anaerocult A, Anaerobiosestreifen zur Erzeugung eines anaeroben Milieus im Anaerobentopf (Merck, Darmstadt)
- BVF aus Glas, 50 ml, gasdicht verschließbar, steril (Bezugsquelle: BLQ Weihenstephan, Freising Weihenstephan)
- Glaswaren (Schott, Mainz)
- Kippdosieradapter, 10ml, für Schott-Flaschen zur Herstellung einheitlicher Agarplatten (Bezugsquelle: Zefa Laborservice, Harthausen)
- Kryobank Stammhaltungssystem (Mast Diagnostica, Merseyside, UK)
- Mikroskop, Standard 25 (Zeiss, Jena)
- Millipore Sterivex Filter Unit, 0,22 und 0,45 µm (Millipore Corporation, Bedford, USA)
- Sterile Plastikware: Petrischalen Ø 60 mm und Ø 94 mm, Pipettenspitzen für Gilson Pipetman, Eppendorf Safe Lock Tubes 1,5 und 2,0 ml, Falcon-Röhrchen 15 und 50 ml (Bezugsquelle: Zefa Laborservice, Harthausen)
- Thoma-Zählkammern für Hefen und Bakterien (Bezugsquelle: Zefa Laborservice, Harthausen)
- Adonit (Sigma Aldrich/Fluka, München)
- Agar-Agar (Merck, Darmstadt)
- Bromphenolblau (Roth, Karlsruhe)
- Cadaverin-dihydrochlorid (Sigma Aldrich/Fluka, München)
- D(+)-Cellobiose (Roth, Karlsruhe)
- Chloramphenicol (Serva Feinbiochemica, Heidelberg)
- CHROMagar Candida (BD, Heidelberg)
- Clotrimazol (Fagron, Barsbüttel)
- Cycloheximid (Handelsname Actidion) (Sigma Aldrich/Fluka, München)
- Endvergorenes Bier (Bezugsquelle: BLQ Weihenstephan, Freising Weihenstephan)
- Ergosterol (5,7,22-Ergostatrien-3ß-ol; Provitamin D2), (Sigma Aldrich/Fluka, München)
- Ethanol (Roth, Karlsruhe)
- Ethylamin (Sigma Aldrich/Fluka, München)
- Eugenol (Roth, Karlsruhe)
- Ferulasäure (Sigma Aldrich/Fluka, München)
- D(+)-Glucose-Monohydrat (Merck, Darmstadt)
- Hefeextrakt (BD, Heidelberg)
- Hefe Kohlenstoff Basis/ YCB (Sigma Aldrich/Fluka, München)

Material und Methoden

- Hefe Stickstoff Basis/ YNB (Sigma Aldrich/Fluka, München)
- Hefe Stickstoff Basis ohne Aminosäuren/ YNB w/o AA (BD, Heidelberg)
- Kaliumnitrat (Roth, Karlsruhe)
- Ketoconazol (Caesar u. Loretz, Hilden)
- Kumarsäure (Sigma Aldrich, München)
- Kupfer(II)-sulfat-Pentahydrat (Merck, Darmstadt)
- Linalool (Roth, Karlsruhe)
- L-Lysinhydrochlorid (Roth, Karlsruhe)
- Malzextrakt (BD, Heidelberg)
- Malzextrakt Bouillon (Roth, Karlsruhe)
- D(+)-Melibiose Monohydrat (Roth, Karlsruhe)
- MIB (BD, Heidelberg)
- Miconazolnitrat (Ceasar u. Loretz, Hilden)
- MRS (Merck, Darmstadt)
- Natriumchlorid (Roth, Karlsruhe)
- Nystatin-dihydrat (Roth, Karlsruhe)
- Pepton (BD, Heidelberg)
- Thymol (Roth, Karlsruhe)
- Tetracyclinhydrochlorid (Sigma Aldrich, München)
- D(-)-Sorbit (Merck, Darmstadt)
- Weihenstephaner Original (Bittereinheiten 20 BE, Alkoholgehalt: 5,1% Vol.), (Staatsbrauerei Weihenstephan, Freising)
- D(+)-Xylose (Sigma Aldrich/ Fluka, München)
- YGC-Agar (Merck, Darmstadt)
- Zimtsäure (Sigma Aldrich/ Fluka, München)
- Zinkchlorid (Merck, Darmstadt)

4.1.2 DNA-Präparation

- Zentrifuge, Biofuge pico (Heraeus Instruments, Hanau)
- Eppendorf-Zentrifuge 5402 (Eppendorf, Hamburg)
- Thermomixer 5436 (Eppendorf, Hamburg)
- Minishaker MS-1 für 1,5 und 2,0 ml Safe Lock Tubes (IKA, Staufen)
- Vortex Genie 2, Scientific Instruments (Bohemia, NY, USA)
- Spektralphotometer, 3100 pro (Ultrospec, Cambridge, UK)
- Sterile Glasperlen (Glasbeads): Ø 0,5 mm (Bezugsquelle: Zefa Laborservice, Harthausen)
- InstaGene® Matrix (Bio-Rad, Hercules, CA, USA)
- NucleoSpin® Plant II (Macherey-Nagel, Düren)
- 1x PCR-Puffer: 50 mM KCl, 1,5 mM $MgCl_2$, 10 mM Tris-HCl
- Standard-Lösungen: 0,1 M NaOH, NaCl 0,9 %, SDS 0,5 %, Tween 20 (20 %)
- Ampuwa, Wasser für Injektionszwecke (Fresenius Kabi, Bad Homburg)

Material und Methoden

4.1.3 PCR, Elektrophorese und Sequenzierung

4.1.3.1 Standard PCR

- Thermocycler PTC-100, PTC 200 (MJ Research, Biozym, Oldendorf)
- PCR Softstrips 0,2 ml mit Cap-Strips (Biozym, Oldendorf; Peqlab, Erlangen)
- Primer für Standard PCR (MWG Biotech, Ebersberg; Operon, Köln; Biomers, Ulm)
- dNTP Set (Amersham Biosciences, Freiburg; Bio&Sell, Nürnberg)
- Taq-Polymerase: Taq-DNA-Polymerase E (Genaxxon, Biberach)
- Optimase® Polymerase Kit (Transgenomic Ltd., Glasgow, UK)
- Bovine Serum Albumin (BSA); Gebrauchskonzentration 10 mg/l (Sigma Aldrich/Fluka, München)
- PCR-Puffer (10x), $MgCl_2$ (Genaxxon, Biberach)
- Optimase PCR-Puffer (10x), $MgCl_2$ (Transgenomic Ltd., Glasgow, UK)
- Ampuwa, Wasser für Injektionszwecke (Fresenius Kabi, Bad Homburg)
- Primer Express 2.0, Primerdesign-Software (Applied Biosystems, Foster City, USA)

4.1.3.2 Gelelektrophorese

- Horizontale Elektrophorese-Einheit HU10 (Biostep, Jahnsdorf)
- Horizontale Elektrophorese-Einheit HE 33 (Hoefer Scientific Instruments, Serva, Heidelberg)
- Spannungsgeber EPS 600 (Amersham Pharmacia Biotech, Freiburg)
- Sofortbildkamera MP4 (Polaroid, Offenbach)
- UV-Transilluminator Reprostar (CAMAG, Berlin)
- Film 667 professional (Polaroid, Offenbach)

4.1.3.3 Sequenzierung

- QIAquick Purification Kit (Qiagen, Hilden)
- GATC-Viewer™ zur Qualitätsanalyse von Sequenzierchromogrammen (GATC Biotech AG, Konstanz)
- MegAlign Software für den Sequenzvergleich (DNASTAR, Madison, UK)
- EditSeq für die Sequenzbearbeitung (GATC Biotech AG, Konstanz)

4.1.3.4 Real-Time PCR

- Real-Time PCR Thermocycler: iCycler iQTM Multi-Color (Bio-Rad, Hercules, CA, USA)
- PCR Plates Thermo Fast 96-Well (PeqLab, Erlangen)
- Optical Sealing Tapes (Bio-Rad, Hercules, CA, USA)
- Primer für Real-Time PCR (MWG Biotech, Ebersberg; Operon, Köln; Biomers, Ulm)
- Fluoreszenzmarkierte TaqMan-Sonden (Metabion, Martinsried; Biomers, Ulm)
- Fluoreszenzmarkierte TaqMan-MGB-Sonden (ABI, Applied Biosystems, Foster City, USA)
- dNTP Set (Amersham Biosciences, Freiburg; Bio&Sell, Nürnberg)

Material und Methoden

- SYBR-Green®-Mastermix: GreenMastermix (2x) (Genaxxon, Biberach)
- *Taq*-Polymerasen: HotStarTaq (Qiagen, Hilden); SuperHot Taq, (Genaxxon, Biberach)
- Bovine Serum Albumin (BSA); Gebrauchskonzentration 10 mg/l (Sigma Aldrich/Fluka, München)
- PCR-Puffer (10x), $MgCl_2$ (Qiagen, Hilden; Genaxxon, Biberach)
- Optimierter PCR-Puffer X (10x) (Genaxxon, Biberach)
- Ampuwa, Wasser für Injektionszwecke (Fresenius Kabi, Bad Homburg)
- Primer Express 2.0, Primer-/Sondendesign-Software (Applied Biosystems, Foster City, USA)

4.1.3.5 Mikrochip Real-Time PCR

- Stationäre Mikrochip-Real-Time-PCR Pilotanlage (IPHT, Jena)
- Mineralöl (Sigma-Aldrich, München)

Die Mikrochip Real-Time PCR ist eine Variante der Real-Time PCR. Verwendete PCR-Puffer und Polymerasen sind unter 4.1.3.4 aufgeführt.

4.1.4 DHPLC

- WAVE System 3500 for Genetic Analysis (Transgenomic Ltd., Glasgow, UK)
- WAVE Optimized TEAA-Buffer A (Transgenomic Ltd., Glasgow, UK)
- WAVE Optimized TEAA-Buffer B (Transgenomic Ltd., Glasgow, UK)
- WAVE Optimized Solution D (Transgenomic Ltd., Glasgow, UK)
- WAVE Optimized Syringe Wash Solution (Transgenomic Ltd., Glasgow, UK)
- WAVE Optimized HS Staining Solution I (Transgenomic Ltd., Glasgow, UK)
- WAVE DNASep® Cartridge (Transgenomic Ltd., Glasgow, UK)
- WAVE Navigator Software (Transgenomic Ltd., Glasgow, UK)

4.1.5 FTIR-Spektroskopie

- FT-IR-Spektrometer Tensor 27 (Bruker Optics, Ettlingen)
- HTS-XT Modul (Bruker Optics, Ettlingen)
- Mikrotiterplatte aus Zinkselenid A751-96 (Bruker Optics, Ettlingen)
- Software zur Auswertung der FT-IR-Spektren OPUS 5.5 (Bruker Optics, Ettlingen)
- Software zur Erstellung neuronaler Netze NeuroDeveloper-Software (Synthon, Heidelberg)

4.2 Mikroorganismen, Stammhaltung und Kultivierung

4.2.1 Hefen

Hefen wurden für 48–72 h bei 28 °C in YM-Bouillon (siehe 4.3.1) unter aeroben Bedingungen kultiviert. Dauerkulturen wurden mit dem Kryobank Stammhaltungssystem bei -80 °C gehalten und bei Bedarf nach Herstelleranweisung in YM

Material und Methoden

rekultiviert. In Tabelle 7 sind Hefestämme aus verschiedenen offiziellen Stammsammlungen aufgeführt, die als Referenzstämme dieser Arbeit dienten. Unter dem Punkt Einsatzbereich sind die Methoden aufgelistet, für die die jeweiligen Hefearten genutzt wurden.

Tabelle 7: Hefestämme aus Stammsammlungen

Hefeart	Stammsammlung, -nummer	Einsatzbereich
Brettanomyces custersianus	DSM 70736	Real-Time PCR
Brettanomyces naardenensis	DSM 70743	Real-Time PCR
Candida boidinii	DSM 70026T	Real-Time PCR
Candida intermedia	CBS 423, 573T, 5310, WSYC/G 363, 638, 753, 763, 1203, 1394, 1704, 2446	Real-Time PCR
Candida parapsilosis	CBS 1954, DSM 5784T, WSYC/G 227, 634, 843, 1388, 1608, 2034, 2331, 2381	Real-Time PCR DHPLC
Candida sake	BTII K 1-B-3	Real-Time PCR
Candida tropicalis	BTII K 1-A-3, CBS 2317	Real-Time PCR
Candida vini	BTII K 2-G-7	Real-Time PCR
Cryptococcus albidus	CBS 155T	Real-Time PCR
Cryptococcus laurentii	CBS 139T	Real-Time PCR
Debaryomyces hansenii	CBS 117, 766, 1099, DSM 70244, BTII K 10-G-4	Real-Time PCR DHPLC
Dekkera anomala	BTII K 1-A-8, 2-C-1, DSM 70727	Real-Time PCR DHPLC
Dekkera bruxellensis	CBS 2797, 3429, 4914, DSM 70742, BTII K 3-C-5, 3-B-6	Real-Time PCR DHPLC
Hanseniaspora guilliermondii	DSM 70285	Real-Time PCR
Hanseniaspora uvarum	CBS 312, 314T, 2585, 5074, WSYC/G 1001, 1517, 1565, 2008, 2173, 2286	Real-Time PCR DHPLC
Issatchenkia occidentalis	CBS 6888	Real-Time PCR DHPLC
Issatchenkia orientalis	DSM 3433T, 6128, 11956, 70079, WYSC/G 2552, 2564, 2583, 2617, 2728	Real-Time PCR DHPLC
Kazachstania exigua	CBS 6388, BTII K 2-G-7, WYSC/G 236, 237, 238, 239, 694, 701, 832, 833, 1306, 1502, 1510, 2526	Real-Time PCR DHPLC, FTIR-KNN
Kazachstania servazzii	WYSC/G 24, 439, 2521	Real-Time PCR, FTIR-KNN
Kazachstania unispora	CBS 398T, 1575, WYSC/G 440, 441, 442, 1398, 1656, 1764, 2257, 2374, 2456, 6441	Real-Time PCR, DHPLC, FTIR-KNN
Kluyveromyces marxianus	BTII K 1-C-2, CBS 712	Real-Time PCR
Lachancea kluyveri	CBS 3082T, DSM 70517	Real-Time PCR DHPLC, FTIR-KNN
Naumovia castelli	BTII K 3-I-1	FTIR-KNN
Naumovia dairenensis	CBS 421	Real-Time PCR DHPLC, FTIR-KNN
Pichia fermentans	CBS 187T, 5759, WSYC/G 876, 1558, 1621, 1653, 2522, 2557, 2567, 2620, 2933	Real-Time PCR
Pichia guilliermondii	CBS 2030T, WSYC 293, WSYC/G 360, 543, 730, 925, 1063, 1118, 1303, 1772	Real-Time PCR DHPLC
Pichia membranifaciens	BTII K 1-F-4, CBS 107, DSM 70178, 70366, 70631	Real-Time PCR DHPLC
Rhodotorula glutinis	DSM 70398	Real-Time PCR DHPLC
S. bayanus	DSM 70411, 70412T, 70508, 70547, BTII K 1-C-3 (früher S. uvarum)	Real-Time PCR DHPLC, FTIR-KNN
S. bayanus/ pastorianus	CBS 2440, 6017	Real-Time PCR DHPLC, FTIR-S.
S. cariocanus	CBS 5513, 7995, 8841	Real-Time PCR DHPLC, FTIR-KNN

Material und Methoden

Hefeart	Stammsammlung, -nummer	Einsatzbereich
S. cerevisiae (obergärige Kulturhefen)	Weizenbierhefen: W 68, 127, 149, 175, 205, BTII K 5-A-8	Real-Time PCR DHPLC, FTIR-S.
	Altbierhefen: W 148, 184, 208	Real-Time PCR DHPLC, FTIR-S.
	Kölschbierhefen: W 165, 177	Real-Time PCR DHPLC, FTIR-S.
	Alebierhefen: W 210, 211, 213	Real-Time PCR DHPLC, FTIR-S.
	Weinhefen: W Bingen, Bordeaux, Eperney, Laureiro, Stein, Wädenswil	Real-Time PCR DHPLC, FTIR-S.
	Brennereihefen: W B4	Real-Time PCR DHPLC, FTIR-S.
	Sekthefe: W S2	
S. cerevisiae	DSM 70424, 70449T, 70451, 70471, CBS 1464 (früher S. paradoxus/ S. cerevisiae), 8803 (=S288C, sequenzierter Hefestamm) BT II K 3-A-1, 3-C-3, 3-G-1, 5-A-7, 6-I-1, 6-F-4	Real-Time PCR DHPLC, FTIR-KNN
S. cerevisiae var. diastaticus	CBS 1782, DSM 70487, BTII K 1-B-8, 1-H-7, 2-A-7, K 2-F-1, 3-D-2, 3-H-2, 3-H-4	Real-Time PCR DHPLC, FTIR-KNN
S. kudriavzevii	CBS 8840	Real-Time PCR DHPLC, FTIR-KNN
S. mikatae	CBS 8839	Real-Time PCR DHPLC, FTIR-KNN
S. paradoxus	CBS 406, 432, 2908, 5829, 7400, 8436	Real-Time PCR DHPLC, FTIR-KNN
S. pastorianus (untergärige Kulturhefen)	Untergärige flockulierende Bierhefen (Bruchhefen): W 26, 44, 34/70, 34/78, 44, 54, 59, 69, 84, 105, 109, 120, 128, 168, 172, 180, 194, 199, 206, W 34/70 A (Reinzuchthefe Brauerei A), W 34/70 B (Reinzuchthefe Brauerei B)	Real-Time PCR DHPLC
	Untergärige nicht-flockulierende Bierhefen (Staubhefen): W 66, 66/70, 71, 144, 204	Real-Time PCR DHPLC, FTIR-S.
	Untergärige Bierhefen (Flockulation unbekannt): CBS 1484, 5832, CBS 6903, NBRC 2003, BTII K B-I-4, B-J-4, B-J-5	Real-Time PCR DHPLC, FTIR-S.
S. pastorianus	CBS 1503 (früher S. monacensis), 1513 (früher S. carlsbergensis), 1538, DSM 6580NT, 6581	Real-Time PCR DHPLC, FTIR-S.
Saccharomycodes ludwigii	BTII K 10-E-8	Real-Time PCR DHPLC
Schizosaccharomyces pombe	CBS 356, DSM 70756	Real-Time PCR
Torulaspora delbrueckii	CBS 1146T, DSM 70504, WSYC/G 224, 625, 1350, 2133	Real-Time PCR DHPLC
Wickerhamomyces anomalus (früher Pichia anomala)	CBS 5759T, DSM 70130	Real-Time PCR DHPLC
Zygosaccharomyces bailii	CBS 680T, 1097, DSM 70834, WSYC/G 230, 471, 907, 945, 1450, 2081, 2275, 2327	Real-Time PCR DHPLC
Zygosaccharomyces bisporus	WYSC 285	Real-Time PCR
Zygosaccharomyces rouxii	CBS 441, 731, 732, 5717, WYSC/G 1673, 1998, 2005, 2091, 2093, 2142, 2183, 2274, 2325	Real-Time PCR DHPLC

Material und Methoden

Hefestämme, die innerhalb eines Zeitraums von 2005-2007 aus dem Umfeld der Brauerei- und Getränkeindustrie isoliert und identifiziert wurden, sind im Anhang 8.3 in Tabelle 52 aufgeführt.

4.2.2 Bakterien

Lactobacillus und *Lactococcus* Arten wurden 72 h bei 28 °C in MRS-Bouillon (siehe 4.3.1) kultiviert. *Megassphera cerevisiae* und *Pectinatus frisingensis* wurden 72 h bei 28°C in MIB-Bouillon (siehe 4.3.1) bei 28 °C bebrütet. Die Kultivierung aller Bakterien verlief unter anaeroben Bedingungen, welche durch das Anaerocult A System erzeugt wurden. Dauerkulturen wurden mit dem Kryobank Stammhaltungssystem bei -80 °C gehalten und bei Bedarf nach Herstelleranweisung in MRS-, bzw. MIB-Bouillon rekultiviert.

Folgende Bakterienstämme wurden für Kreuzreaktionstests zur Evaluierung der Spezifität und der Relativen Richtigkeit des Real-Time PCR Screening-Systemes für getränkerelevante Hefen verwendet:

Lactobacillus brevis DSMZ 20054, *Lactobacillus buchneri* DSMZ 20054, *Lactobacillus casei* DSMZ 20011T, *Lactobacillus coryniformis spp. torquens* DSMZ 20004, *Lactobacillus collinoides* DSMZ 20515, *Lactobacillus gasseri* DSMZ 20343T, *Lactobacillus lindneri* DSMZ 20690, *Lactobacillus perolens* BTII BS291, *Lactobacillus plantarum* BTII BS285, *Lactococcus lactis spp. lactis* DSMZ 20481T, *Megassphera cerevisiae* BTII BS46, *Pectinatus frisingensis* BTII BS42

4.2.3 Schimmelpilze

Schimmelpilze wurden in Malzextrakt-Bouillon (siehe 4.3.1) für 72 h bei 25 °C als Schüttelkultur inkubiert. Dauerkulturen wurden mit dem Kryobank Stammhaltungssystem bei -80 °C gehalten und bei Bedarf nach Herstelleranweisung in Malzextrakt-Bouillon rekultiviert.

Folgende Schimmelpilzstämme wurden für Kreuzreaktionstests zur Evaluierung der Spezifität und der Relativen Richtigkeit des Real-Time PCR Screening-Systemes für getränkerelevante Hefen verwendet:

Alternaria alternata var. tenius DSMZ 62006, *Aspergillus niger* CBS 101698, *Botrytis cinerea* DSMZ 877, *Byssochlamys fulva* CBS 132.33, *Byssochlamys nivea* CBS 136.59, *Eupenicillium lapidosum* CBS 343.48, *Fusarium graminearum* DSMZ

Material und Methoden

4527, *Mucor plumbeus* CBS 111.07, *Neosartorya fischeri* CBS 582.90, *Paecilomyces variotii* CBS 284.48, *Penicillium expansum* DSMZ 62841, *Talaromyces var. flavus* CBS 437.62

4.3 Nährmedien

4.3.1 Nährmedienherstellung und –zusammensetzung

Zur Herstellung einheitlicher Agarplatten wurde mit einem Kippautomat mit 10 ml Fassungsvermögen gearbeitet. In jede Platte mit 60 mm bzw. 94 mm Durchmesser wurden genau 10 ml bzw. 20 ml Medium gegossen. Flüssige Medien (Bouillons) wurden wie feste Medien hergestellt, allerdings ohne Agar. Sie wurden nach dem Autoklavieren in 5 ml Portionen in sterile Reagenzgläser umpipettiert. Bei einem Großteil der Medien (alle Medien auf YM-Basis) wurde der Indikator Bromphenolblau (pK_s-Wert: 4,10; Umschlagbereich: pH 3,0–4,6; Grenzfarben sauer-alkalisch: gelb-purpur) mit einer Konzentration von 40 mg/l eingesetzt. Für einen Liter Medium wurden 40 mg Bromphenolblau zunächst in 5 ml 20%igem Ethanol gelöst und anschließend dem Medium vor dem Autoklaviervorgang zugesetzt. Soweit nicht anders angegeben, wurden die Nährmedien vor Gebrauch 15 min bei 121 °C und 1 bar Überdruck autoklaviert und deren pH-Wert vor dem Autoklaviervorgang mit 1 M KOH oder 10%iger Milchsäure auf den pH-Wert 6,2 eingestellt. Standardmäßig wurden alle Proben aerob bei 28 °C für 7 Tage bebrütet (abweichende Bebrütungsbedingungen sind angegeben). Eine visuelle sowie evtl. notwendige mikroskopische Auswertung fand täglich statt. Im Anschluss sind die untersuchten Nährmedien mit ihren Herstellungsrezepturen und –protokollen in alphabetischer aufgeführt.

Chitosan-YM-Agar: 1 g Chitosan wurde in 100 ml 1%iger-Essigsäurelösung auf einem Magnetrührer aufgelöst und ein Volumen, das der gewünschten Konzentration im Medium entspricht, wurde YM-Agar vor dem Autoklaviervorgang zugesetzt.

CHROMagar-Candida: CHROMagar Candida ist ein Fertigmedium (siehe 4.1.1). Die genaue Zusammensetzung des Nährmediums ist nicht bekannt.

CLEN-Agar: 11,7 g YCB, 2,5 g Lysin-Monohydrochlorid, 0,9 g 70%ige v/v Ethylamin-Lösung, 1,4 g Kaliumnitrat, 2,4 g Cadaverin-Dihydrochlorid wurden in 100 ml destilliertem Wasser gelöst. Der pH-Wert wurde mit 10%iger HCl-Lösung

Material und Methoden

auf 5,8±0,2 eingestellt. Die Lösung wurde über einen Sterilfilter (0,45 µm) filtriert. 15 g Agar werden mit 900 ml destilliertem Wasser für 15 min bei 121 °C autoklaviert. Die 100 ml Stammlösung wurde dem auf 45–50 °C abgekühltem Agar zudosiert.

Clotrimazol-, Ketoconazol- und Miconazol-YM-Medien: Zur Herstellung der Clotrimazol-, Ketoconazol- bzw. Miconazol Stammlösung wurden jeweils 10 mg in 10 ml 96%igem Ethanol gelöst. Ein Volumen, das der gewünschten Konzentration im Medium entspricht, wurde YM-Agar nach dem Autoklavieren bei 45–50 °C steril zudosiert.

EV- Bier: Es kann keine genaue Zusammensetzung angegeben werden. Das mit Staubhefe (*S. pastorianus* UG W 66) endvergorene Bier wurde gebrauchsfertig vom BLQ bezogen.

Kumarsäure-, Ferulasäure- und Zimtsäure-YM-Medien: Zur Herstellung der Ferulasäure- bzw. Zimtsäure-Stammlösung wurde 1 g Ferulasäure bzw. 1 g Zimtsäure in 20 ml 96%igem Ethanol gelöst. Zur Herstellung der Kumarsäure-Stammlösung wurden 100 mg Kumarsäure in 10 ml 96%igem Ethanol gelöst. Ein Volumen, das der gewünschten Konzentration im Medium entspricht, wurde YM-Agar nach dem Autoklavieren bei 45–50 °C steril zudosiert.

Malzextrakt-Bouillon: Dieses Medium wurde als Fertignährmedium (siehe 4.1.1) in Pulverform bezogen und nach Herstellerangaben zubereitet.

MBH-Agar: MBH-Agar enthält alkoholfreies Pils, 25 mM Saccharose, 25 mM D(+)-Galaktose, 25 µg/ml Ergosterol, 0,5 % Ethanol, 0,1 µg/ml Zinkchlorid, 100 µg/ml Tetracyclin-HCl, 20 µg/ml Bromphenolblau und 2 % Agar. Das Medium wurde 2 mal 2 h im Dampftopf bei 100 °C sterilisiert bzw. tyndallisiert.

MIB-Bouillon: MIB-Bouillon wurde als Fertignährmedium in Pulverform bezogen und nach Herstellerangaben zubereitet (siehe 4.1.1).

MRS-Bouillon: MRS-Bouillon wird als Fertignährmedium in Pulverform bezogen und nach Herstellerangaben zubereitet (siehe 4.1.1).

Nystatin-YM-Medium: Die erforderliche Menge an Nystatin, die der gewünschten Konzentration im Medium entsprach, wurde direkt in 5 ml 96%igem Ethanol aufgelöst. Die Lösung wurde YM-Agar nach dem Autoklavieren bei 45–50 °C steril zudosiert.

Thymol, Eugenol und Linalool-YM-Medien: Zur Herstellung der Thymol-Stammlösung wurde 1 g Thymol in 96%igem Ethanol aufgelöst. Zur Herstellung der Eugenol- bzw. Linalool-Stammlösung wird 1 ml mit 9 ml 96%igem Ethanol gemischt. Ein Volumen, das der gewünschten Konzentration im Medium entsprach, wurde YM-Agar nach dem Autoklavieren bei 45–50 °C steril zudosiert.

Würzeagar: Frische, vom BLQ bezogene Ausschlagwürze für untergäriges Vollbier wurde mit 1,8 % Agar versetzt und für 15 min bei 121 °C autoklaviert.

XMACS-Agar: XMACS-Agar enthält 10 g/l Xylose, 10 g/l Mannitol, 10 g/l Adonitol, 10 g/l Cellobiose, 10 g/l Sorbitol, 20 g/l Agar und 7 g/l YNB-w/o-AA. Der in 900 ml destillierten Wasser gelöste Agar wurde separat autoklaviert und aus den fünf Zuckern und YNB w/o AA wurde eine 10-fach Stammlösung hergestellt und über einen Sterilfilter (0,45 µm) filtriert. Die Stammlösung wurde dem Agar nach dem Autoklavieren bei 45–50 °C zudosiert.

YGC-Agar: Für die Herstellung von YGC-Agar wurden 5,0 g Hefeextrakt, 20,0 g Glucosemonohydrat, 15,0 g Agar, 0,1 g Chloramphenicol in 1000 ml destilliertem Wasser gelöst, der pH-Wert auf 6,6 eingestellt und autoklaviert. In dieser Arbeit wurde anwendungsfertiger YGC-Agar (siehe 4.1.1) verwendet.

YM–Medien: Für die Herstellung von YM-Agar wurden 3,0 g Malzextrakt, 3,0 g Hefeextrakt, 5,0 g Pepton und 11,0 g Glucosemonohydrat sowie 20,0 g Agar in 1000 ml destilliertem Wasser gelöst und autoklaviert. YM-Bouillon wurde analog, jedoch ohne Agar, zubereitet.

Kupfersulfat-YM Medien (YM+$CUSO_4$): 3,0 g Malzextrakt, 3,0 g Hefeextrakt, 5,0 g Pepton und 10,0 g Glucose sowie 20,0 g Agar wurden mit destilliertem Wasser auf 1000 ml aufgefüllt und autoklaviert. Eine 1%ige Kupfersulfat-Stammlösung wurde separat autoklaviert und dem abgekühlten Agar bei 45-50 °C zudosiert, so dass die gewählte Kupfersulfatkonzentration des Nährbodens erreicht wurde (200ppm entsprechen einer Dosage von 20 ml 1%iger Kupfersulfat-Stammlösung). YM+$CUSO_4$-Bouillon wurde analog, jedoch ohne Agar, zubereitet.

Material und Methoden

4.3.2 Beimpfung

Zu Beginn einer Nährmedien-Versuchsreihe wurden Hefen aus der Kryobankstammhaltung in YM-Bouillon für 72 h, bei 28 °C, aerob angezogen. Die Zellzahl wurde mit der Thomazählkammer bestimmt und betrug nach 72 h Bebrütung etwa 10^7 Zellen/ml (wich die Zellkonzentration ab, wurde sie auf diesen Wert eingestellt). Die Nährmedien wurden in drei Schritten beimpft, so dass die Hefezellzahl des beimpften Nährmediums etwa 200 Zellen betrug:

Schritt 1: Eine 1:20 Verdünnung in einer 0,9%igen NaCl-Lösung wurde erstellt und 5 sec gevortext. Schritt 2: Die Verdünnung aus Schritt 1 wurde 1:50 in einer 0,9%igen NaCl-Lösung verdünnt. Schritt 3: Um eine Zellzahl von etwa 200 Hefen anzuimpfen wurden 20 µl aus Schritt 2 auf einer Nährmedienplatte mittels Drigalskispatel ausplattiert bzw. in ein Flüssignährmedium pipettiert. Die Positivkontrolle auf YM-Universalmedium wurde ebenfalls mit 20 µl beimpft und diente somit der Kontrolle der gewünschten Koloniezahl von 200 (bei Festmedien). Die Nullprobenkontrolle bestand aus einer Platte des untersuchten Mediums, die nicht beimpft wird, aber genau wie das untersuchte Medium inkubiert wurde. Dadurch sollten Fehler bei der Medienherstellung und Fremdkontaminationen kontrolliert werden.

4.4 DNA-Isolationsmethoden

Zur Gewinnung aufgereinigter genomischer DNA aus Hefen und Schimmelpilzen wurde das Fertigkit NucleoSpin® Plant II wie folgt angewendet:

- Eine Kolonie in ein 1,5 ml Eppendorfgefäß überführen
- Eine Löffelspitze (150 mg) Glasbeads (siehe 4.1.2) zugeben
- 200 µl Puffer PL1 zugeben und 2 min bei 1200 U/min schütteln
- Weitere 200 µl Puffer PL1 zugeben und 2 min bei 1200 U/min schütteln
- 10 min bei 65°C inkubieren
- 2 min bei 13000 U/min zentrifugieren
- NucleoSpin®-Filtersäule in NucleoSpin®-Tube einlegen und den Überstand (Lysat) auf die Säule geben
- Die Folgeschritte entsprechen dem Herstellerprotokoll

- Die gewonnene DNA für PCR verwenden

Die aufgereinigte genomische Hefe-DNA wird zur Ermittlung der PCR-Kennzahlen (siehe 4.8.3) genutzt. Die gewonnene Schimmelpilz-DNA wird für Kreuzreaktionsuntersuchungen zur Evaluierung der Spezifität und der Relativen Richtigkeit des Real-Time PCR Screening-Systemes für getränkerelevante Hefen eingesetzt.

Ein DNA-Schnellextraktionsverfahren stellt die InstaGene® Matrix dar. Sie besitzt einen Chelexgehalt von 6 % m/v (37). Chelex ist ein ionisches Harz, das PCR-Inhibitoren binden kann (100). Die Handhabung ist unkompliziert, schnell und nicht mit gesundheitsgefährdenden Substanzen verbunden (37). Die InstaGene® Matrix wurde in dieser Arbeit zur Extraktion jeglicher Hefe-DNA verwendet, die nicht zur Evaluierung von PCR-Systemen diente. Zudem wurde sie zur Isolierung von Bakterien-DNA verwendet. Die Bakterien DNA wurde wie die Schimmelpilz DNA für Kreuzreaktionstests zur Evaluierung der Spezifität und der Relativen Richtigkeit des Real-Time PCR Screening-Systemes für getränkerelevante Hefen verwendet. Folgendes modifizierte Protokoll wurde für Hefen und Bakterien gleichermaßen angewendet:

- Transferieren von 50 µl einer dichten Probe (Zellsuspension) in 1,5 ml Eppendorfgefäß
- 2 min bei 13000 U/min zentrifugieren
- Überstand verwerfen
- Das Pellet sollte einen Durchmesser von etwa 2mm haben (ist der Durchmesser kleiner muss das Probenvolumen angepasst werden, ist er größer kann Zellmaterial mit einer Impföse entfernt werden; alternativ kann ab diesem Punkt Zellmaterial einer Kolonie eingesetzt werden, das einem Pellet mit 2 mm Durchmesser entspricht)
- Zum Zellpellet 200 µl InstaGene® Matrix zugeben
- 30 min bei 56 °C inkubieren und anschließend 10 sec vortexen
- Eppendorfgefäß für 8 min bei 95–100 °C in Heizblock stellen
- 2 min bei 13000 U/min zentrifugieren
- Überstand für PCR verwenden

Material und Methoden

4.5 DNA-Konzentrationsmessung

Die Konzentrationsbestimmung der aufgereinigten genomischen Hefe-DNA (siehe 4.4) erfolgte spektralphotometrisch. Die Menge an ultravioletter Strahlung, die von einer DNA-Lösung absorbiert wird, ist direkt proportional zur DNA-Konzentration. Bei einer Wellenlänge von 260 nm entspricht ein Absorptionswert von 1,0 einer Konzentration von 50 µg/ml doppelsträngiger DNA (115). Gleichzeitig wird die Reinheit der Isolate durch das Verhältnis der Absorption bei 260 nm und 280 nm bestimmt (A_{260}/A_{280}). Bei reinen, nicht kontaminierten Proben liegt das Verhältnis zwischen 1,8 und 2,0 (115).

4.6 Gelelektrophorese

Im verwendeten Puffer-Bereich (pH) wandern die negativ geladenen Nukleinsäuren zur Anode. Das Verhältnis Masse zu Ladung ist dabei maßgeblich für die Wanderungsgeschwindigkeit, wodurch eine Auftrennung der PCR-Produkte nach deren Länge erfolgt (36). Die Herstellung der Agarosegele (2 % m/v) erfolgte nach Herstellerangaben. Zusätzlich wurden die PCR-Proben mit 10 % v/v Gelladepuffer (Stop-Lösung) versetzt. Die im Gel enthaltene DNA wurde durch Zugabe von Ethidiumbromid unter UV-Licht visualisiert und fotographisch dokumentiert. Dabei enthielt sowohl das Gel als auch der Laufpuffer Ethidiumbromid (0,5 µg/ml). Die Elektrophorese erfolgte unter folgenden Bedingungen (siehe Tabelle 8).

Tabelle 8: Elektrophoresebedingungen für Agarose-Gelelektrophorese

Kammer	Volumen [ml]	Spannung [V]	Stromstärke [mA]
Biostep HU 10	60	110	280
Hoefer HE 33	25	110	110

4.7 Sequenzierung von PCR Produkten

Die PCR-Amplifikate wurden mit dem QIAquick® Purification Kit nach dem Herstellerprotokoll aufgereinigt. Anschließend wurde die Qualität der Amplikons mittels Gelelektrophorese überprüft (siehe 4.6). Die DNA-Konzentration des aufgereinigten PCR-Produktes wurde spektralphotometrisch bestimmt (siehe 4.5). Bei Bedarf wird die DNA Konzentration auf 10-50 ng/µl eingestellt. Die Sequenzierreaktion wurde als Auftragsanalyse an die Firma GATC Biotech AG

Material und Methoden

(Konstanz) vergeben. Als Auftragstyp wurde Run24 für PCR-Produkte gewählt. Als Sequenzierprimer dienten die den jeweiligen PCR-Produkten zugrunde liegenden Primer. Primer und PCR-Protokolle zur Amplifikation der 26S (D1/D2), ITS1-5,8S-ITS2, IGS1 und IGS2 rDNA Regionen sind unter 4.8.1 aufgeführt.

4.8 Durchführung, Evaluierung, Kombination von PCR Methoden

4.8.1 Standard PCR

Die Primer, die zur Amplifikation von PCR-Produkten für eine anschließende Sequenzierung verwendet wurden und deren Lage innerhalb der rDNA sind schematisiert in Abbildung 4 unter 3.3.4 dargestellt. Im Folgenden sind Primersequenzen und PCR-Bedingungen für die einzelnen Zielregionen aufgeführt. Zur universellen Amplifikation der D1/D2 Region der 26S rDNA wurden die Primer NL1 (5'-GCATATCAATAAGCGGAGGAAAAG-3') und NL2 (5'-GGTCCGTGTTTCAAGACGG-3') nach KURTZMAN verwendet (152). Der PCR-Ansatz enthielt 400 nM beider Primer, 2,5 µl des PCR-Puffers (10x), 1,5 mM $MgCl_2$, 200 µM dNTPs, 1,25 U Taq-Polymerase E in einem Ansatzvolumen von 25 µl. Das Ursprungs PCR-Temperaturprotokoll (26S-A) nach KURTZMAN und ein modifiziertes Protokoll (26S-B) kamen zur Anwendung (siehe Tabelle 9).

Tabelle 9: Temperaturprofile 26S-A und 26S-B zur Amplifikation der D1/D2 Region der 26S rDNA

26S-A			26S-B		
Temperatur [° C]	Zeit [sec]	Zyklenzahl	Temperatur [° C]	Zeit [sec]	Zyklenzahl
95	300	1	95	300	1
95	60		95	30	
52	120	35	52	60	35
72	120		72	60	
72	600	1	72	600	1

Zur universellen Amplifikation der ITS1-5,8S-ITS2 rDNA wurden die Primer ITS1 (5'-TCCGTAGGTGAACCTGCGG-3') und ITS4 (5'-TCCTCCGCTTATTGATATGC-3') nach WHITE et al. verwendet (294).

Material und Methoden

Tabelle 10: Temperaturprofile ITS-A und ITS-B zur Amplifikation der ITS1-5,8S-ITS2 rDNA

ITS-A			ITS-B		
Temperatur [°C]	Zeit [sec]	Zyklenzahl	Temperatur [°C]	Zeit [sec]	Zyklenzahl
95	300	1	95	300	1
94	60		95	30	
55,5	120	40	55,5	60	40
72	120		72	60	
72	600	1	72	600	1

Der PCR-Ansatz enthielt 500 nM beider Primer, 2,5 µl des PCR-Puffers (10x), 1,5 mM $MgCl_2$, 200 µM dNTPs, 1,25 U Taq-Polymerase E in einem Ansatzvolumen von 25 µl. Die angewendeten PCR-Temperaturprotokolle nach FERNANDEZ-ESPINAR et al. (ITS-A) und eine modifizierte Variante (ITS-B) zeigt Tabelle 10 (84). Die IGS1 rDNA wurden mit den Primern NTS1-1 (5'-GTTTGCGGCCATATCTACCAG-3') und NTS1-2 (5'-TGGGTGCTTGCTGGCGAATT-3') und die IGS2 rDNA mit den Primern NTS2-1 (5'- TAGGCAGATCTGACGATCAC-3') und NTS2-2 (5'-TACCAGCTTAACTACAGTTG-3') amplifiziert (95). Die einzelnen PCR-Ansätze enthielten jeweils 300 nM beider Primer, 2,5 µl des PCR-Puffers (10x), 1,5 mM $MgCl_2$, 200 µM dNTPs, 1,25 U Taq-Polymerase E in einem Ansatzvolumen von 25 µl. Für die Amplifikation der IGS1 und IGS2 rDNA wurde das identische PCR-Temperaturprofil (IGS) verwendet (siehe Tabelle 11).

Tabelle 11: Temperaturprofil IGS zur Amplifikation der IGS1 und IGS2 rDNA

IGS		
Temperatur [°C]	Zeit [sec]	Zyklenzahl
95	300	1
95	60	
55	60	40
72	120	
72	600	1

Die Primer, die zur Amplifikation von PCR-Produkten für eine anschließende DHPLC-Analyse verwendet wurden und deren Lage innerhalb der rDNA sind schematisch in Abbildung 9 unter 3.3.7 dargestellt. Im Folgenden sind Primersequenzen und PCR-Bedingungen für die einzelnen Zielregionen aufgeführt. Zur universellen Amplifikation der ITS1 rDNA wurden die Primer ITS1 (5'-TCCGTAGGTGAACCTGCGG-3') nach WHITE et al. und ITS2mod (5'-

GAGAACCAAGAGATCCGTTGTTG-3'), der in dieser Arbeit designed wurde, verwendet (294). Das Design des Primers ITS2mod und dessen bessere Eignung für getränkerelevante Hefen gegenüber dem Ursprungsprimer ITS2 nach WHITE et al. werden im Ergebnisteil unter 5.4.1.1 beschrieben (294). Der PCR-Ansatz enthielt 300 nM beider Primer, 2,5 µl des Optimase®-PCR-Puffers (10x), 1,5 mM $MgCl_2$, 200 µM dNTPs, 1,25 U Optimase®-Polymerase in einem Ansatzvolumen von 25 µl. Zur universellen Amplifikation der ITS2 rDNA wurden die Primer ITS3 (5'-GCATCGATGAAGAACGCAGC-3') und ITS4 (5'-TCCTCCGCTTATTGATATGC-3') nach WHITE et al. verwendet (294). Der PCR-Ansatz enthielt 400 nM beider Primer, 2,5 µl des Optimase®-PCR-Puffers (10x), 1,5 mM $MgCl_2$, 200 µM dNTPs, 1,25 U Optimase®-Polymerase in einem Ansatzvolumen von 25 µl. Eine partielle Sequenz der IGS2 rDNA (IGS2-314) wurde mit den Primern IGS2-314f (5'-CGGGTAACCCAGTTCCTCACT-3') und IGS2-314r (5'-GTAGCATATATTTCTTGTGTGAGAAAGGT-3') amplifiziert, die für S. cerevisiae und S. pastorianus (UG) spezifisch sind. Das Design beider Primer wird unter 5.4.2.1 beschrieben. Der PCR-Ansatz enthielt 600 nM beider Primer, 2,5 µl des Optimase®-PCR-Puffers (10x), 1,5 mM $MgCl_2$, 200 µM dNTPs, 1,25 U Optimase®-Polymerase in einem Ansatzvolumen von 25 µl. Tabelle 12 zeigt das Temperaturprofil DHPLC-O zur Amplifikation der DNA-Regionen ITS1, ITS2 und IGS2-314.

Tabelle 12: Temperaturprofil DHPLC-O zur Amplifikation der rDNA Regionen ITS1, ITS2 und IGS2-314

DHPLC-O		
Temperatur [°C]	Zeit [sec]	Zyklenzahl
95	300	1
95	30	
54	30	35
72	40	
72	300	1

4.8.2 Real-Time PCR

Die Sequenzen der Primer und die Bezeichnung der eingesetzten Fluoreszenzsonden der angewendeten Real-Time PCR Systeme sind in Tabelle 13 dargestellt.

Material und Methoden

Tabelle 13: Real-Time PCR Systeme zum Nachweis getränkerelevanter Hefen und deren Quellen

Spezifität	Primer	Sonde	System-name	Primer-Sequenz (5´→3´)	Quelle
Screening getränke-relevante Hefen	SGH-f	SGHp	SGH	CGAGTTGTTTGGGAATGCAG	diese Arbeit
	SGH-r			CTTCCCTTTCAACAATTTCACGT	
B. custersianus	Bc-f	Y58	Bcu	GCATTATACACATGTTTTCATTAGCATACA	diese Arbeit
	Bc-r			CAATTCGCTGCGCTCTTCA	
B. naardenensis	Bn-f	Y58	Bna	CCTGCTTCGAATCGAAGATAATTG	diese Arbeit
	Bc-r			CAATTCGCTGCGCTCTTCA	
C. intermedia	Ci-f	Y58	Cin	CCTGCGGAAGGATCATTAAAAT	diese Arbeit
	Ci-r			TCACGTCTGCAAGTCATGATACG	
C. parapsilosis	Cp-f	Y58	Cpa	TGCTTTGGTAGGCCTTCTATATGG	diese Arbeit
	Td-r			GCATTTCGCTGCGTTCTT	
C. sake	Cs-f	Y58	Csa	CATTACACATGTTTTTTTAGAGAACTTGC	diese Arbeit
	Td-r			GCATTTCGCTGCGTTCTT	
C. tropicalis	Ct-f	Y58	Ctr	CCAAACTTTTTATTTACAGTCAAACTT	(36)
	Ct-r			CTGCAATTCATATTACGTATCGCAT	
Debaryomyces hansenii	Dh-f	Y58	Dha	TGGGCCAGAGGTTTACTGAACTA	diese Arbeit
	Dh-r			GCATTTCGCTGCGTTCTTC	
D. anomala	Da-f	Y58	Dan	ATTATAGGGAGAAATCCATATAAAACACG	(36)
	Da-r			CACATTAAGTATCGCAATTCGCTG	
D. bruxellensis	Db-f	Y58	Dbr	TGCAGACACGTGGATAAGCAAG	(36)
	Db-r			CACATTAAGTATCGCAATTCGCTG	
H. uvarum	Hu-f	Y58	Huv	CTAAACCAAAATTCCTAACGGAAA	diese Arbeit
	Hu-r			TCACGAGTATCTGCAATTCACATTAC	
I. orientalis	Io-f	Y58	Ior	AAACAACAACACCTAAAATGTGGAATATAG	diese Arbeit
	Io-r			CATTTCGCTGCGCTCTTCA	
K. exigua	Kx-f	Y58	Sx	TTTCAAAATCTGCTTTATTGCAGTAACC	(36)
	Kx-r			CATTACGTATCGCATTTCGCTG	
K. servazzii	Ks-f	Kser	Kse	ACGCACATGCCCTATGGAAA	diese Arbeit
	Ks-r			CGGCGTCTTCCGTATTGTTT	
K. unispora	Ku-f	Kuni	Kun	AAATTCCCCTTTTCGGTAACACT	diese Arbeit
	Ku-r			TTTATATATGCTGCCGAGGTTGTG	
Kregervanrija delftensis	Kd-f	Y58	Kde	AACACACTGTGAACTTTTATTAGAGCAAA	diese Arbeit
	Kd-r			GCATTTCGCTGCGTCTT	
L. kluyveri	Lk-f	Y58	Lkl	GCTTTCTGTTAACGGTTGYCTCTTT	diese Arbeit
	Td-r			GCATTTCGCTGCGTTCTTC	
N. dairenensis	Nd-f	Y58	Ndai	TGTCCCGGAGTTGAAACAAAC	diese Arbeit
	Nd-r			GATGATTCACGGAATTCTGCAA	
W. anomalus (früher P. anomala)	Pa-f	Y58	Pan	AATGTTAAAACCTTTAACCAATAGTCATG	(36)
	Pa-r			ACGTATCGCATTTCGCTGC	
P. membranifaciens	Pm-f	Y58	Pme	ACCTGGAGTATACACACGTCAAC	(36)
	Pm-r			CTAGGTATCGCATTTCGCTGC	

Material und Methoden

Spezifität	Primer	Sonde	System-name	Primer-Sequenz (5´→3´)	Quelle
P. fermentans	Pf-f	Y58	Pfe	GCCGTCAAGCAAGAAATCCA	diese Arbeit
	Pf-r			TGGCTGCAAATTCACACTAGGT	
P. guilliermondii	Pg-f	Y58	Pgu	TTGGGCCAGAGGTTTAACAAA	diese Arbeit
	Pg-r			ATACTTTTCAAGCAAACGCCTAGTC	
S. bayanus, S. pastorianus	Sbp-f	Y58	Sbp	CTTGCTATTCCAAACAGTGAGACT	(36, 137)
	Sbp-r1			TTGTTACCTCTGGGCGTCGA	
	Sbp-r2			GTTTGTTACCTCTGGGCTCG	
S. cariocanus	Sca-f	Scar	Sca	TTAGACTTACGTTTGCTCCTCTCATG	diese Arbeit
	Sca-r			TGCAAATGACAAATGGATGGTTAT	
S. cerevisiae	Sc-f	Scer	Sce	CAAACGGTGAGAGATTTCTGTGC	(36, 137)
	Sc-r			GATAAAATTGTTTGTGTTTGTTACCTCTG	
S. cerevisiae	Sc-GRC-f	Sc-GRC	Sc-GRC3	CACATCACTACGAGATGCATATGCA	diese Arbeit
	Sc-GRC-r			GCCAGTATTTTGAATGTTCTCAGTTG	
S. cerevisiae, obergärige Kulturhefen	OG-f	OG-MGB	OG-COXII	TTCGTTGTAACAGCTGCTGATGT	diese Arbeit
	OG-r			ACCAGGAGTAGCATCAACTTTAATACC	
S. cerevisiae var. diataticus	Sd-f	Sdia	Sdi	TTCCAACTGCACTAGTTCCTAGAGG	(36, 236)
	Sd-r			GAGCTGAATGGAGTTGAAGATGG	
S. kudriavzevii	Sk-f	Skud	Sku	TCCTTACCTTATTCATCATATTCTCCAC	diese Arbeit
	Sk-r			CGATATTTGGTAAGGGGAGGTAGA	
S. mikatae	Sm-f	Smik	Smi	ACAACCGCCTCCCCAATT	diese Arbeit
	Sm-r			AAATGACAAGTAGTGGGTTGGAAGT	
S. paradoxus	Sp-f	Spar	Spa	CATACTATCAATACTGCCGCCAAA	diese Arbeit
	Sp-r			GGCGGATGTGGGTGGTAA	
S. pastorianus, Untergärige Kulturhefen	UG300E	UG	UG300	CTCCTTGGCTTGTCGAA	(36)
	UG300M			GGTTGTTGCTGAAGTTGAGA	
S. pastorianus, Untergärige Kulturhefen	UG-LRE-f	UG-LRE	UG-LRE1	ACTCGACATTCAACTACAAGAGTAAAATTT	diese Arbeit
	UG-LRE-r			TCTCCGGCATATCCTTCATCA	
Saccharomycodes ludwigii	Sl-f	Y58	Slu	GACGAGCAATTGTTCAAGGGTC	(36)
	Sl-r			ACTTATCGCAATTCGCTACGTTC	
T. delbrueckii	Td-f	Y58	Tde	AGATACGTCTTGTGCGTGCTTC	diese Arbeit
	Td-r			GCATTTCGCTGCGTTCTT	
Z. bailii	Zb-f	Y58	Zba	TTGGGAGGATGGGTTCGTC	diese Arbeit
	Td-r			GCATTTCGCTGCGTTCTTC	
Z. rouxii	Zr-f1	Y58	Zro	AAACACAAACAATCTTTTATTATACTATTAACACAG	diese Arbeit
	Zr-f2			GGTAAACACAAACAACATTTTTATGAAAT	
	Zr-r			GATGATTCACGGAATTCTGCAA	

Die Sequenzen der eingesetzten Sonden und Fluoreszenzfarbstoffe (Reporter/Quencher) sind in Tabelle 14 dargestellt.

Material und Methoden

Tabelle 14: Sondensequenzen und Reporter/Quencher-Kombinationen zum Nachweis getränkerelevanter Hefen und deren Quellen

Sondenbezeichnung	Reporter	Quencher	Sequenz 5´ →3	Quelle
SGHe	FAM	BHQ1	CGAGAGACCGATAGCRAACAAGTASHGT	diese Arbeit
Kser	FAM	BHQ1	TGACACGCATGCCGCTACCCG	diese Arbeit
Kuni	FAM	BHQ1	CTGTGCGTCCCTTTTTCCACCCAC	diese Arbeit
OG-MGB	FAM	BHQ1	ATGATTTTGCTATCCCAAGTT	diese Arbeit
Sbp	FAM	BHQ1	ACTTTTGCAACTTTTTCTTTGGGTTTCGAGCA	(36)
Scar	FAM	BHQ1	TCACCAAAACTGCACCATACGTACAAAATACC	diese Arbeit
Scer	FAM	BHQ1	ACACTGTGGAATTTTCATATCTTTGCAACTT	(36)
Sc-GRC	FAM	BHQ1	TCCAGCCCATAGTCTGAACCACACCTTATCT	diese Arbeit
Sdia	FAM	BHQ1	CCTCCTCTAGCAACATCACTTCCTCCG	(36)
Skud	FAM	BHQ1	TGCTATTACTTTTGCTTTTTCACTCACCACACCCT	diese Arbeit
Smik	FAM	BHQ1	AACATCCATCATCTATGTGCTCTAAATCCTCACTTTATCA	diese Arbeit
Spar	FAM	BHQ1	CTGCACCATACGTACAAAATCTCCCTCCTTC	diese Arbeit
UG	FAM	BHQ1	TGCTCCACATTTGATCAGCGCCA	(36)
UG-LRE	FAM	BHQ1	ATCTCTACCGTTTTCGGTCACCGGC	diese Arbeit
Y58	FAM	BHQ1	AACGGATCTCTTGGTTCTCGCATCGAT	(36)

Falls keine anderen Angaben gemacht werden, gilt für die Real-Time PCR Assays auf Taqman-Sonden Basis die folgende Zusammensetzung für die einzelnen PCR-Komponenten (siehe Tabelle 15). Das Reaktionsvolumen betrug 25 µl. Beim Einsatz zusätzlicher Primer sind deren Einsatz-Konzentrationen im entsprechenden Primerdesign-Ergebnisteil festgehalten.

Tabelle 15: PCR-Mix Zusammensetzung für Real-Time PCR

PCR-Komponente	Konzentration im Reaktionsmix
PCR-Puffer	1x
dNTPs	200 µM
Vorwärts-Primer	400 nM
Rückwärts-Primer	400 nM
MgCl$_2$	3 mM
BSA	80 µg/µl
TaqMan-Sonden (1 bis n)[1]	200 nM
Taq-Polymerase	0,025 U/µl

Die Real-Time PCR Assays sind kompatibel designed, so dass sie mit dem gleichen Temperaturprotokoll (R-T PCR) ablaufen können (siehe Tabelle 16)

Tabelle 16: Temperaturprotokoll für Real-Time PCR

	R-T PCR	
Temperatur [°C]	Zeit [sec]	Zyklenzahl
95	600	1
95	10	40
60	55	
15	∞	1

Bei der Untersuchung von Praxisproben wurde zur Vermeidung falsch negativer Ergebnisse eine interne Amplifikationskontrolle (IAC) eingesetzt. Die IAC ist ein eigenes PCR-System bestehend aus Primern, Sonde und der zugehörigen DNA. Die IAC ist in einen Nachweis-PCR-Assay integriert und läuft simultan zur Hauptreaktion ab. Die IAC-DNA unterscheidet sich von der Ziel-DNA des eigentlichen Nachweis-Assays und liefert unter standardisierten Bedingungen immer ein gleich starkes positives Signal. Die IAC-Reaktion wurde mit Hilfe einer HEX-markierten Sonde gemessen. Dieser Farbstoff emittiert bei einer anderen Wellenlänge als FAM, das für die Hauptreaktion verwendet wurde. Die Signale wurden in unterschiedlichen Kanälen gemessen. Tabelle 17 zeigt die eingesetzten IAC-Komponenten und deren Konzentrationen. Es kommt ein IAC-Primer- und Sondensystem zum Einsatz, das auf die DNA des Bakterienstammes *Lactobacillus brevis* DSMZ 20054 (IAC-DNA) bindet. Das IAC-System ist eine modifizierte Variante eines PCR-Nachweises für bierschädliche Milchsäurebakterien nach BRANDL (36).

Tabelle 17: IAC-Komponenten und deren Konzentration im PCR-Reaktionsmix

IAC-Komponente	Bezeichnung	Sequenz 5´→3´	Konzentration im Reaktionsmix
Vorwärts-Primer	IAC-f	GGAGACTTGAGTGCTGAAGAGGAC	250 nM
Rückwärts-Primer	IAC-r	GTTCGCTACCCATGCTTTCG	250 nM
Taqman-Sonde	IAC-S	HEX-TGGCGAAGGCGCTGTCTAGTCTG-BHQ1	200 nM
DNA	IAC-DNA	*Lactobacillus brevis* DNA	3 ng/µl

Kam die IAC zum Einsatz, so wurden die Komponenten aus Tabelle 17 in den angegebenen Konzentrationen dem PCR-Mix aus Tabelle 15 zugefügt.

4.8.3 PCR-Effizienz, Spezifität, Sensitivität, relative Richtigkeit, Nachweisgrenzen zur Beurteilung von Real-Time PCR-Systemen

Der Begriff PCR-Effizienz ist unter 3.3.5 definiert und detailliert beschrieben. Zur Bestimmung der PCR-Effizienz der entwickelten PCR-Systeme wurden dekadische Ziel-DNA-Verdünnungsreihen (n=3/Verdünnungstufe) untersucht. Von jeder Verdünnung wurden der Mittelwert und die Standardabweichung der C_t-Werte bestimmt. Zusätzlich wurden die resultierende Geradensteigung (Slope) und das Bestimmtheitsmaß (R^2) der linearen Regression ermittelt. Zur Auswertung aller PCR-Versuche wurden die Voreinstellungen der Software-Version iCycler 3.0 verwendet. Zur Ermittlung der PCR-Effizienz wurde Rein-DNA des jeweiligen Zielorganismus eingesetzt. Die Spezifität ist der Grad, zu welchem eine Methode von anderen Komponenten der Probe beeinflusst wird (122). Eine spezifische Methode wird von keiner anderen Komponente beeinflusst. Die Spezifität wird auch als Richtig-Negativ-Rate bezeichnet und wird über Formel 6 ermittelt (122). Liegt die Spezifität eines PCR-Assays, der z. B. eine Hefeart spezifisch identifizieren soll, bei 100 %, so liefert er keine falsch positiven Befunde bei der Messung abweichender Hefearten.

Formel 6: $$Spezifität\ (\%) = \frac{d}{c+d} \cdot 100$$

d: Anzahl der richtig negativen Analysenergebnisse
c: Anzahl der falsch positiven Analysenergebnisse

Zur Ermittlung der Spezifität wurden Kreuzreaktionstests mit einer umfassenden Auswahl an Rein-DNA (c=10 ng/µl) von getränkerelevanten Hefearten durchgeführt. Die Hefearten, die zur Ermittlung der Spezifität untersucht wurden, sind im Anhang 8.4 unter Tabelle 53 aufgeführt. Bei der Evaluierung des Real-Time PCR-Assays Screening für getränkerelevante Hefen (SGH) flossen in die Ermittlung der Spezifität die Untersuchungen von Bakterien (siehe 4.2.2) und Schimmelpilzen (siehe 4.2.3) mit ein. Bei qualitativen Methoden wird unter der Sensitivität die Fähigkeit der zu validierenden Methode verstanden, den Zielorganismus, bzw. die Ziel-DNA nachzuweisen, wenn er von der Referenzmethode nachgewiesen wird bzw. in der Probe enthalten ist (122). Die Sensitivität wird auch als Richtig-Positiv-Rate bezeichnet und gibt an, wie viel Prozent aller sicher positiven Proben erkannt werden. Sie wird über die Formel 7 ermittelt (122).

Formel 7: $$Sensitivität\ (\%) = \frac{a}{a+b} \cdot 100$$
a: Anzahl der richtig positiven Analysenergebnisse
b: Anzahl der falsch negativen Analysenergebnisse

Bei neuartigen Prüfverfahren bezieht sich die Sensitivität auf die Anzahl aller mit dem Zielorganismus bzw. der Ziel-DNA kontaminierten Proben. Die Hefearten, die zur Ermittlung der Sensitivität untersucht wurden, sind unter 4.2.1 in Tabelle 7 aufgeführt. Hierbei wurden für einen bestimmten Real-Time PCR Assay Hefestämme verwendet, die der Hefeart angehören, für die der zu evaluierende Real-Time PCR Identifizierungs-Assay konzipiert ist. Bei quantitativen Methoden ist die Sensitivität die Fähigkeit eines Prüfverfahrens, innerhalb einer gegebenen Matrix leichte Änderungen in der Anzahl der Mikroorganismen bzw. der Ziel-DNA Konzentration nachzuweisen und wird durch Regressionsanalyse zusätzlich untersucht. Da es sich bei den Real-Time PCR Assays sowohl um eine qualitative als auch eine quantitative Analyse handelt, wird die Sensitivität laut Formel 7 ermittelt und zudem eine Regressionsanalyse bezüglich der Ziel DNA-Konzentration durchgeführt. Hierbei konnte die gleiche Regressionsanalyse wie bei der Ermittlung der PCR-Effizienz (siehe oben) herangezogen werden. Eine Regressionsanalyse bezüglich der Mikroorganismenzellzahl wurde nicht durchgeführt. In der Mikrobiologie gibt die Relative Richtigkeit für neue qualitative Methoden die Häufigkeit an, mit welcher die neue, zu validierende Methode den reellen Probensachverhalt (z. B. die reellen kontaminierten Proben) nachweist (122). Sie wird durch Formel 8 ermittelt.

Formel 8: $$Relative\ Richtigkeit\ (\%) = \frac{a+d}{n} \cdot 100$$
a: Anzahl der richtig positiven Analysenergebnisse
d: Anzahl der richtig negativen Analysenergebnisse
n: Gesamtanzahl der untersuchten Proben

Zur Ermittlung der Relativen Richtigkeit wurden die gleichen Mikroorganismenstämme eingesetzt, wie sie oben für Spezifität und Sensitivität beschrieben sind. Die Nachweisgrenze ist die kleinste Konzentration an Mikroorganismen bzw. an Ziel-DNA, die mit genügender statistischer Sicherheit nachgewiesen werden. Zur Ermittlung der Nachweisgrenzen wurden dekadische Verdünnungsreihen der Zielkeim-Zellsuspension bekannter Zellzahl und der Zielkeim-Rein-DNA bekannter Konzentration in Dreifachbestimmung untersucht.

Material und Methoden

4.8.4 Mikrochip-Real-Time PCR

Das Real-Time PCR System Sce zur Identifizierung von *S. cerevisiae* (siehe 4.8.2) wurde auf Kompatibilität zur Mikrochip-Real-Time PCR untersucht. Zur Durchführung der Mikrochip-Real-Time PCR wurde zunächst ein Real-Time PCR-Mix für das Sce-System mit einem Volumen von 25 µl hergestellt (siehe 4.8.2). Dieser PCR-Mix enthielt 10 % v/v *S. cerevisiae* Ziel-DNA. Anschließend wurde von diesem PCR-Mix ein Teilvolumen von 1 µl oder 2 µl (versuchsabhängig) auf das Detektionsfenster des Mikrochips (siehe 3.3.6) pipettiert. Der Tropfen wurde mit 10 µl Mineralöl überdeckt, das dem Verdunstungsschutz diente. Das Temperaturprotokoll wurde wie bei standardisierten Real-Time PCR-Cyclern programmiert, um anschließend die Messung zu starten. Um die Performance der Mikrochip-Real-Time PCR mit der Real-Time PCR des I-Cyclers[®] vergleichen zu können, wurde das Reaktionsvolumen der konventionellen Real-Time PCR schrittweise auf 1 µl reduziert. Die Herstellung des Real-Time PCR-Mixes und die Teilvolumenentnahme liefen analog zur Mikrochip-Real-Time PCR Vorbereitung (siehe oben) mit der Abweichung, dass zusätzlich Zwischenschritte von 5 µl, 10 µl und 15 µl Reaktionsvolumen entnommen und untersucht wurden. Vor Reaktionsbeginn wurde der Reaktionsmix so mit Mineralöl überschichtet, dass die Summe der beiden Volumen Reaktionsmix und Mineralöl 25 µl betrug. Standardmäßig kam das Temperturprotokoll aus 4.8.2 zur Anwendung. Die Mikrochip-Real-Time PCR und die Real-Time PCR (I-Cycler[®]) mit gleichen Reaktionsvolumina wurden über ihre Ct-Werte miteinander verglichen. Die Mikrochip-Real-Time PCR zeichnet sich durch einen guten Wärmeübergang von den Heizstrukturen, die in den Mikrochips integriert sind (siehe 3.3.5), zur PCR-Lösung aus. In diesem Zusammenhang wurde die Verkürzung der Reaktionszeit durch verkürzte Aufheiz- und Abkühlphasen, im Vergleich zur konventionellen Real-Time PCR, untersucht. Die reellen PCR-Reaktionszeiten, inklusive der Zeiten der Einzelphasen (Vordenaturierung, Denaturierung, Annealing-Elongation, Aufheizen, Abkühlen) wurden manuell gestoppt und verglichen. Um eine zusätzliche Verkürzung der Gesamt-Reaktionszeit zu erreichen, wurden verkürzte Temperaturprotokolle mit verkürzten Denaturierungs- und Anealing/Elongationszeiten auf beiden Real-Time PCR Typen untersucht und verglichen. Der Einfluss der verkürzten Temperaturprotokolle auf die PCR-Performance wurde über einen Ct-Wert Vergleich mit dem Standardprotokoll analysiert.

Material und Methoden

4.8.5 PCR-DHPLC

Die PCR-DHPLC ist ein zweigeteilter Prozess, bei dem zunächst eine Standard-PCR und anschließend die DHPLC durchgeführt wird (siehe 3.3.7). Die Standard-PCR Bedingungen zur Amplifikation der ITS1, ITS2 und IGS2-314 rDNA Regionen sind unter 4.8.1 beschrieben. Für diese drei Regionen wurden drei verschiedene optimierte DHPLC-Gradienten und Denaturierungstemperaturen verwendet. Die Flussrate der DHPLC Puffer betrug für alle drei Gradienten 0,5 ml/min. Das Injektionsvolumen für alle PCR-Amplifikate betrug 3 µl. PCR-Amplifikate, die bei -20 °C gelagert wurden, um sie zu einem späteren Zeitpunkt wiederholt zu messen, wurden mit einem Volumen von 5µl in die DHPLC injiziert. Zur Untersuchung der ITS1-Amplifikate wurde der Gradient aus Tabelle 18 bei einer partiellen Denaturierungstemperatur von 57 °C angewendet. Der steigende Gradient wurde durch unterschiedliche Acetonitrilkonzentrationen in Puffer A und Puffer B erzeugt (siehe 3.3.7 und 4.1.4).

Tabelle 18: DHPLC Gradient zur Untersuchung von ITS1 rDNA Amplifikaten

Gradientenabschnitt	Zeit [min]	Puffer-A [%]	Puffer B [%]
Beladen	0	52	48
Start Gradient	0,1	45	55
Stop Gradient	18,1	42,5	57,5
Start Reinigung	18,2	52	48
Stop Reinigung	18,3	52	48
Start Equilibrierung	18,4	52	48
Stop Equilibrierung	19,9	52	48

Zur Untersuchung der ITS2-Amplifikate wurde der Gradient aus Tabelle 19 bei einer partiellen Denaturierungstemperatur von 60 °C angewendet.

Tabelle 19: DHPLC Gradient zur Untersuchung von ITS2 rDNA Amplifikaten

Gradientenabschnitt	Zeit [min]	Puffer-A [%]	Puffer B [%]
Beladen	0	52	48
Start Gradient	0,1	44,2	55,8
Stop Gradient	18,1	38	62
Start Reinigung	18,2	52	48
Stop Reinigung	18,3	52	48
Start Equilibrierung	18,4	52	48
Stop Equilibrierung	19,9	52	48

Zur Untersuchung der IGS2-314-Amplifikate wurde der Gradient aus Tabelle 20 bei einer partiellen Denaturierungstemperatur von 57,5 °C angewendet.

Tabelle 20: DHPLC Gradient zur Untersuchung von IGS2-314 rDNA Amplifikaten

Gradientenabschnitt	Zeit [min]	Puffer-A [%]	Puffer B [%]
Beladen	0	52	48
Start Gradient	0,1	46,5	53,5
Stop Gradient	10,1	41,5	58,5
Start Reinigung	10,2	52	48
Stop Reinigung	10,3	52	48
Start Equilibrierung	10,4	52	48
Stop Equilibrierung	10,5	52	48

Die resultierenden Chromatogramme aller PCR-Amplifikate wurden mit der WAVE-Navigator Software ausgewertet.

4.9 FT-IR-Spektroskopie

4.9.1 Messung der FT-IR Spektren

Die Anzucht der Hefen für die Messungen erfolgte auf standardisiertem YGC-Agar. Hierfür wurden von einem maximal eine Woche altem Ausstrich einige Kolonien abgenommen und auf einer Drittelplatte mit einem Drigalskispatel ausgestrichen. Die Platten wurden bei 27 °C aerob für 24±0,5 h inkubiert. Im Anschluss wurde mit einer kleinen Impföse (1 mm Durchmesser) aus der Mitte des mittlerweile dicht gewachsenen Zellrasens Material abgenommen und in 100 µl dest. Wasser suspendiert. Anschließend wurden 25 µl der jeweiligen Suspension auf eine Probenposition der Probenplatte aufgetragen und bei 37 °C für 45 min getrocknet. War die Trocknungsdauer nicht ausreichend, wurde die Platte bei Raumtemperatur weiter getrocknet, um Risse in bereits trockenen Probenfilmen zu vermeiden. Die Messung erfolgte am Spektrometer Tensor 27 gekoppelt an das HTS-XT-Modul für hohen Probendurchsatz mit folgenden Messparametern:

- 6 cm-1 Auflösung
- 10 kHz scan speed
- Apodisation Blackman-Harris 3-term
- Zerofilling 4

Es wurden für jedes Spektrum 32 Interferogramme gemittelt. Die Spektren wurden durch einen Test auf ihre physikalische Qualität geprüft. Um diesen Qualitätstest zu bestehen, mussten einige Eigenschaften innerhalb der Werte aus Tabelle 21 liegen.

Tabelle 21: Parameter des Qualitätstests

Parameter	Minimum	Maximum
Absorption (x-Bereich 1)	0.300000	1.350000
Rauschen (x-Bereich 4)	0.000000	0.000150
Signal/Rauschen (x-Bereich 2)	200.000000	∞
Signal/Rauschen (x-Bereich 3)	40.000000	∞
Wasserdampf (x-Bereich 5)	0.000000	0.000300
Signal/Wasser (x-Bereich 2)	100.000000	∞
Signal/Wasser (x-Bereich 3)	20.000000	∞
Fringes (x-Bereich 6)	0.000000	0.000150

4.9.2 Auswertung der FT-IR-Daten

Zur Identifizierung von Hefestämmen wurden jeweils 2 unabhängige Wiederholungsmessungen durchgeführt. Die resultierenden Spektren wurden mit der Hefe-Referenzdatenbank des Lehrstuhls für mikrobielle Ökologie der TU München abgeglichen und identifiziert. Diese Identifizierung wurde für den Großteil der Praxisproben angewendet und fand parallel zur Identifizierung mittels Real-Time PCR und 26S-Sequenzierung statt (siehe 4.10.1. und Tabelle 52). Einige Hefestämme wurden ausschließlich über die FT-IR-Referenzdatenbank identifiziert. Zur Aufnahme von Referenzspektren für das künstliche neuronale Netz von *S. cerevisiae* Hefen wurden von jedem Stamm mindestens 10 unabhängige Wiederholungsmessungen durchgeführt. Um ein solides Identifizierungssystem zu erstellen, müssen die Spektren eines Stammes reproduzierbar sein, das heißt, eine gewisse Distanz zwischen den einzelnen Spektren im Dendrogramm darf nicht überschritten werden. Die Prüfung der Reproduzierbarkeit der FT-IR-Spektren erfolgte mittels Cluster-Analyse mit der OPUS-Software 5.5 (Bruker) nach festgelegten Parametern. Die zweite Ableitung der Spektren wurde berechnet und mit einem Neun-Punkte-Polynom geglättet. Die Auswertung erfolgte in 3 spektralen Fenstern von 3.030–2.830 cm-1, 1.350–1.200 cm-1 und 900–700 cm-1, jeweils mit einer Gewichtung von 1 und einem Reprolevel von 30. Die Berechnung erfolgte mit Average Linkage. Bei dieser Methode wird – dargestellt in einem Dendrogramm – die Ähnlichkeit der Spektren in Form der spektralen Distanz angezeigt. Je kleiner die spektrale Distanz ist, desto ähnlicher sind die Spektren.

Material und Methoden

Als maximale spektrale Distanz zwischen den Spektren eines Stammes wurde ein Wert von ≤ 0,45 akzeptiert.

4.9.3 Erstellung des künstlichen neuronalen Netzes

Zur Erstellung des neuronalen Netzes wurde die NeuroDeveloper-Software (Synthon, Heidelberg) verwendet. Von jedem Referenzstamm wurden mindestens neun Spektren herangezogen, welche untereinander eine Spektrale Distanz von ≤ 0,45 aufwiesen. Jeweils ein Spektrum wurde für die interne Fehlerberechnung und ein Spektrum für die interne Validierung zurückgehalten; somit gingen mindestens 7 Spektren pro Stamm in das Training. Zunächst erfolgte eine Einteilung in Klassen auf der Grundlage von Clusteranalysen aller Stämme. Diese Auswertung erfolgte auf allen Ebenen der Klassifizierung. Der Software wurde somit auf jeder Ebene eine Einteilung vorgegeben, aus der sie ein Entscheidungsmuster erarbeiten sollte. Vor dem Training der einzelnen Netze wurden die Bereiche 3000–2800 cm-1 und 1800–900 cm-1 für die Datenextraktion festgelegt. Es erfolgte eine Vorverarbeitung der Daten. Über eine Covarianzanalyse wurden die best points (=Wellenzahlen) ermittelt. Die Zahl der best points für das Training wurde variiert, da je nach Probestellung eine unterschiedliche Zahl an Wellenzahlen nötig war, um ein gutes Subnetz zu erhalten. Die Trainingsparameter sind im Folgenden aufgelistet:

- 2. Ableitung
- 9 Glättungspunkte
- Vektornormierung
- Shortcut connection

Die Neuronenkombination mit dem geringsten Fehler wurde ausgewählt und durch eine interne Validierung überprüft. Es wurden Schritt für Schritt Netze auf verschiedenen Ebenen der Klassifizierung trainiert. Diese Einzelnetze wurden hierarchisch verknüpft und die Qualität des Gesamtnetzes wurde durch eine externe Validierung ermittelt. Die externe Validierung erfolgte mit Spektren von Stämmen, die nicht für das Training des neuronalen Netzes verwendet wurden. Mit der externen Validierung soll gezeigt werden, dass mit dem künstlichen neuronalen Netz nicht nur Stämme identifiziert werden können, die zum Training des Netzes verwendet werden, also dem Netz „bekannt" sind. Wenn das Netz auch „unbekannte" Stämme identifizieren kann, bedeutet dies, dass die antrainierten Entscheidungsmuster funktionieren und dass mit den eingepflegten Referenzstämmen eine genügend große Varianz erfasst wird.

4.10 Identifizierung und Differenzierung von Praxisproben

4.10.1 Identifizierung von Hefe Praxisisolaten aus der Getränkeindustrie

Hefeisolate, die direkt Getränke kontaminierten oder aus dem Produktionsumfeld stammten, wurden vom BLQ Weihenstephan innerhalb eines Zeitraums von 2005-2007 in der Form von Anreicherungen (Flüssiganreicherung, Membranfilteranreicherung oder Agarausstrich) zur Verfügung gestellt und gemäß des Schemas aus Abbildung 12 verarbeitet und identifiziert.

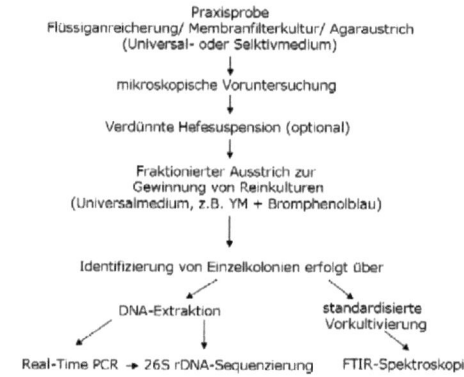

Abbildung 12: Schematischer Ablauf der Identifizierung von Praxisisolaten

Entsprach die mikroskopische Voruntersuchung und das Kolonie-Wachstumsbild einer Hefeart, für die ein spezifisches Real-Time PCR System existiert, erfolgte zunächst die spezifische Real-Time PCR. Bei negativem Ergebnis oder zur Verifizierung des Ergebnisses erfolgte eine Identifizierung über 26S-rDNA Sequenzierung. Die identifizierten, reinen Hefestämme wurden in der Kryobank BTII K gesichert. Für alle identifizierten Hefestämme wurden FT-IR-Spektren aufgenommen, um die bestehende Hefe-Referenzdatenbank mit Spektren getränkerelevanter Stämme zu erweitern. Im fortgeschrittenen Stadium dieser Arbeit wurden einige Hefestämme ausschließlich über FT-IR-Spektroskopie identifiziert, wenn diese Stämme anderen Stämmen glichen, die schon mit Real-Time PCR oder 26S rDNA identifiziert wurden.

Material und Methoden

4.10.2 Identifizierung von Hefeisolaten aus indigenen fermentierten Getränken und deren Starterkulturen

Bei der untersuchten Bananenweinproduktion handelt es sich um eine semikontinuierliche Fermentation, bei der ein Teilvolumen des gärenden Bananenweins (3. Gärtag) als Starterkultur verwendet wird und auf frisch geschälte Bananen in einem Verhältnis von 6% v/m gegeben wird. Die Starterkultur ist ein Gemisch aus Milchsäurebakterien und Hefen. Die flüssige Starterkultur wurde in einem Verhältnis 1:10 v/v mit 0,9%iger NaCl-Lösung verdünnt. Von der Verdünnung wurde ein fraktionierter Ausstrich zur Gewinnung von Hefeeinzelkolonien auf YM + 0,1 g/l Chloramphenicol + Bromphenolblau angefertigt, und die Identifizierung der Einzelkolonien erfolgt wie unter 4.10.1 beschrieben. Satho ist ein fermentiertes Reisgetränk aus Thailand und wird mit der Starterkultur Loogpang hergestellt, die aus trockenen, runden bis flach-runden, cremig weißen Kügelchen besteht und unter nicht sterilen Bedingungen aus Reismehl, Wasser und Gewürzen (rezeptabhängig) geformt wird. Die Kugel fermentiert spontan und beinhaltet Bakterien, Hefen und Schimmelpilze. Loogpang wird mit steriler 0,9%iger NaCl-Lösung verdünnt (10 % m/v) und 5 min gevortext. Aus der Suspension wurden fraktionierte Ausstriche zur Gewinnung von Hefeeinzelkolonien auf YM + 0,1 g/l Chloramphenicol + 0,1 g/l Diphenyl + Bromphenolblau angefertigt. Die Identifizierung der Einzelkolonien erfolgte wie unter 4.10.1 beschrieben. Chicha ist ein fermentiertes Maisgetränk aus Lateinamerika; im Fall dieser Studie aus der Region Talamanca, Costa Rica. Zu diesem Getränk stand keine Starterkultur zur Verfügung, weshalb die Hefeisolate direkt aus dem gärenden Getränk (3. Gärtag) gewonnen wurden. Eine homogene Chichaprobe wurde 1:10 v/v mit 0,9% NaCl-Lösung verdünnt. Von der Verdünnung wurde ein fraktionierter Ausstrich zur Gewinnung von Hefeeinzelkolonien auf YM + 0,1 g/l Chloramphenicol + Bromphenolblau angefertigt; die Identifizierung der Einzelkolonien erfolgt wie unter 4.10.1 beschrieben.

4.10.3 Re-Identifizierung von Hefen aus künstlich kontaminierten Getränken

Handelsübliche(r) Orangensaft, Apfelsaft und Orangenlimonade wurden mit den Hefestämmen *Lachancea kluyveri* CBS 3082T, *Torulaspora delbrueckii* DSMZ 70504, WYSC/G 1350 und WYSC/G 2133 beimpft und für 72 h bebrütet. Dazu wurden je 50 ml in ein steriles Falcongefäß gegeben und mit 10 µl der jeweiligen Hefesuspension (48 h bei 28 °C aerob inkubiert; Zellzahl auf 10^7 eingestellt) beimpft. Dies entspricht einer Kontaminationsrate von 2000 Hefezellen/ml. Anschließend wurden 100 µl des beimpften Getränkes entnommen, die DNA isoliert und mit dem jeweiligen spezifischen Real-Time PCR System) untersucht. Nach einer Inkubation von 72 h bei 28 °C wurden wiederholt 100 µl Probe entnommen und eine PCR-Analyse durchgeführt. Zudem wurde die Gasentwicklung nach 72 h dokumentiert. Die PCR-Analysen erfolgten mit IAC. Die Getränke wurden auch im Originalzustand mit PCR analysiert, um eine Vorkontamination auszuschließen.

4.10.4 Praxisrelevante Differenzierung von *S. cerevisiae* bzw. *S. pastorianus* Stämmen

Mit der PCR-DHPLC-Anwendung IGS2-314 (siehe 4.8.1 und 4.8.5) wurden mehrere brauereispezifische Problemfälle untersucht. Zum einen werden Hefestämme einer Braugruppe, die mit verschiedenen obergärigen und untergärigen Kulturstämmen arbeitet, untersucht und verglichen. Das Besondere dabei ist, dass mehrere Hefestämme von dem Hefestamm *S. pastorianus* (UG) W 34/70 abstammen und überprüft werden sollten, ob deren Chromatogramm noch mit dem Ursprungsstamm W34/70 der Hefebank Weihenstephan übereinstimmt oder ob schon genetische Veränderungen eingetreten sind. Eine weitere Praxisuntersuchung behandelt eine mit *S. cerevisiae* kontaminierte Limonadenprobe. Diese Limonade wurde in einer Brauerei hergestellt, die u. a. auch Weizenbier produziert. Es wurde untersucht ob es sich bei der Kontaminante um den betriebseigenen obergärigen *S. cerevisiae* Kulturhefestamm handelte oder eine Sekundärkontaminante vorlag. In einer dritten Studie wurde der Desinfektionserfolg eines Brauereilagertankes mit dieser Methode kontrolliert. Der Reinigungserfolg kann über eine Untersuchung des Nachspülwassers erfolgen. Enthält dieses keine Brauereikulturhefen, die als Indikatorkeime genutzt werden, ist davon auszugehen, dass der Tank sauber ist. In diesem Zusammenhang stellte eine Brauerei eine auf Würzeagar bebrütete Nachspülwasserprobe mit Hefewachstum zur Verfügung. Es sollte überprüft werden, ob es sich um den untergärigen *S. pastorianus* Betriebshefestamm oder um eine adaptierte *S. cerevisiae* oder *S. pastorianus* Fremdhefe handelte. Dazu wurden der untergärige Betriebshefestamm und die Kontaminante untersucht und die Ergebnisse verglichen.

5 Ergebnisse

5.1 Differenzierung brauereirelevanter Hefen über Nährmedien

5.1.1 Evaluierung gängiger Differenzierungsmedien

Eine universelle Hefeanreicherung sollte in möglichst kurzer Zeit ablaufen; eine Differentialanreicherung sollte mit möglichst wenig unterschiedlichen Nährmedien spezifisch durchzuführen sein. Hierzu wurden zu Beginn der Studie publizierte Hefe-Nährmedien aus der Brauereimikrobiologie, welche in Tabelle 22 aufgeführt sind, evaluiert. Würzeagar, YM-Agar und MBH (aerob) sind Universalmedien und wiesen alle untersuchten Hefestämme innerhalb von 1 bis 3 Tagen nach. Die Wachstumsgeschwindigkeiten und die Koloniedurchmesser von YM-Agar und Würzeagar waren vergleichbar. Die Hefestämme S. cerevisiae DSM 70451, S. bayanus DSM 70508 wurden auf Würzeagar um einen Tag schneller nachgewiesen als auf YM-Agar und S. bayanus DSM 70412T, S. pastorianus DSM 6580NT wurden auf YM-Agar um einen Tag schneller nachgewiesen als auf Würzeagar. Zusätzlich wuchsen einige Hefestämme auf MBH-Agar um einen Tag langsamer als auf YM-Agar und Würzeagar (siehe graue Felder in Tabelle 22). Die Nährstoffzusammensetzung des Würzeagars hängt von dessen Herstellungsverfahren ab. Viele Brauereilabore verwenden ihre Betriebswürze als Hauptkomponente, deren Nährstoffzusammensetzung von der Nährstoffausstattung der aktuellen Malzcharge abhängt. Somit ist keine konstante Nährstoffausstattung des Nährmediums gegeben. Zudem variieren die Zusammensetzungen der Anbieter von Fertig-Würzeagar. YM-Agar bietet den Vorteil, dass die Zusammensetzung der Einzelkomponenten definiert ist, er im Labor einfach herzustellen ist und Zusatzkomponenten (z. B. Hemmstoffe, Indikatoren) mit diesem Medium einfach kombiniert werden können. YM-Agar diente als Ausgangsmedium für verschiedene Modifikationen, um Selektivität zu erreichen (siehe 5.1.2 und 5.1.3). Die Minikolonien vieler Hefestämme, die zwischen 12 und 24h sichtbar wurden, konnten auf YM-Agar früher erkannt werden als auf Würzeagar und MBH-Agar (Daten nicht gezeigt). Neben den Universalmedien zeigt Tabelle 22 das Hefewachstum auf den vier Selektivnährmedien YM-Agar+$CuSO_4$ (195, 210ppm), YM-Agar bei 37 °C, CLEN, XMACS (Zusammensetzung und Wirkweise siehe 4.3.1 und 8.2). Auf YM-Agar+$CuSO_4$ (195, 210ppm) wurden S. pastorianus UG, S. cerevisiae OG und S.

Ergebnisse

sensu stricto Hefen unterdrückt, alle NSFH und drei von vier *S. cerevisiae*-Fremdhefen wurden nachgewiesen. Die Selektivität dieses Nährmediums zum Nachweis von NSFH und einem großen Teil der *S. cerevisiae*-Fremdhefen in obergäriger und untergäriger Brauereikulturhefe konnte bestätigt werden (siehe 8.2.1). Die beiden untersuchten $CuSO_4$-Konzentrationen (195 und 210 ppm) erzielten identische Ergebnisse.

Tabelle 22: Wachstum brauereirelevanter Hefen auf veröffentlichten Nährmedien zur Hefekultivierung und –differenzierung bei 28°C Bebrütungstemperatur (aerob)

Hefestamm	Würze	YM	MBH	YM+ $CuSO_4$ (195, 210 ppm)	YM bei 37°C	CLEN	XMACS
S. pastorianus UG							
S. pastorianus W 34/70	+/1/<6	+/1/<4	+/1/<4	-/7/-	-/7/-	+/3/<1	+/3/<1
S. pastorianus W 34/78	+/1/<5	+/1/<4	+/1/<3	-/7/-	-/7/-	+/3/<1	+/2/<2
S. pastorianus W 44	+/1/<6	+/1/<3	+/1/<4	-/7/-	-/7/-	+/3/<1	+/3/<1
S. pastorianus W 66	+/1/<6	+/1/<4	+/1/<4	-/7/-	-/7/-	+/3/<1	+/2/<1
S. cerevisiae OG							
S. cerevisiae W 68	+/1/<6	+/1/<5	+/1/<4	-/7/-	+/2/<5	-/7/-	+/3/<1
S. cerevisiae W148	+/1/<6	+/1/<5	+/1/<4	-/7/-	+/2/<5	+/3/<1	+/2/<1
S. cerevisiae W 175	+/1/<11	+/1/<6	+/2/<3	-/7/-	+/2/<8	-/7/-	+/3/<2
S. cerevisiae W 184	+/1/<6	+/1/<3	+/1/<3	-/7/-	+/2/<5	+/3/<1	+/3/<1
S. cerevisiae Fremdhefen							
S. cerevisiae DSM 70451	+/1/<3	+/2/<2	+/3/<1	+/5/<2	+/4/<2	+/6/<1	-/7/-
S. c. var. diastaticus BT II K 3-D-2	+/1/<4	+/1/<3	+/1/<3	+/5/<2	+/1/<5	+/2/<1	+/2/<1
S. c. var. diastaticus BT II K 1-H-7	+/1/<4	+/1/<3	+/1/<3	+/1/<2	+/1/<2	+/2/<1	+/2/<3
S. c. var. diastaticus BT II K 1-B-8	+/1/<5	+/1/<4	+/1/<3	-/7/-	+/1/<3	+/2/<1	+/2/<3
S. sensu stricto Fremdhefen							
S. bayanus DSM 70411	+/1/<4	+/1/<4	+/1/<4	-/7/-	-/7/-	+/2/<1	+/2/<2
S. bayanus DSM 70412T	+/2/<9	+/1/<7	+/2/<7	-/7/-	+/1/<1	+/2/<1	+/2/<4
S. bayanus DSM 70508	+/1/<6	+/2/<5	+/2/<7	-/7/-	-/7/-	+/5/<1	-/7/-
S. bayanus DSM 70547	+/1/<6	+/1/<7	+/2/<4	-/7/-	-/7/-	+/2/<1	+/3/<4
S. bayanus BTII K 1-C-3	+/1/<5	+/1/<5	+/1/<3	-/7/-	-/7/-	+/2/<1	+/3/<1
S. pastorianus DSM 6580NT	+/3/<4	+/2/<4	+/2/<3	-/7/-	-/7/-	-/7/-	-/7/-
Nicht-*Saccharomyces* Fremdhefen							
C. sake BTII K 1-B-3	+/1/<3	+/1/<2	+/1/<5	+/1/<3	+/3/<1	+/1/<2	+/2/<4
C. tropicalis BTII K 1-A-3	+/1/<11	+/1/<11	+/1/<11	+/1/<6	+/3/<1	+/1/<5	+/1/<7
D. bruxellensis CBS 2797	+/3/<5	+/3/<3	+/3/<2	+/4/<2	+/3/<1	+/5/<2	-/7/-
L. kluyveri CBS 3082T	+/1/<8	+/1/<8	+/1/<5	+/1/<6	+/1/<6	+/2/<1	+/2/<4
N. castelli BTII K 3-I-1	+/1/<2	+/1/<3	+/1/<2	+/1/<2	+/4/<2	+/2/<1	+/3/<1
P. membranifaciens CBS 107	+/1/<3	+/1/<4	+/1/<3	+/1/<3	+/3/<1	+/2/<2	+/2/<2
Sch. pombe CBS 356	+/1/<5	+/1/<5	+/1/<3	+/1/<2	+/3/<1	+/1/<4	+/1/<3
Z. bailii CBS 1097	+/1/<7	+/2/<4	+/1/<3	+/3/<2	+/3/<1	+/1/<3	+/2/<4
Wachstum (+/-)/ Inkubationszeit bis zum Befund (Tage)/ Koloniedurchmesser (mm) nach 7 Tagen							

Ergebnisse

Auf YM-Agar bei 37 °C Bebrütungstemperatur wuchsen alle *S. cerevisiae* OG und Fremdhefen und NSFH. Von den *S. sensu stricto* Fremdhefen wuchs nur der Stamm *S. bayanus* DSM 70412T, d. h. die maximale Wachstumsgrenze der übrigen untersuchten *S. sensu stricto* Fremdhefen liegt unter 37 °C. Auf diesem Medium können alle Fremdhefen in untergärigen Brauereikulturhefen nachgewiesen werden, deren maximale Wachstumsgrenze unterhalb 37 °C liegt. Dieses Medium ist für den Nachweis von Fremdhefen in obergärigen Brauereikulturhefen nicht geeignet. Einige zusätzlich untersuchte NS-FH-Hefen, wie z. B. *C. boidinii* PIBB 2, *C. sake* PI BB 52, PIBB 114, *W. anomalus* PI BB 21, PIBB 127, *P. membranifaciens* PIBB 30, 98, *T. delbrueckii* PIBB 48, 70, *Williopsis californica* PIBB 139 zeigten kein Wachstum auf YM-Agar bei 37 °C. Sechs der acht untersuchten NSFH bildeten auf CLEN-Agar Kolonien mit einem Durchmesser von mehr als 1 mm. Kulturhefen wuchsen – wie in der Literatur beschrieben – in Minikolonien, die einen Durchmesser von 1 mm nicht überschritten. Ausnahmen stellten die beiden obergärigen Kulturhefen *S. cerevisiae* W 68 und W 175 dar, die nicht wuchsen. Zudem zeigte *S. pastorianus* DSM 6580NT kein Wachstum. Alle Hefestämme, die auf CLEN-agar als Minikolonien oder in größeren Kolonien wachsen, könnten in den beiden obergärigen Hefestämmen W68 und W175 nachgewiesen werden. In den übrigen unter- und obergärigen Kulturhefen könnten nur die sechs NSFH mit größerem Koloniedurchmesser eindeutig nachgewiesen werden. Zudem fällt auf, dass Kulturhefen 3 Tage brauchen, um Minikolonien zu bilden und einige *S. cerevisiae* und *S. sensu stricto* Fremdhefestämme dazu 2 Tage benötigen. Diese Zeitdifferenz könnte genutzt werden, um sie zu differenzieren. Auf XMACS-Agar wuchsen alle Kulturhefen als Minikolonien, mit Ausnahme der Stämme *S. pastorianus* W 34/78 und *S. cerevisiae* W 175, die größere Koloniedurchmesser als 1 mm aufwiesen. Hefestämme aus allen drei Fremdhefegruppen bildeten Kolonien von mehr als 2 mm Durchmesser. Die Hefestämme *S. cerevisiae* DSM 70451, *S. bayanus* DSM 70508, *S. pastorianus* DSM 6580NT und *D. bruxellensis* CBS 2797 bildeten keine Kolonien auf XMACS-Agar und *S. c. var. diastaticus* BT II K 3-D-2 und *N. castelli* BT II K 3-1-1 bildeten Minikolonien. Eine Differenzierung verschiedener Hefegruppen war nicht möglich. Eine große Anzahl von Fremdhefen (Koloniedurchmesser > 1 mm) konnten in den Kulturhefen nachgewiesen werden, mit den beiden Ausnahmen *S. pastorianus* W 34/78 und *S. cerevisiae* W 175. Bei den beiden Medien CLEN und XMACS war jedoch eine

Differenzierung von Minikolonien und Kolonien mit einem Durchmesser zwischen 1 und 2 mm sehr schwierig.

5.1.2 Innovative Modifikationen des YM-Mediums

Dem YM-Agar wurde der Indikator Bromphenolblau zugesetzt (siehe 4.3.1). Der ursprünglich eingestellte pH-Wert des YM-Agars beträgt 6,2 (135). Es wurden verschiedene pH-Werte und deren Auswirkung auf die Kolonie- und Agarfärbung untersucht. Deutliche Farbunterschiede waren bei einer pH-Wert Absenkung auf 6,0 zu beobachten. Abbildung 13 vergleicht die Kolonie- und Agarfärbungen verschiedener Hefestämme der unterschiedlichen Kultur- und Fremdhefegruppen bei den pH-Werten 6,2 und 6,0.

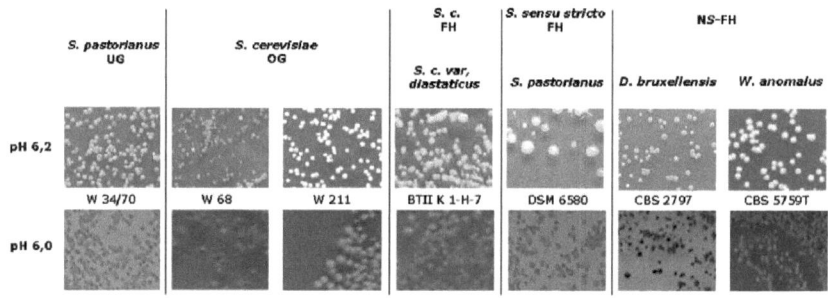

Abbildung 13: Kolonie- und Agarfärbung ausgewählter Hefestämme auf YM-Agar + Bromphenolblau bei den pH-Werten 6,2 und 6,0

Eine Absenkung des pH-Wertes auf 6,0 intensiviert bei einigen Hefestämmen die Indikatorfarbtöne. Die *S. pastorianus* UG Stämme W 34/70, 44, 54, 66 entfärbten den Agar stärker als die *S. cerevisiae* OG Stämme W 68, 175, 184, 211, wobei die obergärigen Stämme zwei Farbausprägungen (W68 hellblauer Agar/ hellblaue Kolonien und W 211, 184, 175 blauer Agar/ weiße Kolonien) aufwiesen. Bei den untergärigen Stämmen war der Agar transparent bis transparent mit leichtem Gelbstich, und es waren die beiden Koloniefarben weiß mit Gelbstich und hellblau vertreten. In Reinkulturen waren *S. pastorianus* UG und *S. cerevisiae* OG eindeutig voneinander zu unterscheiden, wie Abbildung 13 beispielhaft an den Stämmen W 34/70 und W 68, 211 zeigt. Abbildung 13 macht deutlich, dass das Erscheinungsbild von *S. c.* FH (*S. c.* var. diastaticus BT II K 1-H-7) dem von *S. c.* OG ähnelte und das Erscheinungsbild des abgebildete Hefestammes *S. pastoria-*

Ergebnisse

nus DSM 6580 (*S. sensu stricto* FH) dem von *S. pastorianus* UG W34/70 ähnelte. Diese Fremdhefen konnten nicht eindeutig von den jeweiligen Kulturhefen unterschieden werden. Durch ihre spezifischen Färbungen konnten die NSFH *D. bruxellensis* CBS 2797 (gelber Agar/ tiefblaue Kolonien) und *W. anomalus* CBS 5759T (dunkelblauer Agar/ weiße Kolonien) differenziert werden.

Hefestämme bestimmter Arten wie z. B. *S. cerevisiae* und *Dekkera bruxellensis* vermögen durch Decarboxylierung von p-Coumarsäure flüchtige phenolische Verbindungen, wie z. B. 4-Vinylphenol freizusetzen, die einen Fehlgeruch erzeugen (46, 93). Tabelle 23 zeigt, dass das Wachstum aller untersuchten Hefestämme auf YM-Agar durch 100 ppm Coumarsäure nicht beeinträchtigt wurde und das stammspezifische Geruchsprofil nach drei Tagen Bebrütung vorhanden war. Das Aromaprofil wurde mit den Adjektiven süßlich, hefig, stechend, phenolisch, nicht bestimmbar und „unangenehm" beschrieben. Mit süßlich wird der leicht malzige Geruch des Mediums beschrieben, d. h. dass Hefestämme mit diesem Geruchsprofil keine wahrnehmbaren Fehlgeruchskonzentrationen freisetzten. Alle *S. pastorianus* UG Stämme außer W 71 wurden mit diesem süßlichen Geruchsprofil beschrieben. Das Geruchsprofil von W 71 war nicht bestimmbar, d. h. er wich von diesem süßlichen Profil ab, aber das Geruchsprofil war neutral und nicht intensiv genug, um es einem anderen Geruchsprofil zuzuordnen. Die Vielzahl der *S. cerevisiae* OG Stämme zeigte ein stark hefiges Geruchsprofil, wie es oft bei obergärigen Bieren anzutreffen ist, welches allerdings nicht an einen Fehlgeruch erinnert. Die Geruchsprofile stechend, phenolisch (medizinisch), die einige *S. c.* Fremdhefen und NSFH (*D. bruxellensis*, *W. anomalus*, *R. glutinis*, *Z. bisporus*, *Z. rouxii*) entwickelten, waren eindeutige Fehlgerüche, die aus dem Precursor p-Coumarsäure herrührten. Manche Hefestämme waren nicht bestimmbar, bzw. nicht zu beschreiben, hatten aber kein neutrales Geruchsprofil, sondern ein „unangenehmes", nicht bestimmbares Geruchsprofil. Es ist sehr wahrscheinlich, dass hier ebenfalls p-Coumarsäure von den Hefestämmen in geruchsaktive flüchtige Substanzen umgesetzt wurde. Aus Tabelle 23 ist ersichtlich, dass Fremdhefen, die Fehlaromen aus Coumarsäure freisetzen, eindeutig von Kulturhefen differenziert werden können. Das YM-Medium + Coumarsäure bietet die Möglichkeit, z. B. in den Kulturstämmen *S. pastorianus* UG W 34/70, 34/78, 44, 66, 66/70, 194, die das Geruchsprofil süßlich besitzen, Fremdhefen mit einem davon abweichenden Geruchsprofil nachzuweisen, sobald das geruchsaktive Fehlaroma in wahrnehmbaren Konzentrationen freigesetzt wird. Grundsätzlich sollte ein Abweichen vom ursprünglichen Geruchsprofil eines Kulturhefestammes (UG oder OG) als ein Verdacht auf Fremdhefekontamination zu werten sein.

Tabelle 23: Wachstum und Geruchsbildung brauereirelevanter Hefen auf YM-Agar+100 ppm Coumarsäure nach 3 Tagen bei 28° C Bebrütungstemperatur (aerob)

Hefestamm	YM-Agar+100 ppm Coumarsäure	
	Wachstum nach 3 Tagen	Geruchsprofil nach 3 Tagen
S. pastorianus UG		
S. pastorianus W 34/70, 34/78, 44, 66, 66/70, 194	+	süßlich
S. pastorianus 71	+	n. b.
S. cerevisiae OG		
S. cerevisiae W 68, 127, 148	+	hefig
S. cerevisiae 175	+	süßlich, hefig
S. cerevisiae 177, 210	+	n. b.
S. cerevisiae Fremdhefen		
S. cerevisiae DSM 70424	+	süßlich, hefig
S. cerevisiae DSM 70451	+	stechend
S. cerevisiae CBS 1464	+	stechend, phenolisch
S. cerevisiae CBS 8803	+	hefig
S. c. var. diastaticus BT II K 1-H-7	+	süßlich
S. c. var. diastaticus BT II K 3-D-2	+	süßlich, hefig
S. c. var. diastaticus BTII 3-H-4	+	hefig
S.c. var. diastaticus DSM 70487	+	stechend, phenolisch
S. sensu stricto Fremdhefen		
S. bayanus DSM 70411, 70547	+	süßlich
S. bayanus DSM 70412T	+	süßlich
S. bayanus BTII K 1-C-3	+	hefig
S. pastorianus DSM 6580NT, 6581	+	n. b.
Nicht-*Saccharomyces* Fremdhefen		
B. naardenensis DSM 70743	+	süßlich, hefig
C. boidinii DSM 70026T	+	n. b.
C. sake BTII K 1-B-3	+	n. b., "unangenehm"
C. tropicalis CBS 2317	+	n. b., "unangenehm"
Cryptococcus albidus CBS 155T	-	-
Debaryomyces hansenii CBS 117	+	n. b., "unangenehm"
D. bruxellensis BTII K 3-B-6	+	phenolisch
K. exigua BTII K 2-G-7	+	n. b.
L. kluyveri CBS 3082T	+	süßlich
N. castelli BTII K 3-I-1	+	süßlich, hefig
W. anomalus CBS 5759T	+	phenolisch
P. membranifaciens CBS 107	+	n. b., "unangenehm"
Rhodotorula glutinis DSM 70398	+	leicht phenolisch
Sch. pombe CBS 356	+	n. b.
T. delbrueckii CBS 1146T	+	sehr süßlich
Z. bailii CBS 1097	+	süßlich
Z. bisporus WYSC 285	+	stechend
Z. rouxii CBS 441	+	phenolisch
n. b. nicht bestimmbar		

Die beiden untersuchten Modifikationen (Bromphenolblau- und Coumarsäurezugabe) beeinträchtigten die Nachweisgeschwindigkeit und den universellen Charakter des YM-Agars nicht und konnten kombiniert eingesetzt werden, ohne ihre differenzierenden Eigenschaften zu verlieren.

Ergebnisse

5.1.3 Kombination des YM-Mediums mit Hefehemmstoffen

Das YM-Medium wurde mit verschiedenen Hefehemmstoffen versetzt, um differenzierende Effekte auf brauereirelevante Hefen zu untersuchen. Hierbei wurden Hemmstoffe verwendet, deren Wirkung auf brauereirelevante Hefen bisher noch nicht oder nur begrenzt untersucht wurde.

Tabelle 24: Wachstum brauereirelevanter auf YM-Agar+Thymol (90, 100, 130, 133, 135, 170, 200, 250, 300 ppm) nach 7 Tagen bei 28° C Bebrütungstemperatur (aerob)

Hefestamm	YM-Agar + Thymol								
	90 ppm	100 ppm	130 ppm	133 ppm	135 ppm	170 ppm	200 ppm	250 ppm	300 ppm
S. pastorianus UG									
S. pastorianus W 34/70	+	+	+	+	-	-	-	-	-
S. pastorianus W 34/78	+	+	+	+	-	-	-	-	-
S. pastorianus W 44	+	+	+	+	+	-	-	-	-
S. pastorianus W 66	+	+	+	+	-	-	-	-	-
S. cerevisiae OG									
S. cerevisiae W 68	+	w	-	-	-	-	-	-	-
S. cerevisiae W148	+	+	+	+	+	-	-	-	-
S. cerevisiae W 175	+	+	+	w	-	-	-	-	-
S. cerevisiae W 184	+	+	+	+	+	-	-	-	-
S. cerevisiae Fremdhefen									
S. cerevisiae BTII 3-C-3	+	+	+	+	+	+	+	+	+
S. cerevisiae BTII 3-B-4	+	+	+	+	+	+	+	+	+
S. cerevisiae DSM 70451	+	w	w	w	-	-	-	-	-
S. c. var. diastaticus BTII 3-H-4	+	+	+	+	+	+	+	+	+
S. c. var. diastaticus BT II K 1-H-7	+	+	+	+	+	+	+	+	-
S.c. var. diastaticus DSM 70487	+	+	+	+	+	+	+	+	-
S. sensu stricto Fremdhefen									
S. bayanus DSM 70412T	+	+	+	+	+	+	-	-	-
S. bayanus DSM 70508	+	w	w	w	w	w	-	-	-
S. bayanus DSM 70547	+	+	+	+	+	-	-	-	-
S. bayanus BTII K 1-C-3	+	+	+	+	+	-	-	-	-
S. pastorianus DSM 6580NT	+	+	+	+	+	-	-	-	-
Nicht-*Saccharomyces* Fremdhefen									
C. sake BTII K 1-B-3	+	+	+	+	+	+	+	+	-
C. tropicalis BTII K 1-A-3	+	+	+	+	+	+	+	+	-
D. bruxellensis CBS 2797	+	+	+	+	+	+	+	w	-
L. kluyveri CBS 3082T	+	+	+	-	-	-	-	-	-
N. castelli BTII K 3-I-1	+	+	+	w	-	-	-	-	-
P. membranifaciens CBS 107	+	+	+	+	+	-	-	-	-
Sch. pombe CBS 356	+	+	+	+	+	+	+	+	-
Z. bailii CBS 1097	+	+	+	+	+	+	+	+	-

+ = starkes Wachstum/ - = kein Wachstum/ w = schwaches Wachstum

Diese Versuchsreihe zielte darauf ab, Grundlagen zur Entwicklung neuartiger Differentialmedien zu schaffen. Es kamen die Substanzen Thymol, Eugenol, Ferulasäure, Zimtsäure, Linalool, Clotrimazol, Ketoconazol, Miconazol, Nystatin und Chitosan zum Einsatz. Tabelle 24 zeigt, wie sich verschiedene Thymolkonzentrationen auf das Hefewachstum auswirkten. Bei einer Konzentration von 130 ppm wurde alleinig die obergärige Kulturhefe S. cerevisiae OG W68 gehemmt. S. cerevisiae DSM 70451 und S. bayanus DSM 70508 zeigten bei die-

Ergebnisse

ser Konzentration schwaches Wachstum. Bei einer Thymolkonzentration von 133 ppm zeigten die Stämme *S. cerevisiae* OG W 175, *N. castelli* BT II K 3-I-1 schwaches Wachstum; *L. kluyveri* CBS 3082T wurde gehemmt. Bei 135 ppm wurden zusätzlich die drei untergärigen Hefestämme W 34/70, 34/78 und W 66 gehemmt. Bei höheren Konzentrationen (200, 250 ppm) ähnelt das Wirkspektrum dem von YM+ $CuSO_4$ (siehe 5.1.1), d. h. nur *S. cerevisiae* FH und NSFH vermögen zu wachsen. Bei 300 ppm konnten ausschließlich die drei Stämme *S. cerevisiae* BT II K 3-C-3, 3-B-4 und *S. c. var. diastaticus* wachsen. YM-Agar mit 130 ppm Thymol könnte genutzt werden, um Fremdhefen in der obergärigen Kulturhefe *S. cerevisiae* W 68 nachzuweisen. Dies entspricht der Definition eines Nährmediums für Fremdhefen; es wies alle bis auf einen Kulturhefestamm nach. YM-Agar mit 135 ppm Thymol könnte genutzt werden, um den Großteil der Fremdhefen, im besonderen die *S. sensu stricto* Fremdhefen, die mit anderen Hefedifferentialmedien oft nicht erfasst werden, in den Kulturhefen *S. pastorianus* UG W 34/70, 34/78, 66 und *S. cerevisiae* OG W 68, 175 nachzuweisen.

Wie Tabelle 25 zeigt, wurde die Hemmwirkung der Azol-Antimykotika Clotrimazol, Ketoconazol und Miconazol auf brauereirelevante Hefen untersucht. Die eingesetzten Konzentrationen orientierten sich dabei an der minimalen Hemmstoffkonzentration (MHK) für *S. cerevisiae*, die von SUD und FEINGOLD für aerobe Bedingungen bestimmt wurden (260). YM+Ketoconazol zeigte bei den Konzentrationen 0,39 ppm (entspricht MHK) 0,5 ppm (> MHK) keine Hemmwirkung auf brauereirelevante Hefen, mit den Ausnahmen *B. naardenensis* DSM 70743, *Sch. pombe* CBS 356, *Z. rouxii* CBS 441. Eine Clotrimazolkonzentration von 0,5 ppm unterdrückte das Wachstum von *S. pastorianus* UG W 34/78 und 66. In Mehrfachbestimmungen zeigten die Stämme *S. pastorianus* UG W 44 und 66/70 zum einen schwaches Wachstum und zum anderen kein Wachstum. Dies deutet darauf hin, dass die Clotrimazolkonzentration von 0,5 ppm in der Nähe der realen MHK dieser beiden Stämme liegt. Die NSFH *Kazachstania exigua* verhält sich wie diese beiden Stämme. Die Stämme *S. cerevisiae* OG W 68, 127, 148, 175, 177 und *S. pastorianus* DSM 6581 zeigten schwaches Wachstum. Die Hefestämme *S. cerevisiae* OG W 184, *S. cerevisiae* CBS 1464, *S. cerevisiae var. diastaticus* BT II 3-H-4, *S. bayanus* BT II K 1-C-3 zeigten in Mehrfachbestimmungen zum einen schwaches zum anderen normales Wachstum, d. h. die MHK für diese Stämme liegt über 0,5 ppm.

Ergebnisse

Tabelle 25: Wachstum brauereirelevanter Hefen auf YM-Agar+Clotrimazol (0,5 ppm), YM-Agar+Ketoconazol (0,39, 0,5 ppm), YM-Agar+Miconazol (0,1, 0,15 ppm) nach 7 Tagen bei 28° C Bebrütungstemperatur (aerob)

Hefestamm	YM-Agar + Clotrimazol 0,5 ppm	YM-Agar + Ketoconazol 0,39, 0,5 ppm	YM-Agar + Miconazol 0,1 ppm	YM-Agar + Miconazol 0,15 ppm
S. pastorianus UG				
S. pastorianus W 34/70	+	+	+	+
S. pastorianus W 34/78	-	+	+	+
S. pastorianus W 44	w/-	+	+	+
S. pastorianus W 66	-	+	+	+
S. pastorianus W 66/70	w/-	+	+	+
S. pastorianus W 71	+	+	+	+
S. pastorianus W 194	w/+	+	+	+
S. cerevisiae OG				
S. cerevisiae W 68	w	+	-	-
S. cerevisiae W 127	w	+	-	-
S. cerevisiae W 148	w	+	+	+
S. cerevisiae W 165	+	n. a.	n. a.	n. a.
S. cerevisiae W 175	w	+	-	-
S. cerevisiae W 177	w	+	-	-
S. cerevisiae W 184	w/+	n. a.	n. a.	n. a.
S. cerevisiae W 210	+	+	+	+
S. cerevisiae W 211	+	n. a.	n. a.	n. a.
S. cerevisiae Fremdhefen				
S. cerevisiae CBS 8803, DSM 70424	+	+	+	+
S. cerevisiae DSM 70451	-	+	+	+
S. cerevisiae CBS 1464	w/+	+	-	-
S. c. var. diastaticus BTII 3-H-4	w/+	+	+	+
S. c. var. diastaticus BT II K 1-H-7, DSM 70487, BT II K 3-D-2	+	+	+	+
S. sensu stricto Fremdhefen				
S. bayanus DSM 70411	+	n. a.	n. a.	n. a.
S. bayanus DSM 70412T, DSM 70547	-	+	+	w
S. bayanus DSM 70508	n. a.	+	+	+
S. bayanus BTII K 1-C-3	w/+	+	+	+
S. pastorianus DSM 6580NT	+	+	+	+
S. pastorianus DSM 6581	w	+	-	-
Nicht-*Saccharomyces* Fremdhefen				
B. naardenensis DSM 70743	-	-	-	-
C. boidinii DSM 70026T	+	+	+	+
C. sake BTII K 1-B-3	+	+	+	+
C. tropicalis CBS 2317	+	+	+	+
Cryptococcus albidus CBS 155T	-	+	-	-
Debaryomyces hansenii CBS 117	+	+	+	+
D. bruxellensis BTII K 3-C-5	+	+	+	+
K. exigua BTII K 2-G-7	w/-	+	+	+
L. kluyveri CBS 3082T	+	+	+	w
N. castelli BTII K 3-I-1	+	+	+	+
W. anomalus CBS 5759T	+	+	+	+
P. membranifaciens CBS 107	+	+	+	+
Rhodotorula glutinis DSM 70398	+	+	+	+
Sch. pombe CBS 356	-	-	+	+
T. delbrueckii CBS 1146T	+	+	-	-
Z. bailii CBS 1097	+	+	+	+
Z. bisporus WYSC 285	-	-	+	+
Z. rouxii CBS 441	-	-	-	-

+ = starkes Wachstum/ - = kein Wachstum/ w = schwaches Wachstum
w/- = schwaches Wachstum oder kein Wachstum (in unterschiedlichen Versuchsreihen)
w/+ = schwaches Wachstum oder Wachstum (in unterschiedlichen Versuchsreihen)
n. a. = nicht analysiert

Ergebnisse

Die Fremdhefestämme *S. cerevisiae* DSM 70451, *B. naardenensis* DSM 70743, *Cryptococcus albidus* CBS 155T, *Sch. pombe* CBS 356, *Z. bisporus* WYSC 285 und *Z. rouxii* CBS 441 konnten auf YM-Agar+0,5 ppm Clotrimazol nicht wachsen. YM-Agar+0,5 ppm Clotrimazol könnte zum Nachweis von obergärigen Hefen und der Mehrzahl der Fremdhefen in den untergärigen Kulturhefen W 34/78 und 66 genutzt werden. Es ist denkbar, dass eine leichte Erhöhung der Hemmstoffkonzentration Hefestämme, die schwaches Wachstum zeigen, ebenfalls hemmen könnte. Somit würde der Großteil der untergärigen und obergärigen Kulturhefen unterdrückt und der Großteil der Fremdhefen könnte nachgewiesen werden. Zudem zeigt Tabelle 25, dass auf YM-Agar+0,1 und 0,15 ppm Miconazol das Wachstum der Hefestämme *S. cerevisiae* OG W 68, 127, 175 und 177 unterdrückt wurde. Alle anderen untergärigen Kulturhefen und Fremdhefen mit den Ausnahmen *S. cerevisiae* CBS 1464, *S. pastorianus* DSM 6581, *B. naardenensis* DSM 70743, *Cryptococcus albidus* CBS 155T, *T. delbrueckii* CBS 1146T und *Z. rouxii* CBS 441 sind gewachsen. Auf YM-Agar+0,15 ppm Miconazol sind die Hefestämme *S. bayanus* DSM 70412T, 70547 und *L. kluyveri* CBS 3082T schwach gewachsen, ansonsten waren keine Unterschiede zu 0,1 ppm zu erkennen. YM-Agar+0,1 ppm könnte zum Nachweis von untergärigen Kulturhefen und Fremdhefen in den obergärigen Kulturhefen *S. cerevisiae* OG W 68, 127, 175 und 177 genutzt werden. Auffallend war, dass alle drei untersuchten Weizenbierhefen gehemmt wurden.

Die Wirkspektren der Hemmstoffe Eugenol, Ferulasäure, Zimtsäure, Linalool, Nystatin und Chitosan auf brauereirelevante Hefen sind im Detail im Anhang 8.5 in den Tabelle 54-Tabelle 57 aufgeführt und in Tabelle 26 sind ausgewählte Ergebnisse zusammengefasst. Eugenol zeigte bei einer Konzentration von 450 ppm keinen Einfluss auf das Hefewachstum. Bei 465 ppm wurden die drei Weizenbierhefen *S. cerevisiae* OG W 68, 127, 175 gehemmt, die untergärigen Hefestämme und die verbleibenden obergärigen Hefestämme zeigten Wachstum. Innerhalb der Fremdhefengruppen wurden 21 von 27 Hefestämmen gehemmt. Dieses Medium könnte sich zum Nachweis der untergärigen Kulturhefen und obergärigen Nicht-Weizenbierhefen und einiger S-FH und NSFH in den untersuchten obergärigen Weizenbierhefen eignen. Eine Ferulasäurekonzentration von 600 ppm zeigte keine Hemmwirkung auf die untersuchten Hefestämme. 1000 ppm verursachten eine Hemmung der untergärigen und obergärigen Kulturhefen.

Ergebnisse

Tabelle 26: Wachstum brauereirelevanter Hefen auf YM-Agar+ Eugenol (450, 465 ppm), +Ferulasäure (600 ppm, 1000 ppm), +Linalool (1000, 3000 ppm), +Nystatin (80000 units/ml) +Chitosan (3 g/l) nach 7 Tagen bei 28° C Bebrütungstemperatur (aerob)

Hemmstoff	c [ppm]	S. pastorianus UG	S. cerevisiae OG	S. cerevisiae FH	S. sensu stricto FH	NS-FH
Eugenol	450	+	+	+	+	+
	465	+	+ (1), w (1) - (3*)	+ (3) - (3)	+ (2) - (2)	- (16) + (1)
Ferulasäure	600	+	+	+	+	+
	1000	-	-	+ (5)	+ (1) - (3)	+ (2) - (1)
Zimtsäure	500	+ (1) W (4) - (2**)	+ (3), w (3)	+	+ (1) - (4)	+ (2) W (6) - (1)
Linalool	1000	+	+	+	+	+
	3000	+ (3) W (1) - (3***)	+ (5) W (1)	W (1) - (6)	+ (1) - (6)	+ (2) W (2) - (14)
Nystatin	80000 [units/l]	-	-	-	-	+ (1) - (19)
Chitosan	3 [g/l]	-	+ (1) - (2)	+ (7) - (2)	-	+ (1) - (6)

+ = starkes Wachstum | -= kein Wachstum | w = schwaches Wachstum
(X) = Anzahl der Stämme mit entsprechendem Befund
* W 68, 127, 175 | ** W 66/70, 194 | *** W 34/70, 34/78, 66/70

Alle S. cerevisiae FH konnten bei dieser Konzentration wachsen, drei von vier S. sensu stricto FH und eine von drei NS-FH wurden gehemmt. YM-Agar+ 1000 ppm Ferulasäure könnte zum Nachweis von S. cerevisiae FH und einem Teil der NS-FH und S. sensu stricto Hefen eingesetzt werden. YM-Agar+500 ppm Zimtsäure hemmte zwei S. pastorianus UG Stämme, vier S. sensu stricto FH und eine NS-FH. Alle übrigen untersuchten Hefestämme wiesen Wachstum oder schwaches Wachstum auf. Anhand dieses Nährmediums könnten Kontaminationen in den untergärigen Kulturhefen W 66/70 und 194 festgestellt werden. Bei Wachstum vieler Hefestämme (S. cerevisiae, NS-FH) auf YM-Agar+Ferulasäure und YM-Agar+ Zimtsäure wurden phenolisch riechende Substanzen – ähnlich zu YM-Agar+Coumarsäure (siehe 5.1.2) – gebildet. Nach DALY et al. sollte es sich um Styrol (aus Zimtsäure) und 4-Viny-Guajacol (aus Ferulasäure) handeln (53). Dieser Zusammenhang wurde jedoch nicht weitergehend untersucht. Auf YM-Agar+ 1000 ppm Linalool wuchsen alle untersuchten Hefestämme und auf YM-Agar+3000 ppm wurden die drei S. pastorianus UG Stämme W 34/70, 34/78 und 66/70 gehemmt. Die übrigen UG und alle OG wuchsen bei dieser Konzentration. Nur einige Stämme der weiteren FH-Guppen zeigten Wachstum. YM-Agar + 3000 ppm könnte *hauptsächlich* zum Nachweis von anderen OG und UG in den UG W 34/70, 34/78 und 66/70 genutzt werden. Bei einer Nystatin-Konzentration von

Ergebnisse

80000 units/l in YM-Agar wuchs von allen untersuchten Hefestämmen ausschließlich *C. sake* BTII K 1-B-3, d. h. dieses Medium könnte als Selektivmedium für *C. sake* oder als Ersatz von Cycloheximid (Actidion) als Hefehemmstoff eingesetzt werden. YM-Agar+3,0 g/l Chitosan kultivierte hauptsächlich *S. cerevisiae* FH und darunter vorwiegend *S. cerevisiae* var. *diastaticus* FH. Der Großteil der anderen Hefegruppen wurde unterdrückt. Dieses Medium könnte als Ergänzung oder Ersatz von endvergorenem Bier zur Selektion und Anreicherung von *S. cerevisiae* var. *diastaticus* verwendet werden.

5.1.4 CHROMagar-Candida

Unter 3.3.3 wurde beschrieben, dass CHROMagar-Candida, der normalerweise in der Medizin zur Differenzierung von pathogenen Candida Arten eingesetzt wird, schon mit lebensmittelrelevanten Schadhefen untersucht wurde. Wie Tabelle 27 zeigt, wurden in dieser Arbeit die Wachstumsausprägungen brauereirelevanter bzw. getränkerelevanter Hefen auf CHROMagar-Candida untersucht. *S. pastorianus* UG Stämme bildeten dunkelblau-violette Kolonien mit weißem, z. T. leicht geriffeltem Rand. Kolonien von *S. cerevisiae* OG, *S. cerevisiae* FH und *S. sensu stricto* FH wuchsen hellviolett-dunkelviolett. Die Anwesenheit eines weißen Kolonierandes war stammabhängig. Eine eindeutige Differenzierung zwischen den verschiedenen *Saccharomyces*-Gruppen war nicht möglich. *Z. bailii* CBS 1097 bildete ebenfalls violette Kolonien. Die übrigen untersuchten NSFH konnten klar von dem violetten Koloniebild abgegrenzt werden. Hierbei waren charakteristische Farbausprägungen der Kolonien zu erkennen. So wuchsen die Hefestämme *B. naardenensis* DSM 70743, *D. bruxellensis* BTII K 3-C-5, *N. castelli* BTII K 3-I-1, *Z. bisporus* WYSC 285, *Z. rouxii* CBS 441 in weißen Kolonien mit unterschiedlichen Farbnuancen (weiß-rosa, weißgelb , weißbraun). *Debaryomyces hansenii* CBS 117, *D. bruxellensis* CBS 4914, *K. exigua* BTII K 2-G-7, *W. anomalus* CBS 5759T, *P. membranifaciens* CBS 107 zeigten unterschiedliche Rosafärbungen. Die Kolonien von *T. delbrueckii* CBS 1146T und *L. kluyveri* CBS 3082T waren gelbbraun mit weißem Rand bzw. braun mit violetten Rand und konnten von allen anderen untersuchten Arten eindeutig differenziert werden. CHROMagar-Candida könnte in der QS zum Nachweis eines Großteiles der NSFH in untergärigen und obergärigen Brauereikulturhefen eingesetzt werden.

Tabelle 27: Koloniefärbung und -merkmale brauereirelevanter Hefen auf Chromagar-Candida nach 7 Tagen bei 28° C Bebrütungstemperatur (aerob)

Hefestamm	Chromagar-Candida Koloniefarbe und besondere Merkmale
S. pastorianus UG	
S. pastorianus W 34/70	dunkelblau-violett, weißer Rand, leicht geriffelt
S. pastorianus W 34/78	dunkelblau-violett, weißer Rand, leicht geriffelt
S. pastorianus W 44	dunkelblau-violett, weißer Rand
S. pastorianus W 66	dunkelblau-violett, weißer Rand, leicht geriffelt
S. cerevisiae OG	
S. cerevisiae W 68	violett, weißer Rand
S. cerevisiae W148	violett ,weißer Rand
S. cerevisiae W 175	dunkelviolett, weißer Rand
S. cerevisiae W 211	dunkelviolett, weißer Rand
S. cerevisiae Fremdhefen	
S. cerevisiae DSM 70451	dunkelviolett, weißer Rand
S. cerevisiae CBS 8803	violett, weißer Rand
S. cerevisiae CBS 1464	dunkelviolett, weißer Rand
S. c. var. diastaticus BT II K 1-H-7	hellviolett, weißer Rand
S. c. var. diastaticus BT II K 3-D-2	violett, weißer Rand
S. c. var. diastaticus DSM 70487	violett, weißer Rand
S. sensu stricto Fremdhefen	
S. bayanus DSM 70411	dunkelviolett
S. bayanus DSM 70412T	dunkelviolett, weißer Rand
S. bayanus DSM 70547	dunkelviolett, weißer Rand
S. bayanus BTII K 1-C-3	dunkelviolett
S. pastorianus DSM 6580NT	violett
S. pastorianus DSM 6581	violett
Nicht-*Saccharomyces* Fremdhefen	
B. naardenensis DSM 70743	weiß, leicht rosa
C. sake BTII K 1-B-3	hell und dunkelrosa
Debaryomyces hansenii CBS 117	rosa, weißer Rand, Unterseite dunkelrosa
D. bruxellensis BTII K 3-C-5	Weiß
D. bruxellensis CBS 4914	rosa, weißer Rand
K. exigua BTII K 2-G-7	rosa-violett, weißer Rand
L. kluyveri CBS 3082T	braun, violetter Rand, in Agar hineingewachsen
N. castelli BTII K 3-I-1	Weiß
W. anomalus CBS 5759T	dunkelrosa, weißer Rand
P. membranifaciens CBS 107	rosa-rot, wellig, fransige Oberfläche
T. delbrueckii CBS 1146T	gelb-braun, weißer Rand
Z. bailii CBS 1097	Violett
Z. bisporus WYSC 285	weiß-braun,
Z. rouxii CBS 441	weiß-gelb

5.2 Optimierung von Sequenzierungsverfahren

5.2.1 D1/D2 Domäne der 26S rDNA

In 3.3.4 wurde dargestellt, dass die Sequenzanalyse der D1/D2 Domäne der 26S-rDNA als etablierte Methode bzw. als Referenzmethode zur Hefeidentifizierung auf Artebene anzusehen ist. Wie Abbildung 14 zeigt, wurden in dieser Arbeit zwei Temperaturprotokolle zur Amplifikation der D1/D2-26S rDNA angewendet. Das Originalprotokoll (26S-A) und das zeitlich optimierte Protokoll (26S-B) erzielten mit den verwendeten DNA-Isolaten der Hefestämme *Pichia guilliermondii* CBS 2030T, WYSC G 925, WYSC G 543 PCR-Amplifikate mit identischen Längen. Das Temperaturprotokoll 26S-B erzeugte geringfügig intensivere und diffusere Banden als 26S-A. Die Sequenzierung der sechs PCR-Amplifikate mit nachfolgender Sequenzanalyse lieferte identische DNA-Sequenzen und konnten eindeutig der Art *Pichia guilliermondii* zugeordnet werden (Daten nicht gezeigt).

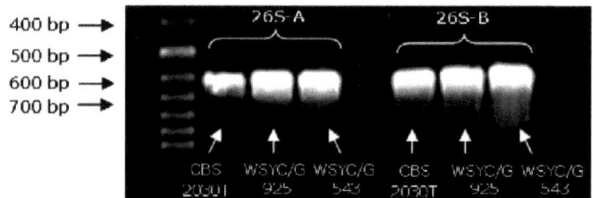

Abbildung 14: PCR-Amplifikate der D1/D2 26S-rDNA der Hefestämme *Pichia guilliermondii* CBS 2030T, WYSC G 925 und WYSC G 543 nach den Temperaturprotokollen 26S-A (Ursprungsprotokoll) und 26S-B (optimiertes Protokoll)

Neben den Hefestämmen aus Abbildung 14 wurden weitere Praxisisolate mittels D1/D2-26S-rDNA Sequenzierung identifiziert, nachdem die PCR mit dem 26S-B Temperaturprotokoll durchgeführt wurde. Die so identifizierten Hefeisolate sind im Anhang unter 8.3 in Tabelle 52 aufgeführt und unter der Rubrik Identifizierungsart mit 26S-SEQ beschrieben. In Abbildung 15 sind die Gesamtdauer und die Dauer der Einzelschritte (Start-Denaturierung, Denaturierung, Annealing, Elongation und End-Elongation) der PCR-Protokolle 26S-A und 26S-B dargestellt. Bei 26-B wurden in den Schritten Denaturierung, Annealing und Elongation die Zeiten halbiert. Die Schritte Start-Denaturierung und End-Elongation änderten sich nicht. Die Gesamtreaktionszeit wurde von 11600 sec (26S-A) auf 6150 sec (26S-B) reduziert. Aufheiz- und Abkühlzeiten wurden nicht berücksichtigt, da diese abhängig vom eingesetzten Thermocycler sind und dem entsprechend zu beiden Gesamtzeiten hinzu addiert werden müssen.

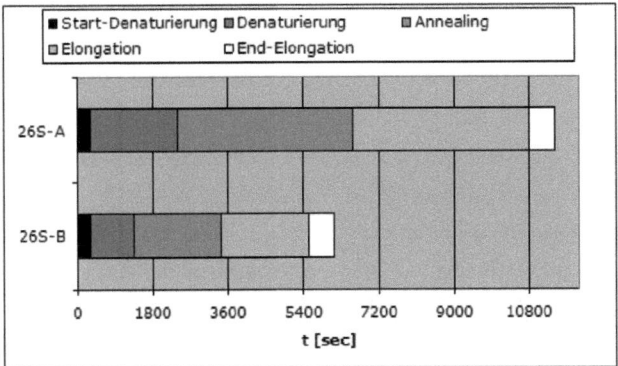

Abbildung 15: Dauer der PCR-Einzelschritte Start-Denaturierung, Denaturierung, Annealing, Elongation und End-Elongation der PCR-Temperaturprotokolle 26S-A und 26S-B

Die Zeitdifferenz von 5450 sec bleibt unabhängig vom Model des Thermocyclers bestehen, wenn beide Temperaturprotokolle auf einem identischen Thermocycler verglichen werden.

5.2.2 ITS1-5,8s-ITS2 Region der rDNA

Einige Hefearten, die mit 26S-rDNA Sequenzanalyse nicht von einander differenziert werden können, lassen sich mit ITS1-5,8s-ITS2 rDNA Sequenzanalyse unterscheiden (siehe 3.3.4). Abbildung 16 zeigt jeweils PCR-Amplifikate dreier Hefeisolate mit den Temperaturprotokollen ITS-A und ITS-B (siehe 4.8.1)

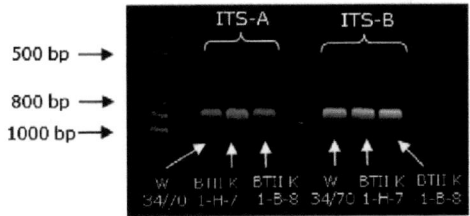

Abbildung 16: PCR-Amplifikate der ITS1-5,8S-ITS2-rDNA der Hefestämme *S. pastorianus* UG W 34/70, *S. cerevisiae* var. *diastaticus* BTII K 1-H-7, 1-B-8 nach den Temperaturprotokollen ITS-A (Ursprungsprotokoll) und ITS-B (optimiertes Protokoll)

Ergebnisse

Die PCR-Amplifikate der Hefeisolate S. pastorianus UG W 34/70, S. cerevisiae var. diastaticus BTII K 1-H-7 und K 1-B-8, die mit dem ITS-B Temperaturprotokoll erstellt wurden, lieferten definierte Banden. Die Banden zeigten zudem eine stärkere Intensität als die Banden, die durch das ITS-A Temperaturprotokoll amplifiziert wurden, was auf eine höhere PCR-Produkt Konzentration hindeutet. Die Sequenzanalyse aller sechs PCR-Amplifikate lieferte identische Ergebnisse und konnten eindeutig der Sequenz von S. cerevisiae zugeordnet werden (Daten nicht gezeigt). BRANDL kam zu den gleichen Ergebnissen, als er obergärige S. cerevisiae und untergärige S. pastorianus UG Brauereikulturhefestämme auf der ITS1-5,8S-ITS2 Sequenz untersuchte (36). Die Sequenz entsprach ebenfalls S. cerevisiae und konnte wie in dieser Arbeit eindeutig von der Sequenz der S. bayanus und S. pastorianus Typstämme unterschieden werden. Diese Methode eignet sich demzufolge nicht dazu, Einzelkolonien von S. cerevisiae OG, S. pastorianus UG und S. cerevisiae FH (wie z. B. S. cerevisiae var. diastaticus) zu differenzieren. Tabelle 58 (siehe Anhang 8.6) zeigt die Sequenzpolymorphismen der ITS1- und ITS2-rDNA der S. sensu stricto Arten. Diese verdeutlicht, dass eine Differenzierung auf diesen DNA-Regionen möglich ist, diese jedoch zum Teil auf nur wenigen Basenpaaren Unterschied beruht. Deswegen wurden in dieser Arbeit zur eindeutigen Unterscheidung der S. sensu stricto Arten die IGS-rDNA Regionen genutzt. Der Fokus lag auf der Sequenzierung der IGS2-rDNA (siehe 5.2.4). Abbildung 17 zeigt die Gesamtdauer und die Dauer der Einzelschritte der beiden Temperaturprotokolle ITS-A und ITS-B.

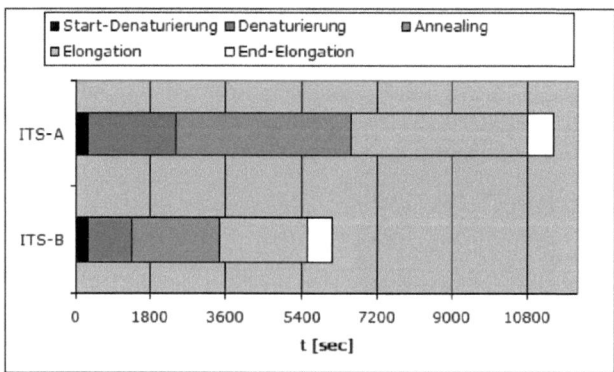

Abbildung 17: Dauer der PCR-Einzelschritte Start-Denaturierung, Denaturierung, Annealing, Elongation und End-Elongation der PCR-Temperaturprotokolle ITS-A und ITS-B

Die Gesamtreaktionszeit wurde von 11600 sec (ITS-A) auf 6150 sec (ITS-B) reduziert. Analog zu 5.2.1 wurden die Aufheiz- und Abkühlphasen nicht berücksichtigt.

5.2.3 IGS1 Region der rDNA

S. sensu stricto Hefearten, die auf der 26S- und ITS1-5,8S-ITS2-rDNA nur wenige Polymorphismen aufweisen, unterscheiden sich auf der IGS1- und IGS2-rDNA Region durch ausgeprägte Sequenzpolymorphismen. Die IGS-rDNA Regionen können auch Sequenzpolymorphismen auf Stammebene aufweisen (siehe 3.1). Die PCR-Produkte der Hefestämme S. pastorianus UG W 34/70, S. pastorianus DSM 6580T, S. bayanus DSM 70411, BTII K 1-C-3 wurden im Agarosegel aufgetrennt (siehe Abbildung 17). Zur Amplifikation diente das Temperaturprotokoll IGS (siehe 4.8.1).

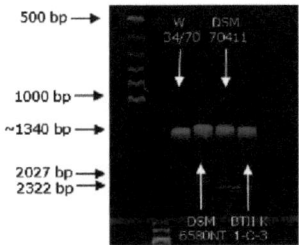

Abbildung 18: PCR-Amplifikate der IGS1-rDNA der Hefestämme S. pastorianus UG W 34/70, S. pastorianus DSM 6580T, S. bayanus DSM 70411, BTII K 1-C-3 nach dem Temperaturprotokoll IGS

Es ist ersichtlich, dass die PCR-Amplifikate etwa eine Länge von 1340 Basenpaaren aufweisen. S. pastorianus UG W34/70 bildete vor S. bayanus DSM 70411, BTII K 1-C-3 und S. pastorianus DSM 6580T das längste PCR-Produkt. Nach GANLEY et al. entspricht die Länge der IGS1-rDNA Region der Hefestämme S. cerevisiae BY 21391 1339 bp, S. bayanus BY 4498 1312bp und S. pastorianus BY 4497 1289 bp (95). Abbildung 18 ist zu entnehmen, dass die PCR Produkte von S. pastorianus UG W34/70 und von S. pastorianus DSM 6580T sich in ihrer Länge eindeutig unterscheiden. Dies weißt darauf hin, dass der Hefestamm S. pastorianus UG W34/70 auf der IGS1-rDNA ebenfalls den von BRANDL beschriebenen Hybridcharakter der ITS1-5,8S-ITS2 rDNA aufweist und der überwiegende Teil der IGS1-rDNA Kopien vom S. cerevisiae-Anteil stammt (36). Die IGS1-rDNA

Region wurde in dieser Arbeit nicht weitergehend untersucht, da die IGS2-rDNA in einem Vergleich der verfügbaren Sequenzen der *S. sensu stricto* Arten mehr Polymorphismen und teilweise größere Längenunterschiede aufwies (Daten nicht gezeigt). Somit lag der Fokus bei der *S. sensu stricto* Differenzierung und der Differenzierung industriell genutzter Hefen auf Stammebene auf der IGS2-rDNA.

5.2.4 IGS2 Region der rDNA

Wie unter 5.2.3 beschrieben, sind die interspezifischen Sequenzpolymorphismen der IGS2-rDNA der *S. sensu stricto* Arten sehr ausgeprägt und können auch auf Stammebene auftreten. Im Vorfeld wurden die verfügbaren IGS2 rDNA Sequenzen (GenBank accession nos. DQ130071-DQ130103) der *S. sensu stricto* Arten nach GANLEY et al. in einem Sequenz-Alignment (CLUSTALW-Alignment Funktion) verglichen. Hieraus resultierte, dass eine Differenzierung der *S. sensu stricto* Arten anhand der IGS2-rDNA eindeutig möglich ist. Die Sequenzen der *S. sensu stricto* Arten unterschieden sich sowohl in der Basenabfolge als auch in ihrer Länge (Daten nicht gezeigt). Allerdings beinhalteten die verfügbaren Sequenzen keine *S. pastorianus* UG Hefestämme, die deswegen sequenziert und daraufhin im Alignment verglichen wurden (Teilabschnitt der IGS2 rDNA, siehe Abbildung 21). Die Sequenzen der unterschiedlichen *S. cerevisiae* Stämme (DQ130089-DQ130093; DQ 130103) wiesen mit der Ausnahme des Stammes *S. cerevisiae* BY21391 (entspricht *S. cerevisiae* CBS 1171NT für OG) keine oder nur wenige intraspezifische Polymorphismen auf (Daten nicht gezeigt). Die aufgeführten Zusammenhänge wurden später genutzt, um spezifische Real-Time PCR Systeme für *S. sensu stricto* Arten (siehe 5.3.1.3) zu etablieren und um die intraspezifischen Sequenzpolymorphismen innerhalb der Brauereikulturhefen *S. cerevisiae* OG und *S. pastorianus* UG näher zu untersuchen (siehe Abbildung 21, Abbildung 22 und 5.4.2). Die PCR-Amplifikate der IGS2-rDNA der Hefestämme *S. pastorianus* UG W34/70, 44, 66, *S. cerevisiae* OG W 68, 175, 148, 184 und *S. pastorianus* DSM 6580NT und *S. bayanus* DSM 70411 sind in Abbildung 19 dargestellt. Die Banden der OG und UG Hefestämme lieferten Banden mit variierenden Längen, die um den Wert 1460 bp angesiedelt waren. Die Sequenzlänge von 1460 bp wurde von GANLEY et al. für *S. cerevisiae* BY21391 (CBS 1171NT für OG) angegeben (95). Die PCR-Produkte von *S. pastorianus* DSM 6580NT und *S. baya-*

nus DSM 70411 waren eindeutig kürzer und konnten klar von den Brauereikulturhefen differenziert werden.

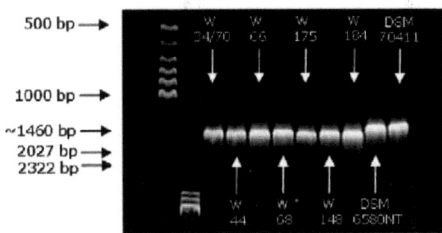

Abbildung 19: PCR-Amplifikate der IGS2-rDNA der Hefestämme S. pastorianus UG W 34/70, 44, 66, S. cerevisiae OG W 68, 175, 148, 184 S. pastorianus DSM 6580T, S. bayanus DSM 70411 nach dem Temperaturprotokoll IGS

Die Auftrennung der IGS2-rDNA im Gel lieferte eindeutigere Ergebnisse als die der IGS1-rDNA (vgl. 5.2.3, Abbildung 18). Ein Sequenzierung der PCR-Produkte aus Abbildung 19 – ausgehend vom 5'-Ende der IGS2-rDNA – zeigte, dass alle untersuchten Brauereikulturhefen Sequenzhomologien zu S. cerevisiae BY21391 aufwiesen. Die Stämme S. pastorianus DSM 6580NT und S. bayanus DSM 70411 wiesen identische Sequenzen zu S. pastorianus BY4997 (GeneBank no. DQ 130087) auf. Mit den Primern Sbp-IGS2f (5'-ACGCCAAATGCTTAACCAAATC-3') und Sbp-IGS2r (5'-TGAGGTGTGATGGGTGGATG-3'), die so designed wurden, dass sie auf der IGS2-rDNA von S. pastorianus DSM 6580NT und S. bayanus DSM 70411 binden, sollte überprüft werden, ob S. pastorianus UG Hefestämme auf der IGS2-rDNA ebenfalls genetische Hybride (siehe 3.1) sind. Für diese Untersuchung wurden die Primer dem GreenMastermix (siehe 4.1.3.4) in einer Konzentration von 500 nM zugesetzt und eine SYBR-Green® Real-Time PCR durchgeführt (Temperaturprotokoll und Schmelzkurvenanalyse gemäß Herstellerangaben GreenMastermix, Annealingtemperatur 60°C). Abbildung 20 ist zu entnehmen, dass S. pastorianus UG W34/70, W 44 und S. pastorianus DSM 6580NT, S. bayanus DSM 70411 mit den Primer Sbp IGS2f und Sbp IGS2r PCR-Produkte bilden mit identischen Schmelzkurven bilden. Somit wurde bewiesen, dass ein Teil der IGS2 rDNA-tandem-repeats (siehe 3.1) von S. pastorianus UG der IGS2 rDNA von S. bayanus/pastorianus entspricht. Der überwiegende Teil der tandem-repeats muss gemäß Abbildung 19 und der Sequenzierungsergebnisse S. cerevisiae entsprechen. Diese Ergebnisse decken sich mit den Ergebnissen von

Ergebnisse

BRANDL et al. in denen der Hybridcharakter der untergärigen Brauereikulturhefestämme anhand der ITS1-5,8S-ITS2 rDNA aufgezeigt wurde (36, 37). Abbildung 20 verdeutlicht zudem, dass die untersuchten „reinen" S. pastorianus und S. bayanus Hefestämme wesentlich niedrigere Ct-Werte als die S. pastorianus UG Hefestämme erzielten und somit eine größere Anzahl an Ziel-Kopien – bei identischer Ausgangs DNA-Konzentration – besitzen.

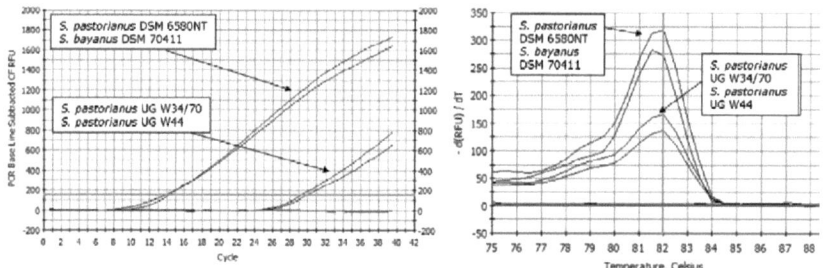

Abbildung 20: Ergebnis und Schmelzkurve der SYBR-Green® Real-Time PCR-Analyse der Hefestämme S. pastorianus UG W34/70, W 44,S. pastorianus DSM 6580NT, S. bayanus DSM 70411 mit den Primern Sbp-IGS2f und Sbp-IGS2r

Die Sequenzierung der IGS2 rDNA von Einzelkolonien vermochte S. pastorianus/ S. bayanus von S. pastorianus UG zu unterscheiden, wobei letztere – trotz ihres Hybridcharakters – eindeutige Sequenzierungsergebnisse lieferten, die S. cerevisiae zuordenbar waren. Die IGS2 rDNA wurde weitergehend untersucht, ob eine Unterscheidung von S. cerevisiae Hefen auf Stammebene möglich ist. Hierbei lag der Fokus auf den Brauereikulturhefen (OG, UG), wobei S. pastorianus UG Hefestämme, anhand ihres S. cerevisiae-Anteiles der IGS2-rDNA verglichen wurden. Wie Abbildung 21 zeigt, unterscheiden sich einige Brauereikulturhefestämme eindeutig von anderen sequenzierten Stämmen durch einzelne Sequenzvariationen. In einem Teil des Abschnittes **A** – entsprechend der Basenpaarpositionen 284–294 der IGS2 rDNA von S. cerevisiae BY21391 (DQ130093) – sind Sequenzunterschiede zwischen den drei Gruppen UG, OG und S. cerevisiae FH zu erkennen. Abweichend ist der Stamm S. cerevisiae BY21391 (entspricht S. cerevisiae CBS 1171NT für OG), dessen Sequenz derer von S. pastorianus UG W34/70, 34/78, 44, 66 auf Abschnitt **A** gleicht. Die S. cerevisiae FH Stämme unterscheiden sich durch die Abwesenheit der Basenpaare 285–295. Die S. cerevisiae OG W 68, 175 unterscheiden sich durch die Abwesenheit der Basenpaare

284 und 285. Im Abschnitt **B** unterscheiden sich die Basenpaare 812 und 834 dieser beiden Hefestämme von den restlichen Hefestämmen. Die Weizenbierhefestämme W 68 und W 175 konnten anhand dieser drei Sequenzmerkmale eindeutig differenziert werden. Der Altbierhefestamm S. cerevisiae OG W184 unterschied sich von den anderen Hefestämmen durch eine zusätzliche Thyminbase zwischen den Basenpaarpositionen 284 und 285.

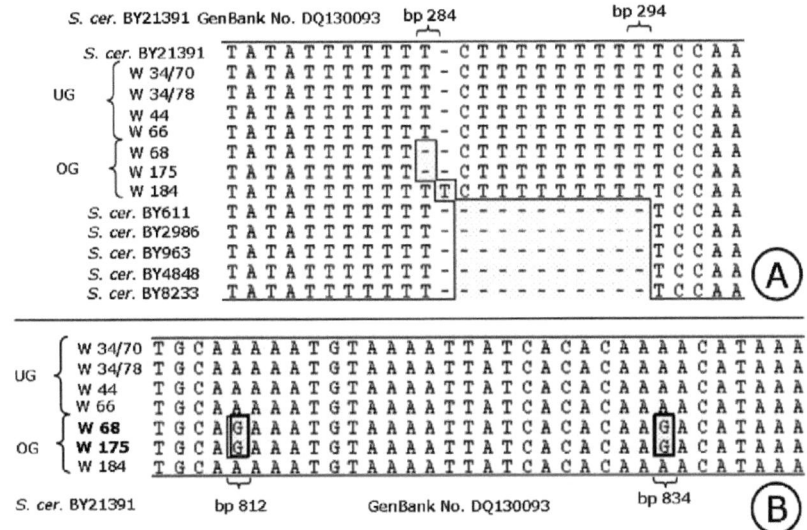

Abbildung 21: Im Alignment (CLUSTALW-Alignment Funktion) dargestellte Sequenzvariationen zweier IGS2 rDNA-Abschnitte (**A**, **B**) der sequenzierten Brauereikulturhefestämme S. pastorianus UG W 34/70, 34/78, 44, 66, S. cerevisiae OG W 68, 175, 184 und der GenBank Sequenzdaten der Hefestämme S. cerevisiae BY21391, 611, 2986, 963, 4848, 8233

Zusammenfassend verdeutlicht Abbildung 21, dass die Sequenzunterschiede der IGS2 rDNA Region es ermöglichen, einzelne Gruppen bzw. einzelne Hefestämme zu differenzieren.

Als die Sequenzierung der IGS2-rDNA – ausgehend von den Primern NTS2-1 und NTS 2-2 (siehe 4.8.1) – des Hefestammes S. pastorianus UG W 34/70 durchgeführt wurde, brach die Sequenzierungsreaktion nach etwa 340 bp (ausgehend vom NTS2-1 Primer/ 5S r-DNA) bzw. nach etwa 910 bp (ausgehend vom NTS2-1 Primer/ 18S-rDNA) ab. Abschnitt **A** aus Abbildung 22 schildert diesen Zusammenhang und symbolisiert durch **Vn** den variablen Sequenzabschnitt, der für den Sequenzabbruch verantwortlich sein könnte. Der Sequenzabbruch bzw. nicht eindeutig auswertbare Sequenzprofile konnten auch bei den anderen untersuchten Brauereikulturhefen S. pastorianus UG W 34/78, 44, 66 und S. cerevisiae OG W. 68, 175, 184 festgestellt werden (Daten nicht gezeigt).

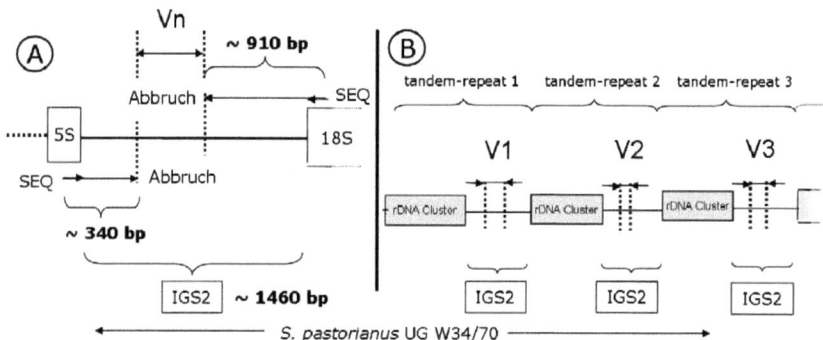

Abbildung 22: **A**: Abbruch der Sequenzierungsreaktionen der IGS2 rDNA von S. pastorianus UG W34/70 nach etwa 340 bp (von 5S rDNA ausgehend) und nach etwa 910 bp (von 18S rDNA ausgehend); **B**: Hypothese, dass variable Sequenzen (Vn=V1, V2, V3...) der IGS2-rDNA auf den unterschiedlichen tandem-repeats unterschiedlich in Länge und Basenabfolge ausgeprägt sind und so den Abbruch der Sequenzierungsreaktion verursachen

Abschnitt **B** der Abbildung 22 zeigt eine Hypothese, die den Sequenzabbruch durch variable Sequenzabschnitte (Vn) zwischen den zwei Abbruchstellen erklärt. Diese variablen Abschnitte (V1, V2, V3...) unterscheiden sich in ihrer Sequenz und ihrer Länge auf den verschiedenen IGS2-rDNA tandem-repeats. Somit liefert eine Sequenzierung der IGS2 rDNA eines Hefestammes, der unterschiedliche variable IGS2-Sequenzabschnitte besitzt, unterschiedliche PCR-Produkte. Diese unterschiedlichen PCR-Produkte verursachen dann in der Sequenzierungsreaktion ein schlecht auswertbares Sequenzprofil durch Überlagerungen oder einen Sequenzabbruch. Die Hypothese aus Abbildung 22 wird anhand der Primer IGS2-314f und IGS2-314r (siehe 4.8.1) – die beide Abbruchstellen flankieren und noch auf den sequenzierbaren Abschnitten liegen – in 5.4.2.1 überprüft. Basierend auf den geschilderten Zusammenhang wurde eine Methode entwickelt, die auf die Differenzierung von Hefestämmen der Gattungen S. cerevisiae und S. pastorianus UG abzielt (siehe 5.4.2.1 und 5.4.2.2). Zusammenfassend bietet die

Sequenzanalyse der IGS2-rDNA vielfältige Möglichkeiten hinsichtlich der Differenzierung von S. sensu stricto Arten und der Differenzierung von S. cerevisiae und S. pastorianus UG Stämmen.

Abbildung 23 zeigt die Gesamtdauer und die Dauer der Einzelschritte des Temperaturprotokolles IGS im Vergleich mit den Temperaturprotokollen 26S-A, 26S-B, ITS-A und ITS-B (siehe 5.2.1 und 5.2.2). Das Temperaturprotokoll IGS kann sowohl zur Amplifikation der IGS1- als auch der IGS2-rDNA eingesetzt werden (siehe 4.8.1).

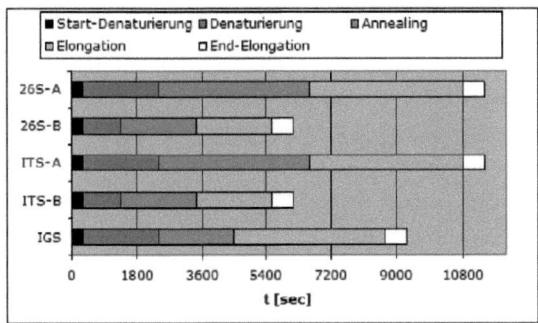

Abbildung 23: Dauer der PCR-Einzelschritte Start-Denaturierung, Denaturierung, Annealing, Elongation und End-Elongation der PCR-Temperaturprotokolle 26S-A, 26S-B, ITS-A, ITS-B und IGS im Vergleich

Die Gesamtreaktionszeit des IGS Temperaturprofiles beträgt 9300 sec und liegt somit zwischen den Ausgangsprotokollen und den optimierten Protokollen zur Amplifikation der 26S und der ITS1-5,8S-ITS2-rDNA. Aufheiz- und Abkühlzeiten wurden wie unter 5.2.1 und 5.2.2 nicht berücksichtigt, da diese abhängig vom eingesetzten Thermocycler sind. Das IGS Temperaturprofil wurde zeitlich nicht weitergehend optimiert, könnte jedoch für Amplifikation der IGS1-rDNA und IGS2 rDNA bei gleich bleibender PCR-Produktausbeute noch verkürzt werden. Dies wurde in dieser Arbeit nicht weitergehend verfolgt, da die Sequenzierung der IGS-rDNA Regionen in dieser Arbeit zur Erschließung von Sequenzunterschieden der S. sensu stricto Arten und der Stämme von S. cerevisiae und S. pastorianus UG durchgeführt wurde. Die IGS2-rDNA Sequenzierung könnte jedoch in die getränkemikrobiologische QS für spezielle Problemstellung mit einfließen und somit Identifizierungen auf Artebene mittels 26S- und ITS1-5,8S-ITS2-rDNA ergänzen. Um einen zeitlich synchronisierten Analysenablauf zu gewährleisten, wäre eine zeitliche Annäherung des IGS-Temperaturprotokolles an die optimierten Protokolle 26S-B und ITS-B sinnvoll.

5.2.5 Ablauf und Kostenanalyse der Identifizierung über Sequenzierung für die QS in Getränkebetrieben

Die Identifizierung von getränkerelevanten Hefen wird von der QS der Getränkeproduzenten überwiegend als kostenintensive Auftragsanalyse vergeben oder mit physiologischen, morphologischen Methoden (siehe 3.3.2) durchgeführt, die meist eine hohe Prozentzahl an falschen Identifizierungsergebnissen liefern. Die Durchführung der 26S-, ITS1-5,8-ITS2- und IGS2-rDNA Sequenzanalyse und deren Einbindung in die mikrobiologische QS von Getränkebetrieben, wie sie in Abbildung 24 dargestellt ist, wäre eine Möglichkeit kostensparend, zeitnah und unabhängig korrekte Identifizierungsergebnisse zu generieren.

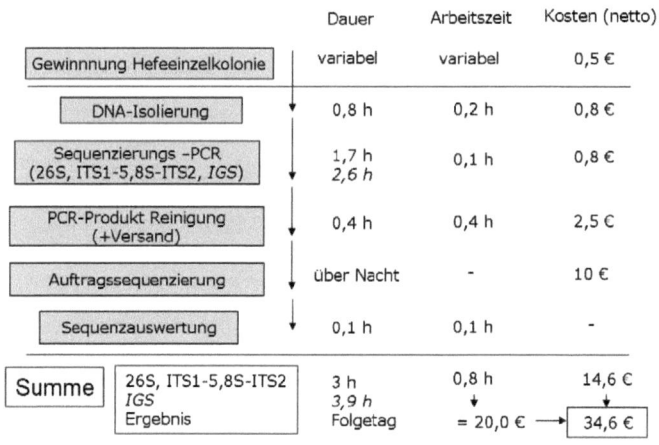

Abbildung 24: Analysendauer, Arbeitszeit und Kosten einer Hefeidentifizierung über PCR und Auftragssequenzierung für ein getränkemikrobiologisches Labor

Abbildung 24 zeigt die Dauer, die reine Arbeitszeit (hands-on-time) und die Kosten (netto) der einzelnen Arbeitsschritte einer Identifizierungs-Sequenzanalyse. Die Gesamtanalysendauer beträgt für die 26S- und ITS1-5,8S-ITS2-rDNA Sequenzanalyse 3h und das Ergebnis steht am nächsten Tag zur Verfügung, da Auftragssequenzierungen im Regelfall über Nacht durchgeführt werden. Es wurde mit einer Auftragssequenzierung gerechnet, da es nicht realistisch ist, dass sich

Ergebnisse

ein QS-Labor eines Getränkebetriebs ein eigenes Sequenziergerät anschafft. Gesamtanalysendauer beträgt für IGS-rDNA Sequenzanalyse 3,9 h, wobei die Sequenzierungs-PCR noch zeitlich optimiert werden kann (siehe 5.2.4), um sie den Zeiten der Temperaturprotokolle 26S-B und ITS-B anzunähern. Die Nettoarbeitszeit beläuft sich für die verschiedenen Sequenzanalysen auf 0,8 h, was in etwa 20,0 € Personalkosten entspricht, wenn ein Bruttoarbeitslohn von 25 €/h veranschlagt wird. Die Material- und Dienstleistungskosten belaufen sich auf 14,6 €, wobei die Auftragssequenzierung mit etwa 10 € den Hauptanteil der Kosten verursacht. Die Gesamtkosten belaufen sich auf 34,6 € pro Identifizierung und das Identifizierungsergebnis ist nach einem Tag verfügbar. Der Gesamtablauf einer Identifizierung über Sequenzanalyse durch ein externes Labor kostet etwa 120,0–150,0 € (netto) und das Ergebnis ist frühestens nach 3 Tagen, im Regelfall nach 4-5 Tagen verfügbar. Es ist zu berücksichtigen, dass bei den angegebenen Analysenzeiten von einer Identifizierung einer Einzelkolonie, bzw. einer Reinkultur ausgegangen wird. Ist die Ausgangsprobe ein Hefegemisch, bzw. ein Organismengemisch, ist zusätzlich die Zeit zur Kultivierung von Reinkulturen zu berücksichtigen (siehe 4.10.1).

5.3 Real-Time PCR

5.3.1 Primer-, Sondendesign und Evaluierung der entwickelten Real-Time PCR-Systeme

5.3.1.1 Screening-System für getränkerelevante Hefen (SGH)

Die D1/D2 26S-rDNA-Sequenzanalyse ist ein etabliertes Werkzeug zur Identifizierung von Hefen (siehe 3.1), wobei von der überwiegenden Anzahl der bekannten Hefearten diese Sequenzen zur Verfügung stehen (151). Die 26S rRNA-Gene getränkerelevanter Hefen wurden genutzt, um darauf befindliche Sequenzabschnitte zu identifizieren, die bei unterschiedlichen getränkerelevanten Hefearten identisch sind oder sich nur in einzelnen Nukleotiden unterscheiden. Diese Abschnitte mussten dahingehend überprüft werden, dass Primer und eine Fluoreszenzsonde eines Real-Time PCR Systemes darauf etabliert werden konnten. In Abbildung 25 sind die Sequenzabschnitte dargestellt, anhand derer die Primer SGH-f, SGH-r und die Sonde SGHp designed wurden (siehe 4.8.2, Tabelle 13). Es ist ersichtlich, dass diese Abschnitte vereinzelt Nukleotide enthalten, die nicht bei allen analysierten Hefearten identisch sind. Um diese Fehlnukleotide (mismatches) zu kompensieren, wurden Primer und Sonden mit degenerierten Nukleotiden (wobbles) untersucht, welche an mehrere unterschiedliche Nukleotide gleichermaßen binden können.

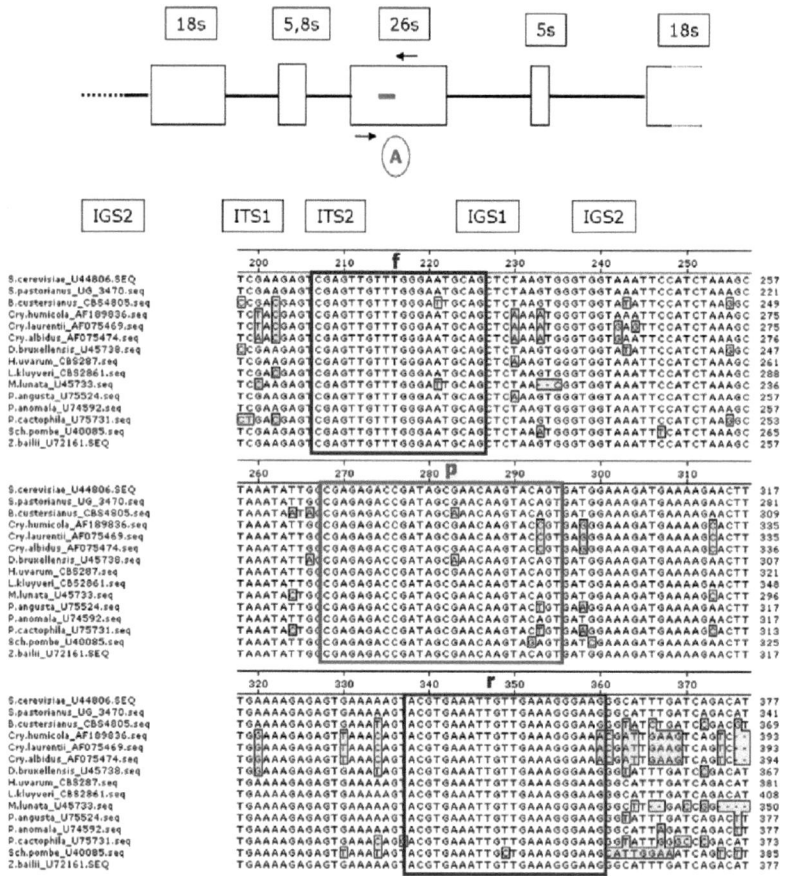

Abbildung 25: Lage des Real-Time PCR-Screening Systemes für getränkerelevante Hefen (SGH) auf dem Abschnitt der D1/D2 Domäne der 26S-rDNA (**A**) mit der Lage des Vorwärtsprimers (**f**), des Rückwärtsprimer (**r**) und der Sonde (**p**)

Die Fehlnukleotide und die daraufhin verwendeten degenerierten Nukleotide der Oligonukleotide SGH-f, SGH-r und SGHp sind in Tabelle 28 mit der entsprechen-

Ergebnisse

den Vergleichsposition der Sequenz S. cerevisiae, GenBank accession no. U44806 – ausgehend vom 5'-Ende – aufgeführt. Daraus geht hervor, dass die Sonde SGHp mit den drei degenerierten Nukleotiden R, S, und H ausgestattet wurde, um die DNA der Arten B. custersianus, D. bruxellensis, Sch. pombe und der Gattungen Pichia, Cryptococcus und Wickerhamomyces – ohne PCR-Effizienz-Verlust – amplifizieren zu können. Die Fehlnukleotide der Primer wurden nicht durch degenerierte Nukleotide ausgeglichen, da diese Fehlnukleotide keine Auswirkung auf die Primerbindung hatten und somit keine reduzierte PCR-Effizienz des PCR Systems daraus resultierte. Dies wurde in Versuchen bestätigt, die die PCR-Effizienzen der Ausgangsprimer und der degenerierten Primer verglichen (Daten nicht gezeigt).

Tabelle 28: Fehlnukleotide (mismatches) und verwendete degenerierte Nukleotide der Oligonukleotide des Real-Time PCR-Screening Systems für getränkerelevante Hefen (SGH)

Oligonukleotid	S. cerevisiae U44806			Mismatch (Fehlnukleotid)	verwendetes degeneriertes Nukleotid
	Position	Nukleotid	Hefeart		
SGH-f (forward primer)	221	A	B. custersianus M. lunata	T	-
SGHp (probe)	283	G	B. custersianus D. bruxellensis	A	R = A, G
	292	C	Sch. pombe	G	S = C, G
	293	A	Cry. spp. P. spp., W. spp.	C T	H = A, T, C
SGH-r (reverse primer)	349	A	S. pombe	G	-
	360	C	Cry. spp.	T	-

In Tabelle 53 unter Anhang 8.4 sind die Hefestämme, unter 4.2.2 die Bakterienstämme und unter 4.2.3 die Schimmelpilzstämme aufgeführt, die zur Evaluierung des Screening Systemes für getränkerelevante Hefen herangezogen wurden. Die Ergebnisse der Evaluierung sind in Tabelle 29 aufgelistet. Die Untersuchung aller 49 untersuchten Hefestämme lieferte ein positives Ergebnis und somit eine Sensitivität von 100%. Schimmelpilze und Bakterien lieferten in der Summe 17 von 24 richtige Ergebnisse und 7 von 24 falsche Ergebnisse, was einer Spezifität von 70,8 % entspricht. Mit dem untersuchten Stammset von 73

Ergebnisse

Mikroorganismenstämmen wurde eine relative Richtigkeit des Screening Systemes von 90,4 % ermittelt.

Tabelle 29: Evaluierung des Real-Time PCR Screening Systemes für getränkerelevante Hefen (SGH)

	Anzahl Hefestämme	Summe Anzahl Bakterien + Schimmelpilze	Anzahl Bakterien	Anzahl Schimmelpilze
	49	24	12	12
erwartetes Ergebnis	positiv	negativ	negativ	negativ
Richtiges Ergebnis	49	17	12	5
Falsches Ergebnis	0	7	0	7
Relative Richtigkeit	Sensitivität	Spezifität (Gesamt)	Spezifität (Bakterien)	Spezifität (Schimmelpilze)
90,4 %	100 %	70,8 %	100 %	41,7 %

Zusätzlich zeigt Tabelle 29 die Evaluierungsergebnisse für die Bakterien- und Schimmelpilzgruppe. Daraus geht hervor, dass nur Schimmelpilze Kreuzreaktionen, d. h. falsch positive Ergebnisse liefern und somit die Spezifität für Schimmelpilze bei 41,7 % liegt. Bakterien hingegen wurden von dem Screening System nicht erfasst und somit liegt die Spezifität für Bakterien bei 100 %. Die einzelnen qualitativen Real-Time PCR Ergebnisse aller untersuchten Mikroorganismenstämme sind im Anhang in Tabelle 59 aufgelistet.

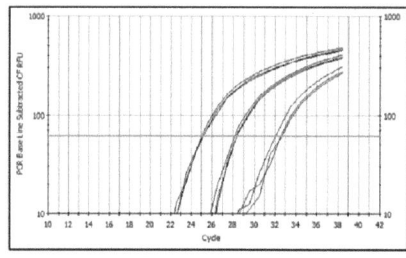 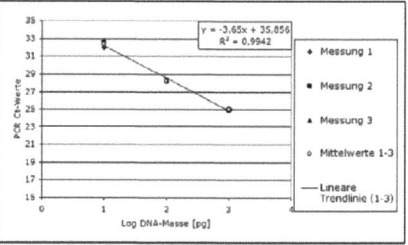

Ziel-DNA	DNA-Masse [pg]	Ct-Werte Messung 1	Ct-Werte Messung 2	Ct-Werte Messung 3	Ct-Werte Mittelwert (1-3)	s	PCR-Effizienz [%]	Slope	R²
S. pastorianus (UG) W 34/70	1000	25,10	25,00	25,10	25,07	0,06	87,9%	-3,65	0,994
	100	28,10	28,30	28,30	28,23	0,12			
	10	32,00	32,50	32,60	32,37	0,32			

Abbildung 26: Ermittlung der PCR-Effizienz des Real-Time PCR Screening Systemes für getränkerelevante Hefen

Abbildung 26 stellt die Ermittlung der PCR-Effizienz des SGH dar, die 87,9 % betrug. Die PCR-Effizienz wurde mit der Ziel-DNA des Hefestammes *S. pastorianus* UG W34/70 ermittelt. Die relativ niedrige PCR-Effizienz resultiert daraus, dass bei

Ergebnisse

einer limitierten Auswahl an universellen DNA-Sequenzen diejenigen genutzt werden mussten, die ein Primer- und Sondendesign zuließen. Die Diskrepanz zwischen Spezifität und möglichst hoher PCR-Effizienz taucht auch bei weiteren Real-Time PCR Evaluierungen in späteren Kapiteln wiederholt auf. Die Nachweisgrenze wurde ebenfalls mit Ziel-DNA des Hefestammes *S. pastorianus* UG W34/70 ermittelt und ist in Abbildung 27 dargestellt.

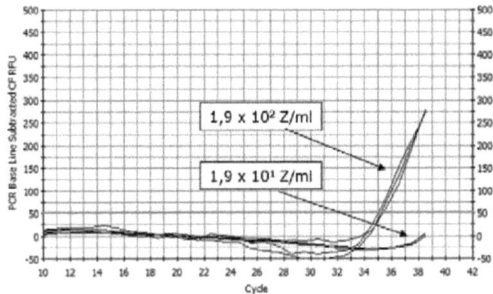

Abbildung 27: Ermittlung der Nachweisgrenze des Real-Time PCR Screening Systemes für getränkerelevante Hefen

Für das Real-Time PCR Screening Systemes für getränkerelevante Hefen wurde eine Nachweisgrenze von $1,9 \times 10^2$ Zellen/ml ermittelt. $1,9 \times 10^1$ Zellen/ml wurden nicht detektiert.

5.3.1.2 Identifizierungssysteme für Nicht-S. Hefen

Die ITS1-5,8S-ITS2 rDNA-Region verfügt über interspezifische Polymorphismen (siehe 3.1), die genutzt wurden, um Identifizierungssysteme für Nicht-S. Fremdhefearten zu etablieren.

Ergebnisse

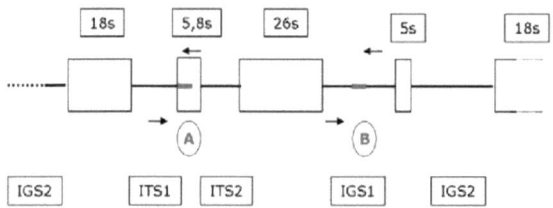

Abbildung 28: Lage der Real-Time PCR Identifizierungssysteme für Nicht-*Saccharomyces* Arten auf der ITS-5,8S-ITS2-rDNA (**A**) und auf der IGS1-rDNA (**B**)

Hierbei wurden bei der Auswahl der Oligonukleotide für die artspezifische Real-Time PCR Identifizierungssysteme die Zusammenhänge ausgenutzt, dass die 5,8S-rDNA hoch konservierte Abschnitte besitzt, die sich interspezifisch wenig oder nicht unterschieden, und dass die ITS1-, ITS2-Regionen interspezifische Polymorphismen aufweisen. Wie Abbildung 28 **A** zeigt, wurde die Real-Time PCR Fluoreszenzsonde Y58 auf dem 5,8S-rRNA-Gen etabliert und für verschiedene Identifizierungssysteme genutzt. Die Sonde gibt den verschiedenen Identifizierungssystemen keine Spezifität, diese bewerkstelligen die Primer. Der Grund für diese Designwahl ist, dass Fluoreszenzsonden – die neben der Polymerase den größten Kostenanteil eines PCR-Mixes ausmachen – eingespart werden können. Zudem können verschiedene Identifizierungssysteme als Duplex- oder Multiplexsysteme mit einer Sonde kombiniert werden. Für die Hefearten *K. unispora* und *K. servazzii* – früher *S. sensu lato* – mussten jedoch Sonden und Primer spezifisch auf der IGS1-rDNA gewählt werden (siehe Abbildung 28 **B**), da die wenig ausgeprägten interspezifischen Sequenzunterschiede der ITS1-5,8S-ITS2 rDNA-Region zu den *S.*-Arten keine eindeutige Differenzierung zuließen.

Ergebnisse

Tabelle 30: Zielregionen, PCR-Effizienzen, relative Richtigkeiten, Nacheisgrenzen der artspezifischen Real-Time PCR-Identifizierungssysteme für Nicht-S. Hefen

Spezifität	System-name	Zielregion	PCR-Effizienz [%]	relative Richtigkeit [%]	Nachweisgrenze [Zellen/ ml]
B. custersianus	Bcu	ITS1-5,8S-ITS2	76,2	100	$1,5 \times 10^4$
B. naardenensis	Bna	ITS1-5,8S-ITS2	78,5	100	$8,4 \times 10^2$
C. intermedia	Cin	ITS1-5,8S-ITS2	93,7	100	$7,8 \times 10^2$
C. parapsilosis	Cpa	ITS1-5,8S-ITS2	85,6	100	$1,2 \times 10^3$
C. sake	Csa	ITS1-5,8S-ITS2	91,2	100	$1,4 \times 10^2$
Debaryomyces hansenii	Dha	ITS1-5,8S-ITS2	76,6	100	$2,9 \times 10^3$
H. uvarum	Huv	ITS1-5,8S-ITS2	90,7	100	$6,8 \times 10^2$
I. orientalis	Ior	ITS1-5,8S-ITS2	88,6	100	$6,5 \times 10^2$
K. servazzii	Kse	IGS1	99,7	100	$8,3 \times 10^2$
K. unispora	Kun	IGS1	99,3	100	$1,9 \times 10^3$
Kregervanrija delftensis	Kde	ITS1-5,8S-ITS2	94,9	100	$8,1 \times 10^2$
L. kluyveri	Lkl	ITS1-5,8S-ITS2	87,9	100	$1,1 \times 10^2$
N. dairenensis	Ndai	ITS1-5,8S-ITS2	91,3	100	$7,8 \times 10^1$
P. fermentans	Pfe	ITS1-5,8S-ITS2	81,3	100	$5,1 \times 10^1$
P. guilliermondii	Pgu	ITS1-5,8S-ITS2	94,9	100	$2,0 \times 10^3$
T. delbrueckii	Tde	ITS1-5,8S-ITS2	94,5	100	$1,3 \times 10^3$
Z. bailii	Zba	ITS1-5,8S-ITS2	87,6	100	$1,4 \times 10^3$
Z. rouxii	Zro	ITS1-5,8S-ITS2	78,9	100	$2,2 \times 10^3$

In Tabelle 30 sind die Zielregionen und die Evaluierungsergebnisse für die einzelnen artspezifischen Real-Time PCR Identifizierungssysteme aufgelistet. Die Einzelevaluierungsergebnisse und deren Generierung sowie das Primerdesign der einzelnen Real-Time PCR-Identifizierungssysteme sind im Anhang unter 8.8 in alphabetischer Reihenfolge im Detail dargestellt. Exemplarisch sind die Evaluierungsergebnisse und das Primer- und Sondendesign im Folgenden für die Hefeart *Torulaspora delbrueckii* aufgeführt.

Ergebnisse

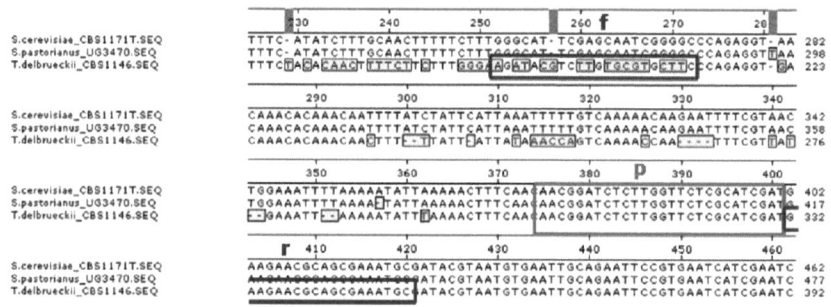

Abbildung 29: Primer- und Sondendesign des Real-Time PCR Identifizierungssystemes für *T. delbrueckii*

Abbildung 29 zeigt die Lage der Primer und der Fluoreszenzsonde auf der ITS1-5,8S-ITS2 rDNA-Region. Wie oben beschrieben ist ersichtlich, dass die Sonde (p=probe) auf einem konservierten Bereich lokalisiert ist und sich die Sequenz interspezifisch in dem dargestellten Fall zwischen *Torulaspora delbrueckii* und *S. cerevisiae, S. pastorianus* nicht unterscheidet. Der Rückwärtsprimer ist in diesem Fall hinsichtlich der drei gezeigten Arten ebenfalls unspezifisch. Bei den weiteren Real-Time PCR Systemen aus Tabelle 30 kamen z. T. auch Rückwärtsprimer zum Einsatz, die dem PCR-System zusätzliche Spezifität geben (siehe Anhang 8.8). Abbildung 29 zeigt deutlich die Sequenzunterschiede zwischen *Torulaspora* delbrueckii und *S. cerevisiae, S. pastorianus,* die im Sequenzabschnitt der Vorwärtsprimerbindungsstelle liegen und somit die Spezifität für *T. delbrueckii* bewerkstelligen.

Ergebnisse

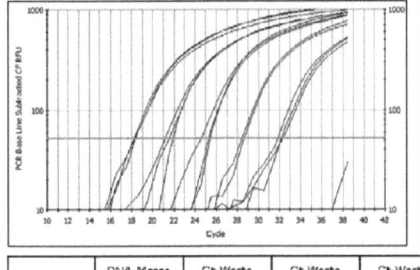 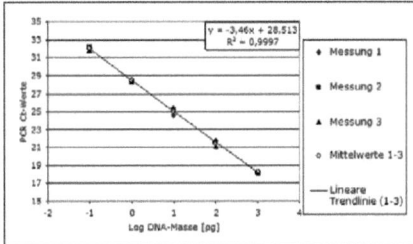

Ziel-DNA	DNA-Masse [pg]	Ct-Werte Messung 1	Ct-Werte Messung 2	Ct-Werte Messung 3	Ct-Werte Mittelwert (1-3)	s	PCR-Effizienz [%]	Slope	R^2
T. delbrueckii	1000	18,30	18,20	18,20	18,23	0,06	94,5%	-3,46	0,999
	100	21,80	21,50	21,10	21,47	0,35			
	10	24,60	25,20	25,40	25,07	0,42			
	1	28,60	28,40	28,40	28,47	0,12			
	0,1	32,10	32,20	31,80	32,03	0,21			

Abbildung 30: Ermittlung der PCR-Effizienz des Real-Time PCR Identifizierungssystemes für T. delbrueckii

Abbildung 30 stellt die Ermittlung der PCR-Effizienz (siehe 3.3.5) dar. Wie unter 4.8.3 beschrieben wurde eine dekadische Verdünnungsreihe des *Torulaspora delbrueckii* CBS 1146T DNA-Isolates in Triplikaten gemessen um aus der Geradensteigung (slope) die PCR-Effizienz zu ermitteln, die für das Tde PCR-System 94,5 % beträgt.

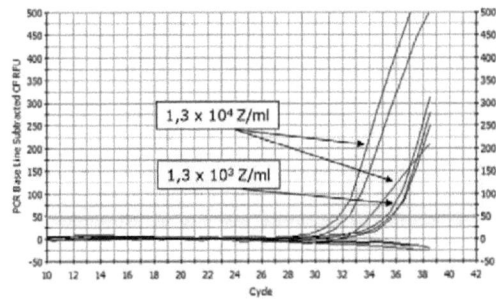

Abbildung 31: Ermittlung der Nachweisgrenze des Real-Time PCR Identifizierungssystemes für T. delbrueckii

Wie Abbildung 31 zeigt, konnte das PCR-System Tde $1,3 \times 10^3$ Hefezellen sicher nachweisen. $1,3 \times 10^2$ Zellen lieferten ein negatives Ergebnis. Tabelle 31 zeigt die Ergebnisse der Ermittlung der Sensitivität, der Spezifität und der Relativen Richtigkeit (siehe 4.8.3) des PCR-Systemes Tde. Es wurden 6 *T. delbrueckii* Stämme und 48 Nicht-*T. delbrueckii* Stämme untersucht. Die 6 *T. delbrueckii* Stämme lieferten ein positives PCR-Ergebnis, die 48 Nicht- *T. delbrueckii* Stämme ein negatives PCR-Ergebnis.

Tabelle 31: Ermittlung der Sensitivität, der Spezifität und der relativen Richtigkeit des Real-Time PCR Identifizierungssystemes für *T. delbrueckii*

	Anzahl Hefestämme (*T. delbrueckii*)	Anzahl Hefestämme (Nicht-*T. delbrueckii*)
	6	48
erwartetes Ergebnis	positiv	negativ
richtiges Ergebnis	6	48
falsches Ergebnis	0	0
Relative Richtigkeit	Sensitivität	Spezifität
100 %	100 %	100%

Somit resultieren eine Sensitivität von 100%, eine Spezifität von 100% und eine Relative Richtigkeit (in die beide vorherigen Parameter einfließen) von 100%.

5.3.1.3 Identifizierungssysteme für S. sensu stricto Hefen

Wie bereits unter 5.2.2 dargestellt wurde, sind die Sequenzunterschiede der Arten des *S. sensu stricto* Komplexes auf der ITS1-5,8S-ITS2 rDNA wenig ausgeprägt. Deswegen wurde zur Etablierung von Identifizierungssystemen der *S. sensu stricto* Arten die IGS2-rDNA genutzt (Abbildung 32 **A**).

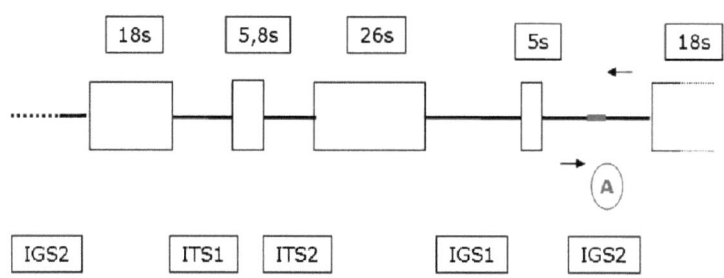

Abbildung 32: Lage der Real-Time PCR Identifizierungssysteme Systeme für *Saccharomyces sensu stricto* Arten auf der IGS2-rDNA (**A**)

Unter Verwendung der IGS2-rDNA Region konnten für die Arten *S. cariocanus, S. mikatae, S. paradoxus* und *S. kudriavzevii* Real-Time PCR Identifizierungssysteme etabliert werden. Eine Etablierung von Identifizierungssystemen bzw. Differenzierungssystemen für S. cerevisiae, S. pastorianus UG, S. pastorianus und S. bayanus anhand der IGS2 rDNA war nicht möglich. Der Grund hierfür ist, dass S. pastorianus UG auf dieser DNA Region ebenfalls Hybridcharakter aufweist. Für deren Differenzierung wurden weitere DNA-Regionen untersucht und PCR-Systeme etabliert, die unter 5.3.1.4 dargestellt sind. Abbildung 33 zeigt das Primer- und Sondendesign auf der IGS2 rDNA für die Real-Time PCR-Identifizierungssysteme Sca (S. cariocanus), Smi (S. mikatae), Spa (S. paradoxus).

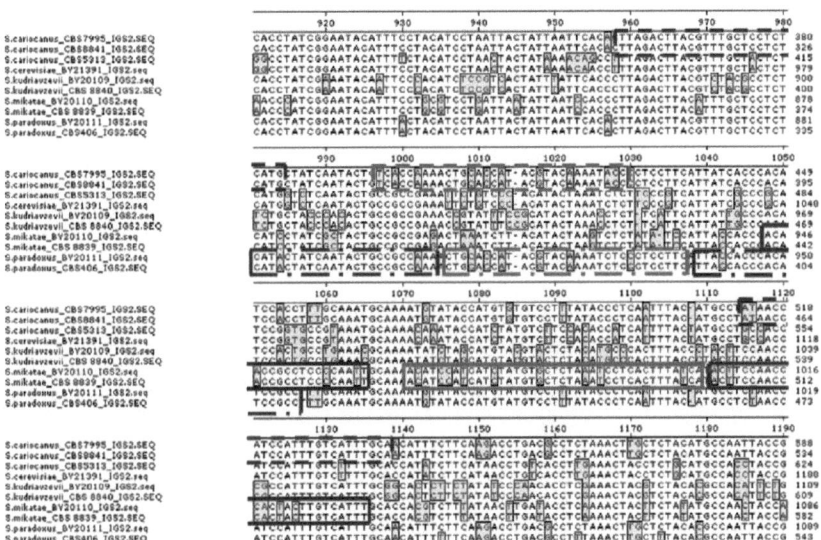

Abbildung 33: Primer- und Sondendesign der Real-Time PCR Identifizierungssysteme für S. cariocanus (gestrichelte Linien), S. mikatae (durchgehende Linien) und S. paradoxus (gestichelte Linien mit Punkten)

Das Identifizierungssystem für S. cariocanus bezieht seine Spezifität aus den Sequenzunterschieden der Fluoreszenzsonde und den letzten beiden Nukleotiden des Rückwärtsprimers. Der Vorwärtsprimer ist unspezifisch. Den Identifizierungssystemen für S. mikatae, S. paradoxus geben jeweils alle drei beteiligten Oligonukleotide Spezifität. Die Evaluierungsergebnisse der drei Real-Time PCR-Identifizierungssysteme bezüglich PCR-Effizienz, Nachweisgrenze, Sensitivität, Spezifität und Relativer Richtigkeit sind im Anhang unter 8.9 im Detail dargestellt. Die Systeme für *S. mikatae* und *S. paradoxus* lieferten Sensitivitäten, Spezifitäten und Relative Richtigkeiten von 100 %. Das PCR-System für *S. cariocanus* lieferte eine Spezifität von 66,7 %, d.h. zwei der drei untersuchten *S. canus* Stämme lieferten ein positives Signal. Daraufhin wurde der negativ gemessene Stamm *S. cariocanus* CBS 5313 auf der IGS2 rDNA sequenziert. Die resultierende Sequenz entsprach nicht den anderen *S. cariocanus* IGS2 rDNA Sequenzen, sondern entsprach einer *S. cerevisiae* Sequenz (Daten nicht gezeigt). Weitere Untersuchungen mit spezifischen PCR-Systemen für *S. cerevisiae* (siehe 5.3.1.4) lieferten ein positives Signal für *S. cerevisiae*. Nach diesen Ergebnissen sollte dieser Stamm nicht zur Evaluierung des Identifizierungssystemes für *S. cariocanus* herangezogen werden und erneut von der Stammsammlung CBS bezogen werden, um ihn wiederholt zu untersuchen. Abbildung 34 zeigt das Primer- und Sondendesign auf der IGS2 rDNA für das Real-Time PCR-Identifizierungssystem Sku (*S. kudriavzevii*). Alle drei Oligonukleotide besitzen Spezifität gebende Nukleotide. Es ist jedoch ersichtlich, dass hauptsächlich Sonde und Rückwärtsprimer das PCR-System durch die Nukleotidunterschiede am 5'-Ende (ausgehend von der Ausgangssequenz) die Spezifität gewährleisten.

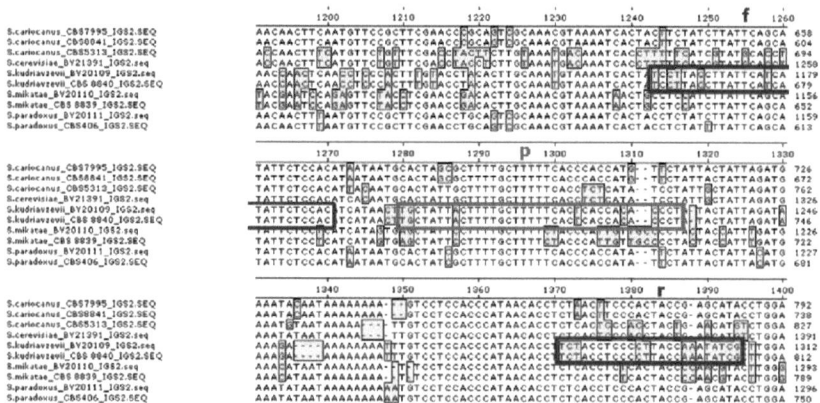

Abbildung 34: Primer- und Sondendesign des Real-Time PCR Identifizierungssystemes für *S. kudriavzevii*

Die Evaluierungsergebnisse für das Real-Time PCR-Identifizierungssystem Sku bezüglich PCR-Effizienz, Nachweisgrenze, Sensitivität, Spezifität und Relativer Richtigkeit sind im Anhang unter 8.9 im Detail dargestellt. Die Relative Richtig-

Ergebnisse

keit betrug 100 %. Es ist anzumerken, dass zur Evaluierung der Identifizierungssysteme Smi und Sku lediglich ein Hefestamm (*S. mikatae* CBS 8839) bzw. zwei Hefestämme (*S. kudriavzevii* CBS 8840, BTII K PI BA 49) zur Verfügung standen. Dies lag daran, dass in Stammsammlungen keine weiteren Stämme zur Verfügung standen. Der Stamm *S. kudriavzevii* BTII K PI BA 49 ist ein Praxisisolat dieser Arbeit und wurde über IGS2-rDNA Sequenzierung als *S. kudriavzevii* identifiziert. Eine Überprüfung der 26S- und ITS1-5,8S-ITS2-rDNA zeigte ebenfalls die spezifischen Sequenzpolymorphismen für *S. kudriavzevii* (Daten nicht gezeigt).

5.3.1.4 Differenzierungssysteme zur Unterscheidung industriell eingesetzter Saccharomyces Arten (Fokus S. cerevisiae und S. pastorianus UG)

Bevor DNA-Regionen bezüglich ihrer Sequenzvoraussetzungen untersucht wurden, um die industriell genutzten Hefearten *S. cerevisiae* und *S. pastorianus* UG zu differenzieren, wurden die Primer SC1d (5'-ACATATGAAGTATG TTTCTATATAACGGGTG-3') und SC1r (5'-TGGTGCTGGTGCGGATCTA -3') nach MARTORELL et al. untersucht (175). Eine SYBR Green® Real-Time PCR mit den Primer SC1d und SC1r und nachfolgender Schmelzkurvenanalyse wurde nach den Angaben von MARTORELL et al. durchgeführt (175).

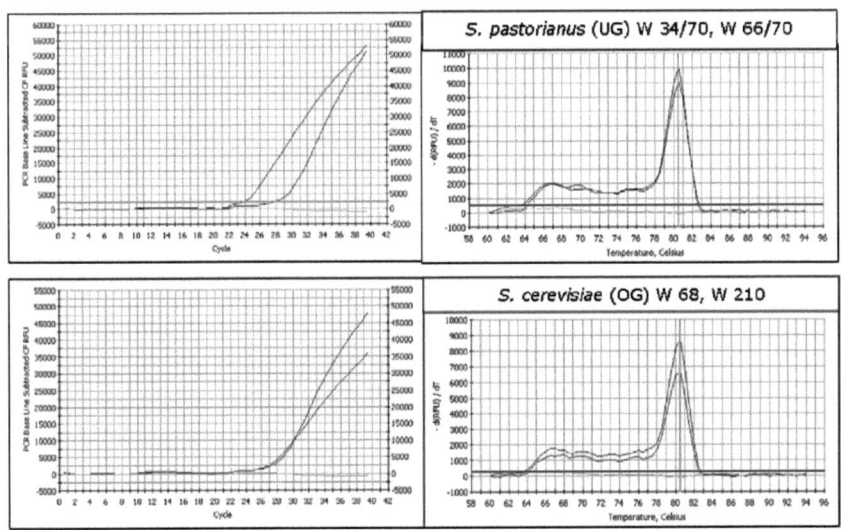

Abbildung 35: Überprüfung der Spezifität des Real-Time PCR Systemes für *S. cerevisiae* nach MARTORELL et al.

Ergebnisse

Nach MARTORELL et al. sollten diese Primer *S. cerevisiae* spezifisch nachweisen und eine Schmelzkurve bei 78,5 °C verursachen. Wie Abbildung 35 zeigt, liefert das Real-Time PCR System nach MARTORELL et. al. sowohl für die untersuchten *S. cerevisiae* OG Stämme als auch für die *S. pastorianus* UG Stämme ein positives Signal und identische Schmelzkurven. Die Schmelztemperatur T_m liegt bei etwa 80 °C und weicht somit von der Literaturangabe leicht ab. Aus Abbildung 35 geht hervor, dass ein Einsatz der Primer SC1d und SC1r eine Differenzierung von *S. cerevisiae* und *S. pastorianus* UG nicht ermöglichten. Folglich wurden weitergehend DNA-Regionen untersucht mit dem Ziel, *S. cerevisiae* und *S. pastorianus* UG zu differenzieren und sie bestmöglich von anderen *S. sensu stricto* Arten abzugrenzen. Nach RAINIERI et al. bieten die Gene GRC3 (Chromosom XII, Protein codierend) und LRE1 (Chromosom III, Protein codierend) viel versprechende Ansätze zur Differenzierung von *S. cerevisiae* und *S. pastorianus* UG, *S. pastorianus* und *S. bayanus* (215). Zur Untersuchung der Gene wurden die verfügbaren LRE1 und GRC3 Sequenzen von den Datenbanken Saccharomyces Genome Database (SGD) und GeneBank geladen und Alignments angefertigt. Abbildung 36 zeigt, dass sich die gewählten Primer und Sondensequenzen des GRC3-Genes der vier betrachteten Hefearten unterscheiden. *S. cerevisiae* kann somit von den drei anderen Hefearten unterschieden werden. *S. pastorianus* UG Hefestämme haben die gleiche Sequenz wie *S. cerevisiae* im Gegensatz von *S. pastorianus* Stämmen, die nicht industriell genutzt werden (Daten nicht gezeigt). Deren Sequenz ist mit der Sequenz von *S. bayanus* identisch.

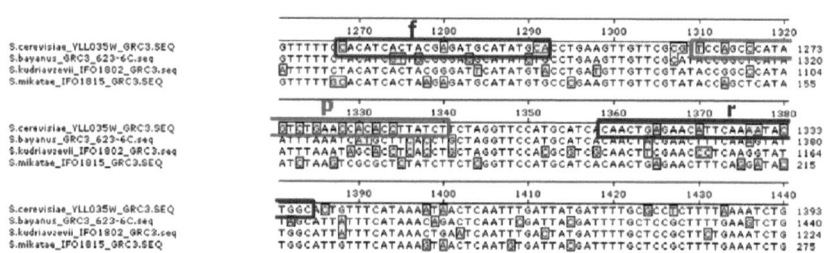

Abbildung 36: Primer- und Sondendesign des Real-Time PCR-Systemes Sc-GRC3

Die Sensitivität des Real-Time PCR System Sc-GRC3 ist somit identisch mit dem Real-Time PCR System nach MARTORELL et al. und dem Real-Time PCR System Sce nach BRANDL (36, 37, 175). Im Gegensatz zum System nach MARTORELL et al. ist das System Sc-GRC3 auf Hydrolyse-Sondenbasis und kann mit allen anderen PCR-Systemen dieser Arbeit kombiniert werden. Tabelle 32 zeigt, dass das PCR-System Sc-GRC3 eine Sensitivität von 100 % gegenüber den untersuchten S. cerevisiae und S. pastorianus UG Stämmen und eine Spezifität von 100 % gegenüber den untersuchten SFH und NSFH aufweist.

Tabelle 32: Ermittlung der Sensitivität, der Spezifität und der relativen Richtigkeit des Real-Time PCR-Systemes Sc-GRC3

		PCR-System Sc-GRC3	
		Anzahl Hefestämme (S. cerevisiae, S. pastorianus UG)	Anzahl Hefestämme (abweichende S. Arten, NSFH)
		77	57
	erwartetes Ergebnis	positiv	negativ
	richtiges Ergebnis	77	57
	falsches Ergebnis	0	0
	Relative Richtigkeit	Sensitivität	Spezifität
	100 %	100 %	100 %

Im Gegensatz zum System Sce nach BRANDL weist das System Sc-GRC3 eine höhere Spezifität auf (siehe Tabelle 33). Die niedrigere Spezifität von 86,0 % des Sce Systemes nach BRANDL ist darin begründet, dass dieses System falsch positive Reaktionen (Kreuzreaktionen) mit den Hefearten S. cariocanus und S. paradoxus eingeht. Die Einzelstämme, die Kreuzreaktionen verursachen, sind in Tabelle 36 bezeichnet und grau markiert.

Tabelle 33: Ermittlung der Sensitivität, der Spezifität und der relativen Richtigkeit des Real-Time PCR-Systemes Sce

		PCR-System Sce	
		Anzahl Hefestämme (S. cerevisiae, S.pastorianus UG)	Anzahl Hefestämme (abweichende S. Arten, NSFH)
		77	57
	erwartetes Ergebnis	positiv	negativ
	richtiges Ergebnis	77	49
	falsches Ergebnis	0	8
	Relative Richtigkeit	Sensitivität	Spezifität
	94,0 %	100 %	86,0 %

Abbildung 37 zeigt das Primer- und Sondendesign des Real-Time PCR Systemes UG-LRE1. Dieses System zielt auf die Identifizierung von S. pastorianus UG ab. Das Primer und Sondensystem wurde so gewählt, dass es nicht mit den betrachteten S. bayanus und S. cerevisiae reagieren kann. Die Spezifität gegenüber S. bayanus liefert der Basenaustausch der Sonde am 5'-Ende der Sondensequenz (siehe Abbildung 37). In den Untersuchungen zur Ermittlung der Spezifität und

Ergebnisse

Sensitivität lieferte das System UG-LRE1 allerdings die gleichen Ergebnisse wie das PCR-System UG300 nach BRANDL.

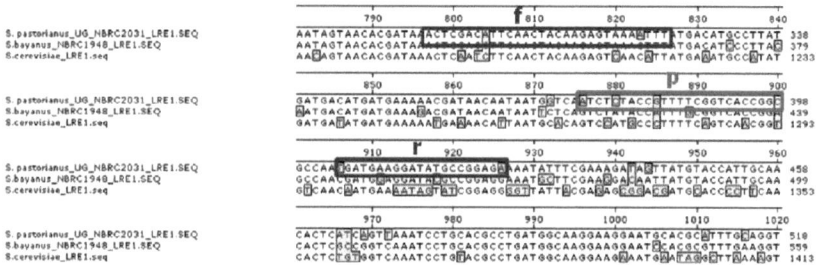

Abbildung 37: Primer- und Sondendesign des Real-Time PCR-Systemes UG-LRE1

Das heißt, dass alle *S. pastorianus* Stämme (*S. pastorianus* UG und reine *S. pastorianus* Stämme) und zwei *S. bayanus* Stämme mit dem UG-LRE1 System detektiert wurden. Deswegen wurde das System als spezifisch für *S. pastorianus* festgelegt und dementsprechend die Spezifität und die Sensitivität ermittelt (siehe Abbildung 34). Die *S. bayanus* Stämme, die Kreuzreaktionen verursachen, sind in Tabelle 36 bezeichnet und grau markiert. Aus den Kreuzreaktionen ist zu folgern, dass die Sequenz verschiedener *S. bayanus* Stämme nicht einheitlich ist.

Tabelle 34: Ermittlung der Sensitivität, der Spezifität und der relativen Richtigkeit des Real-Time PCR-Systemes UG-LRE1

	PCR-System UG-LRE1	
	Anzahl Hefestämme (*S. pastorianus*)	Anzahl Hefestämme (abweichende *S.* Arten, NSFH)
	39	94
erwartetes Ergebnis	positiv	negativ
richtiges Ergebnis	39	90
falsches Ergebnis	0	4
Relative Richtigkeit 97,0 %	Sensitivität 100 %	Spezifität 95,7 %

Um *S. cerevisiae* zu identifizieren und eindeutig von den anderen *S.* Arten abzugrenzen – im speziellen von *S. pastorianus* UG – wurde eine Sequenzvergleich unterschiedlicher Gene durchgeführt (Daten nicht gezeigt). Das Gen innerhalb der Recherche mit dem höchsten Differenzierungspotential war COX II (Gen codierend für Cytochrom C Oxidase Subunit II). In Abbildung 38 wird ein Sequenzabschnitt des COX II Genes von *S. pastorianus* UG (GenBank accession No.

Ergebnisse

EU852811) und *S. cerevisiae* (Saccharomyces Genome Database COX2/Q0250) verglichen.

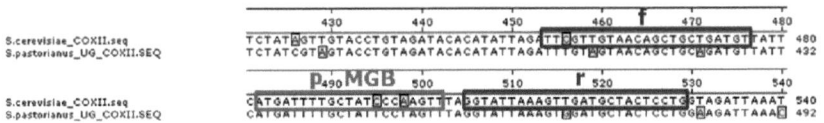

Abbildung 38: Primer- und Sondendesign des Real-Time PCR-Systemes OG-COXII

Der Bereich des Vorwärtsprimers weist drei, der Bereich des Rückwärtsprimers ein und der Bereich der Sonde zwei unterschiedliche(s) Nukleotid(e) auf. Dies ist im Regelfall nicht ausreichend, um ein spezifisches PCR-System zu etablieren. Deswegen wurde eine MGB-Fluoreszenzsonde (siehe 3.3.5) verwendet, die schon ab einem abweichenden Nukleotid nicht spezifisch binden kann, d. h. die Zielsequenz muss absolut komplementär passend zur Sondensequenz sein, damit eine Bindung erfolgen kann. Die Evaluierungsergebnisse aus Tabelle 35 bestätigten die Spezifität und die Sensitivität des Real-Time PCR-Systemes OG-COXII für *S. cerevisiae* mit jeweils 100 %.

Tabelle 35: Ermittlung der Sensitivität, der Spezifität und der relativen Richtigkeit des Real-Time PCR-Systemes OG-COXII

	PCR-System OG-COXII	
	Anzahl Hefestämme (*S. cerevisiae*)	Anzahl Hefestämme (abweichende *S.* Arten, NSFH)
	42	91
erwartetes Ergebnis	positiv	negativ
richtiges Ergebnis	42	91
falsches Ergebnis	0	0
Relative Richtigkeit	Sensitivität	Spezifität
100 %	100 %	100 %

Alle untersuchten *S.* Arten (inklusive *S. pastorianus* UG), die nicht *S. cerevisiae* angehören und NSFH wurden von dem System OG-COXII nicht detektiert. Das System identifiziert somit *S. cerevisiae*, die technologisch als obergärige (OG) Hefe bezeichnet wird. Dieser Zusammenhang begründet den Namen des Systemes OG-COXII. Das System OG-COXII ermöglicht erstmalig, *S. cerevisiae* in Mischkulturen mit *S. pastorianus* UG spezifisch nachzuweisen. Aus technologischer Sicht bedeutet dies, dass in einem untergärigen Bierbereitungsprozess (Starterkultur *S. pastorianus* UG) Kontaminationen mit *S. cerevisiae* direkt nachgewiesen werden können. Dieser Sachverhalt wurde mit simulierten Kontaminationen in verschiedenen Konzentrationen näher untersucht (siehe Abbildung 39). Es wurde bei allen Messungen eine Gesamtkeimzahl von 10^6 Hefezellen untersucht, wobei der Hauptanteil mit 90 %, 99 % und 99,9% *S. pastorianus* UG W34/70 und der Kontaminationsanteil *S. cerevisiae* W 68 mit 10 %, 1 % und 0,1 % waren. 100% *S. pastorianus* UG W34/70 diente als Negativkontrolle und 100 % *S. cerevisiae* W 68 als Positivkontrolle.

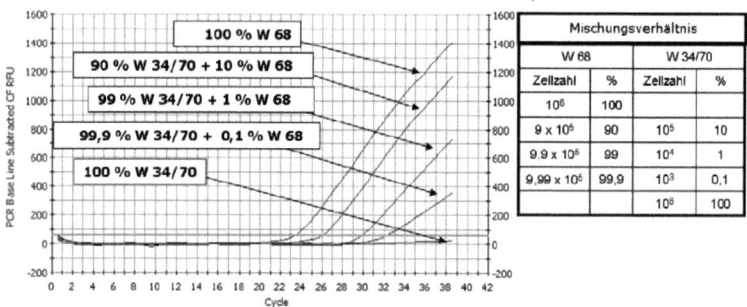

Abbildung 39: Nachweis unterschiedlicher Konzentrationen von *S. cerevisiae* OG W68 in *S. pastorianus* UG W 34/70 mittels des Real-Time PCR-Systemes OG-COXII

Abbildung 39 verdeutlicht, dass eine Kontaminationsrate bis zu 0,1 % (entspricht 10^3 Zellen *S. cerevisiae* W 68 in 9,99 × 10^5 *S. pastorianus* UG W34/70) eindeutig nachgewiesen werden kann. In Tabelle 36 sind die qualitativen Einzelergebnisse der Real-Time PCR Systeme dieser Arbeit und der Arbeit von BRANDL – zur Differenzierung industriell genutzter *S.* Hefen – zu sehen, die mit allen verfügbaren *Saccharomyces* Arten bzw. Stämmen erzielt wurden (36, 37). Die Systeme UG-300 und UG-LRE1 sind äquivalent einsetzbar und weisen *S. pastorianus, S. pastorianus* UG, *S. bayanus/pastorianus* und zwei *S. bayanus* Stämme nach. Das System Sbp nach BRANDL weist zusätzlich alle weiteren *S. bayanus* Stämme nach. Einige *S. pastorianus* UG Stämme (W 120, 66, 66/70, 204, CBS 5832, 6903) liefern ein schwächeres Signal als *S. bayanus* und *S. pastorianus*. Das System OG-COXII detektiert ausschließlich *S. cerevisiae*. Der einzige Stamm, der ebenfalls ein positives Signal liefert, war *S. cariocanus* CBS 5313. Dieser wurde bei der Evaluierung nicht berücksichtigt, da alle DNA-Sequenzen, die von diesem Stamm untersucht wurden, *S. cerevisiae* zuordenbar waren. Deswegen müsste dieser Stamm wiederholt von der Stammsammlung CBS bezogen und überprüft werden.

Ergebnisse

Tabelle 36: Vergleich qualitativer Einzelergebnisse der Real-Time PCR-Systeme zur Differenzierung der industriell genutzten *Saccharomyces* Arten (Fokus *S. cerevisiae* und *S. pastorianus* UG)

Art	Stamm	Sc-GRC3	Sce	OG-COXII	Sbp	UG-LRE1	UG-300
S. bayanus	DSM 70412T, 70547, BTII K 1-C-3	-	-	-	+	-	-
	70411, 70508	-	-	-	+	+	+
S. bayanus/ pastorianus	CBS 2440, 6017	-	-	-	+	+	+
S. pastorianus	CBS 1503, 1513, 1538, DSM 6580NT, 6581	-	-	-	+	+	+
S. pastorianus (UG)	W 26, 44, 34/70, 34/78, 44, 54, 59, 69, 84, 105, 109, 120, 128, 168, 172, 180, 194, 199, 206 (Bruchhefen) W 71, 144 (Staubhefen) CBS 1484, 5832, CBS 6903, NBRC 2003, BTII K B-I-4, B-J-4, B-J-5	+	+	-	+	+	+
	W 120 (Bruchhefe) W 66, 66/70, 204 (Staubhefen) CBS 5832, CBS 6903	+	+	-	+/-	+	+
S. cerevisiae	DSM 70424, 70449T, 70451, CBS 1464, 8803, BT II K 3-A-1, 3-C-3, 3-G-1, 5-A-7, 6-I-1, 6-F-4	+	+	+	-	-	-
S. cerevisiae (OG)	W 68, 127, 149, 175, 205, BTII K 5-A-8 (Weizenbier)	+	+	+	-	-	-
	W 148, 184, 208 (Altbier)	+	+	+	-	-	-
	W 165, 177 (Kölschbier)	+	+	+	-	-	-
	W 210, 211, 213 (Alebier)	+	+	+	-	-	-
	W Bingen, Bordeaux, Eperney, Laureiro, Stein, Wädensvill (Wein)	+	+	+	-	-	-
	W B4 (Brennerei)	+	+	+	-	-	-
	W S2 (Sekt)	+	+	+	-	-	-
S. cerevisiae var. *diastaticus*	CBS 1782, DSM 70487, BTII K 1-B-8, 1-H-7, 2-A-7, K 2-F-1, 3-D-2, 3-H-2, 3-H-4	+	+	+	-	-	-
S. cariocanus	CBS 7995, 8841	-	+	-	-	-	-
	CBS 5313	+	+	+	-	-	-
S. kudriavzevii	CBS 8840	-	-	-	-	-	-
S. mikatae	CBS 8839	-	-	-	-	-	-
S. paradoxus	CBS 406, 432, 2908, 5829, 7400, 8436	-	+	-	-	-	-

Das System Sc-GRC3 detektiert ausschließlich *S. cerevisiae* und *S. pastorianus* UG. Zusammenfassend ermöglicht eine Kombination der Systeme Sc-GRC3, OG-COXII, Sbp, und UG-LRE1 bzw. UG-LRE1 eine Identifizierung aller industriell genutzten Stämme mit der Ausnahme von *S. pastorianus*, *S. bayanus/ S. pastorianus* und einigen *S. bayanus* Stämmen, da diese bei den Systemen Sbp und UG-LRE1 und UG-300 ein positives Signal liefern. Bei der Untersuchung von Praxisisolaten wurden Stämme mit diesem Muster als *S. bayanus/ S. pastorianus* bezeichnet. Diese beschriebenen Ergebnisse decken sich mit den Aussagen nach RAINIERI et al., die beschrieben, dass innerhalb der *S. bayanus* und *S. pastorianus* Gruppe viele Hefestämme falsch zugeordnet sind und das Typstämme z. T. nicht repräsentativ für die Art sind (siehe 3.1.). Die entwickelten PCR-Systeme ermöglichen zudem einen Nachweis von Mischpopulationen bzw. Kontaminationen. Hierbei sind alle Kombinationen möglich mit der Ausnahme, dass S. bayanus, S. bayanus/ pastorianus und S. pastorianus nicht direkt in S. pastorianus UG nachgewiesen werden können. Um diese aus Mischkulturen zu identifizieren, müssen weiterhin Einzelkolonien untersucht werden.

5.3.2 Transfer des Real-Time PCR Systemes Sce in ein Mikrochip-PCR Format

5.3.2.1 Reduzierung des Real-Time PCR Volumens

Bevor das Real-Time PCR System Sce auf ein Mikrochip-PCR Format übertragen wurde, wurde versucht das PCR-Reaktionsvolumen auf dem konventionellen Real-Time PCR-Cycler (iCycler) soweit zu reduzieren, dass es mit dem Mikrochip-PCR-Reaktionsvolumen (1 µl) vergleichbar war. Abbildung 40 zeigt den Einfluss der schrittweisen Reduzierung des Reaktionsvolumens auf die Ct-Werte des Sce Systemes bei der Messung der DNA unterschiedlicher Hefestämme.

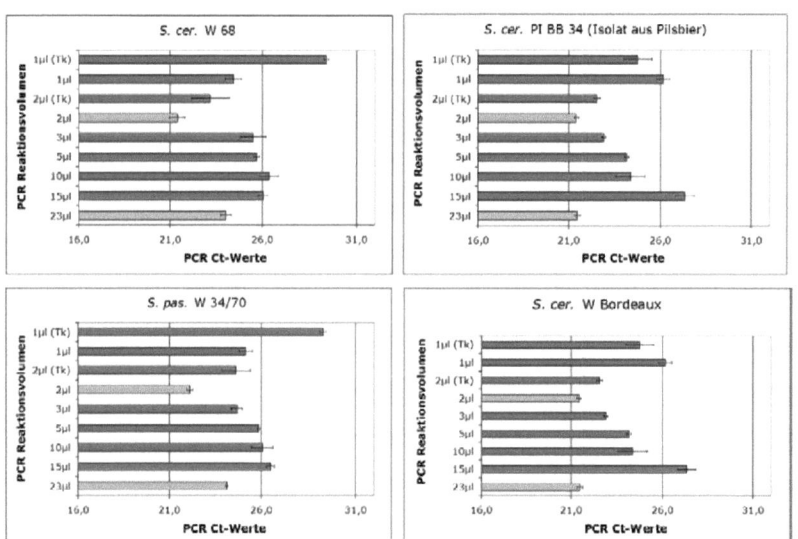

Abbildung 40: Auswirkung der Reduzierung des PCR-Reaktionsvolumens auf die Ct-Werte des Real-Time PCR Systemes Sce bei ausgewählten Hefestämmen

Die Ct-Werte bei 15 µl PCR-Reaktionsvolumen nehmen im Vergleich zu 23 µl PCR-Reaktionsvolumen bei allen untersuchten DNA-Isolaten zu. 10, 5, 3 und 2 µl Reaktionsvolumen liefern überwiegend niedrigere Ct-Werte als ein Reaktionsvo-

Ergebnisse

lumen von 15 µl, wobei die Ct-Werte bei 2 µl sehr nahe an denen von 23 µl liegen (z. T. auch niedriger). Bei einer weitergehenden Volumenreduzierung auf 1 µl nahmen die Ct-Werte wieder zu und lagen über denen von 23 µl und 2 µl Reaktionsvolumen. Eine Verkürzung des PCR-Temperaturprotokolles (Tk=Temperaturprotokoll kurz) hatte ebenfalls eine Erhöhung des Ct-Wertes zur Folge. Zusammenfassend ist eine Reduzierung des Reaktionsvolumens der konventionellen Real-Time PCR bis zu 1 µl möglich; es ist allerdings mit einer Verschiebung des Ct-Wertes zu rechnen. In den folgenden Versuchen wurden die Ct-Werte der Reaktionsvolumina 1 und 2 µl der konventionellen Real-Time PCR mit dem der Mikrochip PCR (1 µl) verglichen.

5.3.2.2 Vergleich der konventioneller Real-Time PCR und der Mikrochip-Real-Time PCR

Tabelle 37 zeigt die Ergebnisse des Real-Time PCR Systemes Sce unterschiedlicher DNA-Isolate auf dem konventionellen Real-Time PCR Cycler (iCycler) und dem Mikrochip-PCR Cycler. Hierbei wurden die Ct-Werte bei Reaktionsvolumina von 1 und 2 µl der konventionellen Real-Time PCR und bei einem Reaktionsvolumen von 1 µl der Mikrochip-PCR verglichen. Es kamen für beide Cycler-Typen das Standard-Temperaturprotokoll RT-PCR und das zeitlich verkürzte Temperaturprotokoll RT-PCR kurz zum Einsatz.

Tabelle 37: Vergleich der Ct-Werte des Real-Time PCR Systemes Sce der Temperaturprotokolle RT-PCR und RT-PCR-kurz auf den beiden Real-Time PCR-Cyclern iCycler und Mikrochip-PCR (Reaktionsvolumen 1µl, 2 µl)

PCR-Cycler	konventioneller Real-Time PCR Cycler (iCycler)				Mikrochip-PCR	
PCR-Protokoll	RT-PCR		RT-PCR-kurz		RT-PCR	RT-PCR kurz
Volumen	2 µl	1 µl	2 µl	1 µl	1 µl	
DNA-Sample	Ct-Wert		Ct-Wert		Ct-Wert	
S. cer. W 68	21,4 ± 0,4	23,2 ± 1,0	24,4 ± 0,4	29,4 ± 0,4	23,4 ± 0,2	29,2 ± 0,3
S. cer. Pl BB 34	21,4 ± 0,1	22,5 ± 0,2	26,2 ± 0,4	24,8 ± 0,8	23,0 ± 0,4	25,0 ± 0,2
S. cer. W Bordeaux	25,4 ± 0,3	26,9 ± 0,5	29,2 ± 0,2	29,4 ± 0,1	26,9 ± 0,4	29,3 ± 0,2
S. cer. W S2	25,7 ± 0,1	27,4 ± 0,4	29,2 ± 0,4	29,5 ± 0,2	27,2 ± 0,3	30,0 ± 0,4
S. cer. W B4	23,7 ± 0,2	25,3 ± 0,1	27,4 ± 0,3	29,5 ± 0,3	25,9 ± 0,6	29,5 ± 0,3
S. cer. Pl BB 134	25,5 ± 0,3	26,2 ± 0,1	29,1 ± 0,9	29,2 ± 0,2	26,2 ± 0,3	29,0 ± 0,1
S. cer. var. dia. Pl BA 111	21,3 ± 0,4	22,9 ± 0,2	25,6 ± 0,2	29,3 ± 0,1	23,0 ± 0,3	29,5 ± 0,3
S. pas. UG W 34/70	22,1 ± 0,2	24,6 ± 0,8	25,1 ± 0,4	29,3 ± 0,2	24,8 ± 0,1	29,8 ± 0,4

Die Ct-Werte des Temperaturprotokolles RT-PCR bei 1 µl Reaktionsvolumen (hellgrau markiert in Tabelle 37) auf beiden Cyclerformaten lieferten vergleichbare Ergebnisse, d.h. die Übertragung des Reaktionsvolumens von 1 µl auf das Mikrochip PCR Format hatte keine Erniedrigung der Ct-Werte zur Folge. Die Ct-Werte des Temperaturprotokolles RT-PCR kurz bei 1 µl Reaktionsvolumen (dunkelgrau markiert in Tabelle 37) auf beiden Cyclerformaten lieferten vergleichbare Ergebnisse, d.h. die Übertragung des Reaktionsvolumens von 1 µl auf das Mikrochip PCR Format hatte keine Erniedrigung der Ct-Werte zur Folge. Die Ct-Werte bei 2 µl Reaktionsvolumen auf dem konventionellen Real-Time PCR Cycler waren für beide Temperaturprotokolle niedriger als die Ct-Werte bei 1 µl Reaktionsvolumen auf beiden Cyclern. Das bedeutet, dass die Ct-Werte von 2 µl (iCycler) von der Mikrochip-PCR nicht erreicht wurden. Es ist anzumerken, dass die Unterschiede der Ct-Werte zwischen 1 und 2 µl auf dem konventionellen Real-Time PCR Cycler unter 5.3.2.1 z. T. größer waren als in diesem Abschnitt. Dies kann dadurch begründet werden, dass Messungen der Reaktionsvolumenreduzierung aus einem PCR-Ansatz stammten und aufgrund der Gegebenheit, dass nur ein Volumen in einem PCR-Lauf gemessen werden konnte und die Versuchsreihen auf mehrere aufeinander liegende Tage verteilt werden mussten. Somit konnte eine Degradation der Target-DNA über die Zeit stattfinden. Die Versuchsreihen dieses Kapitels konnten am gleichen Tag gemessen werden, somit lag hier wahrscheinlich keine Degradation der Target-DNA vor. Tabelle 38 zeigt die Übertragung weiterer Real-Time PCR Systeme (Sc-GRC3, Spa, Smi) auf das Mikrochip PCR-Format. Dabei wurde ausschließlich das Temperaturprotokoll RT-PCR kurz untersucht. Die Durchschnitts-Ct-Werte lagen bei der Mikrochip-PCR um 0,3 (Spa), 0,7 (Sc-GRC3) und 1,1 (Smi) höher als bei der konventionellen Real-Time PCR, d. h. die PCR-Performance war geringfügig schlechter. Diese geringfügige Ct-Wertabnahme war vorher auch bei einigen DNA-Isolaten aus Tabelle 37 zu beobachten, die mit dem Sce PCR-System untersucht wurden.

Tabelle 38: Vergleich der Ct-Werte der Real-Time PCR-Systeme Sc-GRC3, Spa, Smi auf den beiden Real-Time PCR-Cyclern iCycler und Mikrochip-PCR (Temperaturprotokoll RT-PCR-kurz, Reaktionsvolumen 1µl)

PCR-Cycler	iCycler	Mikrochip-PCR
PCR-Protokoll	RT-PCR-kurz	RT-PCR-kurz
Volumen	1 µl	1 µl
PCR-System / DNA-Isolat	Ct-Wert	Ct-Wert
Sc-GRC3 / *S. cer.* W 68	29,0 ± 0,4	29,7 ± 0,2
Spa / *S. par.* CBS 406	29,5 ± 0,1	29,8 ± 0,3
Smi / *S. mik.* CBS 8839	27,8 ± 0,3	28,9 ± 0,1

Grundsätzlich können die entwickelten PCR-Systeme auf das Mikrochip-PCR Format übertragen werden. Es ist allerdings mit geringfügigen Ct-Wert-Verlusten zu rechnen, welche für jedes PCR-System und jedes DNA-Isolat ermittelt werden müssen. Ein großer Vorteil des Mikrochip-PCR Formates ist eine Verkürzung der

Gesamtreaktionszeit eines Temperaturprotokolles durch schnellere Aufheiz- und Abkühlphasen. In Abbildung 41 sind die Zeiten der PCR-Einzelschritte der Temperaturprotokolle RT-PCR und RT-PCR-kurz für die Real-Time Mikrochip-PCR und für die konventionelle Real-Time PCR dargestellt. Der obere Teil der Abbildung zeigt, wie die Gesamtreaktionszeit aus den Einzelschritten resultiert; der untere Teil der Abbildung zeigt den Temperaturverlauf der verschiedenen 2-step Protokolle über der Zeit. Hierbei sind die Unterschiede in den Abkühl- und Heizphasen gut zu erkennen.

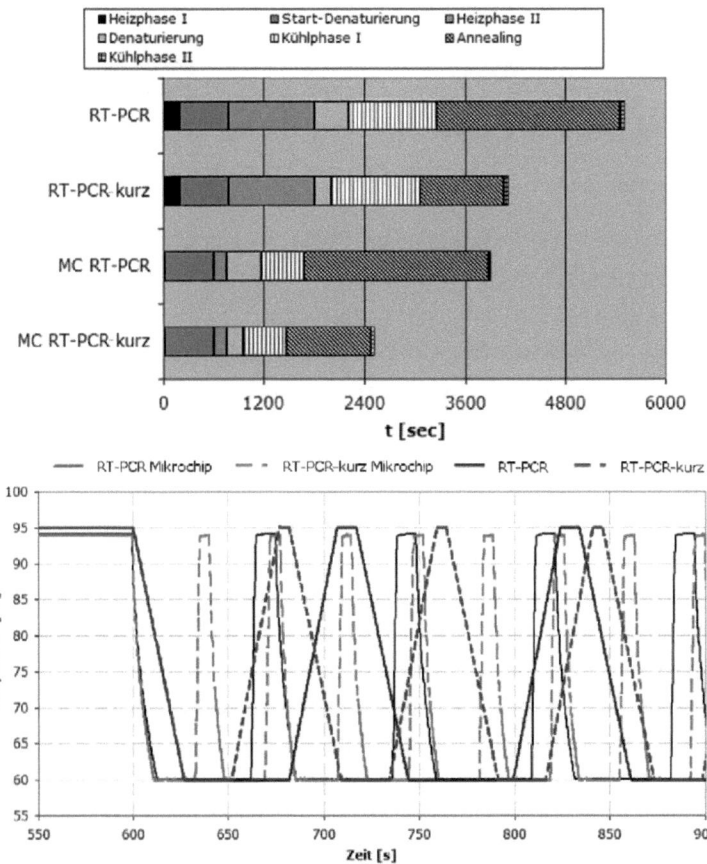

Abbildung 41: Dauer der PCR-Einzelschritte HeizphaseI, Start-Denaturierung, Heizphase II, Denaturierung, Kühlphase I, Annealing, Kühlphase II der Temperaturprotokolle RT-PCR und RT-PCR-kurz auf den beiden Real-Time PCR-Cyclern iCycler und Mikrochip-PCR

Abbildung 41 verdeutlicht, dass die Dauer der Heizphase II der Real-Time Mikrochip-PCR (4 sec pro Zyklus) weniger als 20 % der konventionellen Real-Time PCR beträgt. Analog hierzu beträgt die Dauer der Kühlphase der Real-Time Mikrochip PCR (13 sec pro Zyklus) weniger als 50 % der konventionellen Real-Time PCR. In der Summe wurde das Temperaturprotokoll RT-PCR von 5518 sec (konventionell) auf 3916 sec (Mikrochip) und das Temperaturprotokoll RT-PCR kurz von 4118 sec (konventionell) auf 2516 sec (Mikrochip) verkürzt. Bei kurzen Ausgangstemperaturprotokollen kommt somit die Zeitersparnis durch die verkürzten Aufheiz- und Abkühlphasen besonders zur Geltung.

5.4 PCR-DHPLC

5.4.1 Differenzierung von getränkerelevanten Hefearten

5.4.1.1 Primerdesign und PCR-DHPLC Entwicklung

Zur Differenzierung von getränkerelevanten Hefen wurden die rDNA-Abschnitte ITS1 und ITS2 verwendet. Die Primer und Temperaturprotokolle zur Amplifikation dieser Abschnitte sind 4.8.1 zu entnehmen. Die Primer ITS1, ITS3 und ITS4 wurden von WHITE et al. übernommen (294). Der Primer ITS2 nach WHITE et. al wurde nicht verwendet, da die Sequenzen einiger getränkerelevanter Hefen Fehlnukleotide auf dessen Bindungsstellen aufwiesen. Deswegen wurde der modifizierte Primer ITS2mod entworfen, der auf die entsprechende Sequenzbindungsstelle ITS2mod-rc (rc=reverse complement) ohne Fehlnukleotide bindet (siehe Abbildung 42).

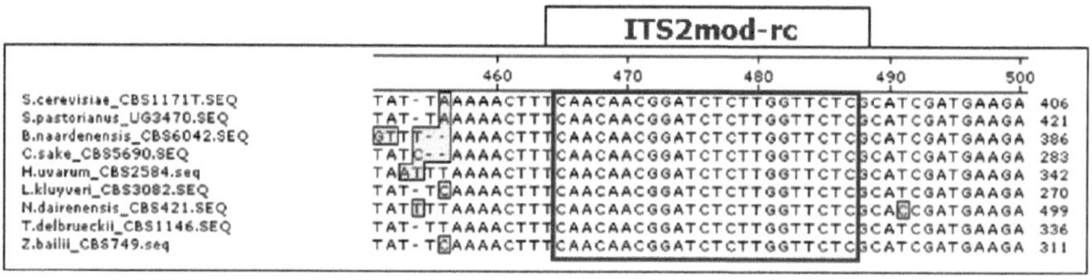

Abbildung 42: Design des Primers ITS2mod-rc zur Amplifikation der ITS1-rDNA Region

Abbildung 42 zeigt nur eine Auswahl an Sequenzen getränkerelevanter Hefen. Die Sequenz wurde jedoch für alle Hefearten, die mit dieser Methode untersucht wurden, überprüft (Daten nicht gezeigt). Die ITS1 und ITS2 Regionen getränke-

Ergebnisse

relevanter Hefestämme (siehe Tabelle 39, 5.4.1.2) wurden mit oben beschriebenen Primern und dem Temperaturprotokoll DHPLC-O (siehe Tabelle 12, 4.1.3.1) amplifiziert und anschließend wurden die resultierenden PCR-Amplifikate über die DHPLC mit den Gradienten zur Auftrennung der ITS1 rDNA Region (siehe Tabelle 18, 4.8.5) und zur Auftrennung der ITS2 rDNA Region (siehe Tabelle 19, 4.8.5) untersucht.

5.4.1.2 Auftrennung der rDNA-Regionen ITS1 und ITS2

In Tabelle 39 sind die Hefestämme aufgelistet, deren ITS1- und ITS2-rDNA Amplifikate mittels der entwickelten DHPLC Methoden aufgetrennt wurden.

Tabelle 39: Hefestämme, deren Amplifikate der ITS1- und der ITS2-rDNA-Regionen mittels DHPLC untersucht wurden

Nr.	Hefeart/ -stamm	Nr.	Hefeart/ -stamm
1	C. parapsilosis DSM 5784T	16	S. cerevisiae (OG) W 68
2	C. sake BTII K 7-A-3	17	S. cerevisiae BTII K 3-G-1
3	Debaryomyces hansenii CBS	18	S. cerevisiae var. diastaticus BTII K 1-G-7
4	D. anomala BTII K 1-A-8	19	N. dairenensis CBS 421
5	D. bruxellensis CBS 4914	20	K. exigua BTII K 2-G-7
6	H. uvarum CBS 314T	21	S. kudriavzevii CBS 8840
7	I. occidentalis CBS 6888	22	S. mikatae CBS 8839
8	I. orientalis DSM 3433T	23	S. paradoxus CBS 406
9	L. kluyveri CBS 3082T	24	S. paradoxus CBS 432
10	W. anomalus CBS 5759	25	S. pastorianus DSM 6580
11	P. guilliermondi CBS 2030T	26	Saccharomycodes ludwigii BTII K 11-G-5
12	P. membranifaciens DSM 70366	27	Torulaspora delbrueckii CBS 1146T
13	S. bayanus DSM 70412	28	Zygosaccharomyces bailii CBS 680T
14	S. cariocanus CBS 7995	29	Zygosaccharomyces rouxii CBS 5717
15	S. pastorianus (UG) W 34/70		

Die laufenden Nummern der Hefestämme aus Tabelle 39 wurden in Tabelle 40 und Abbildung 43 zur Probenzuordnung und Auswertung verwendet. 29 Hefestämme, davon 11 Saccharomyces Stämme (13–18; 21–25) und 18 Nicht-Saccharomyces Stämme (1–12; 19–20; 26–29), wurden untersucht. Hefestämme, die nach einer Sequenzrecherche die gleiche ITS1 und ITS2 rDNA Sequenz haben müssten (siehe Tabelle 58, Anhang 8.6), sind in Tabelle 39, Tabelle 40 und Abbildung 43 in den gleichen Farben dargestellt (Nr. 13, 25 und Nr. 23, 24). Es ist anzumerken, dass mit der angewandten PCR-DHPLC Methodik der S. cerevisiae Hybridanteil von S. pastorianus UG W 34/70 amplifiziert und aufgetrennt wurde, d. h. die untersuchte DNA-Sequenz (Nr. 15) sollte sich mit den S.

cerevisiae Sequenzen (Nr. 16–18) decken. Die PCR-Amplifikate der 29 Hefestämme wurden über verschiedene DHPLC-Retentionszeiten (4,97–17,70 min für die ITS2-Region und 4,24–18,28 min für die ITS1-Region) aufgetrennt (siehe Tabelle 40). Bei näherem Betrachten der Retentionszeiten konnten einzelne Hefestämme direkt über „isoliert liegende" Retentionszeiten von den anderen Hefestämmen differenziert werden und andere in Gruppen eingeteilt werden, innerhalb derer die Retentionszeiten eng beieinander liegen.

Tabelle 40: DHPLC-Retentionszeiten der ITS1- und ITS2-rDNA-Amplifikate der untersuchten Hefestämme

ITS 2		ITS 1	
Nr.	Retentionszeit [min]	Nr.	Retentionszeit [min]
26	4,97	5	4,24
6	5,52	4	4,55
10	5,54	7	4,70
2	5,71	12	4,73
3	6,52	2	5,04
5	6,55	8	5,16
1	7,67	3	5,61
17	9,68	10	5,62
7	9,81	11	5,81
16	9,98	9	6,89
15	10,03	29	7,01
18	10,16	20	7,11
21	10,23	26	8,01
22	10,65	28	8,57
25	11,12	6	8,63
13	11,18	17	9,50
14	11,46	18	9,78
4	11,57	15	9,98
24	11,75	27	11,48
23	11,95	25	12,75
20	11,96	13	12,93
12	12,42	16	12,99
8	13,09	22	13,42
9	13,14	23	13,73
11	13,74	24	13,92
19	15,50	14	14,00
29	17,28	21	15,26
28	17,35	1	15,84
27	17,70	19	18,28

Tabelle 40 und Abbildung 43 verdeutlichen, dass durch eine Kombination der Ergebnisse beider ITS Regionen und deren Einordnung in Gruppen nahezu alle Hefearten differenziert werden konnten. Abbildung 43 zeigt aber auch, dass einige Hefearten bzw. Stämme mit den gegebenen Einstellungen nicht voneinander getrennt werden konnten (Nr. 2/10; 8/11; 14/23/24; 15/17/18; 13,25). Wie erwartet, bildeten die Hefestämme mit den identischen Sequenzen Gruppen (farbig markiert).

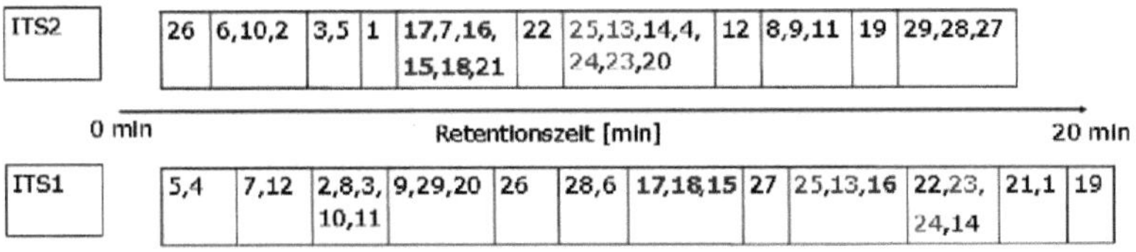

Ergebnisse

ITS2	26	6,10,2	3,5	1	17,7,16, 15,18,21	22	25,13,14,4, 24,23,20	12	8,9,11	19	29,28,27

0 min → Retentionszeit [min] → 20 min

ITS1	5,4	7,12	2,8,3, 10,11	9,29,20	26	28,6	17,18,15	27	25,13,16	22,23, 24,14	21,1	19

Abbildung 43: Differenzierungsmuster der untersuchten Hefestämme anhand der ITS1- und ITS2-Retentionszeiten

Einzige Ausnahme stellte der Stamm S. cerevisiae OG W 68 dar, dessen ITS1-Region eine abweichende Retentionszeit im Vergleich zu den anderen S. cerevisiae Stämmen aufwies. Dieser Stamm muss folglich einen DNA-Sequenzunterschied (z. B. Mutation, Insertion, Deletion) auf der ITS1-rDNA Region im Vergleich zu den anderen Stämmen beinhalten. Die Hefestämme C. sake BTII K 7-A-3 (Nr. 2)/ W. anomalus CBS 5759 (Nr. 10) und I. orientalis DSM 3433T (Nr. 8)/ P. guilliermondi CBS 2030T (Nr. 11) fielen auf beiden ITS-Regionen in die gleichen Gruppen. Dies scheint auf Zufall zu basieren, da sich diese Hefearten in ihren Sequenzen eindeutig auf beiden Regionen unterscheiden. Eine weitergehende Differenzierung dieser Arten könnte durch eine sequenzbetonte Modifikation der DHPLC-Gradienten (z. B. Temperaturerhöhung, Modifikation der Pufferanteile) erreicht werden. Eine schnelle Differenzierung getränkerelevanter Hefen über PCR-DHPLC ist grundsätzlich möglich. Der Vorteil dieses Systems ist, dass es „offen" ist, d. h. bekannte und unbekannte Hefearten werden erfasst und Referenzspektren können aufgenommen werden. Das System wurde auch mit dem Schwerpunkt untersucht, Mischkulturen zu untersuchen, um Hefemischpopulationen wie unbekannte Kontaminantenmischungen oder Misch-Starterkulturen aufzuschlüsseln oder Fremdhefen als Spurenkontaminationen in Starterkulturhefen nachzuweisen. Bei künstlichen Mischungen konnten jedoch keine niedrigeren Mischungsanteile als 10 % nachgewiesen werden und nur bei hohen Populationsanteilen (>10 %) konnten zwei Spezies gleichzeitig detektiert und differenziert werden. In Einzelfällen konnten Mischungen aus drei Spezies gleichzeitig detektiert werden (Daten nicht gezeigt). Teilweise wurde allerdings nur die hauptanteilige Spezies nachgewiesen. Wurden jedoch PCR-Produkte verschiedener Hefearten gemischt, konnten diese in ihrer eingesetzten Anzahl aufgetrennt werden. Die Nachweisgrenzen für die ITS1 und die ITS2 Region lagen zwischen 10^5 und 10^6 Zellen/ml (Daten nicht gezeigt).

5.4.2 Differenzierung von industriell genutzten *S. pastorianus* und *S. cerevisiae* Hefenstämmen

5.4.2.1 Primerdesign und PCR-DHPLC Entwicklung

Abbildung 44 zeigt die Auswahl der Primer IGS2-314f und IGS2-314r. In 5.2.4 wurde beschrieben, dass der DNA-Abschnitt zwischen den Primern IGS2-314f und IGS2-314r zum Abbruch der Sequenzierungsreaktion führte und es sehr wahrscheinlich ist, dass dieser Abschnitt auf den verschiedenen IGS2-rDNA tandem-repeats variabel ausgeprägt ist. Die DNA-Sequenzen von *S. cerevisiae* BY21391 und *S. cerevisiae* BY4848 (GeneBank accesion nos. DQ130093, DQ130103) aus Abbildung 44 wurden der Genebank nach GANLEY et al. entnommen.

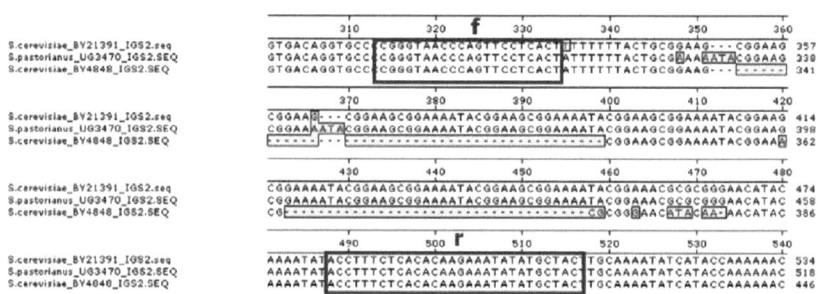

Abbildung 44: Primerdesign der Primer IGS2-314f und IGS2-314r zur Amplifikation des des DNA-Abschnittes IGS2-314

Die Sequenz von *Saccharomyces pastorianus* UG wurde nach mehreren Sequenzierungsversuchen aus den verschiedenen Sequenzierungsergebnissen entsprechend der am häufigsten vorkommenden Nukleotide pro Position manuell mit dem Programm DNAStar zusammengefügt, d. h. diese Sequenz spiegelt nur eine mögliche Variante eines tandem-repeats wieder. Es ist aber deutlich zu erkennen, dass der Sequenzabschnitt von *S. pastorianus* UG W34/70 dem von *S. cerevisiae* BY21391 ähnelt. Dieses Ergebnis deckt sich mit dem Sequenzvergleich aus Abbildung 21 unter 5.2.4, wobei die sequenzierbaren Abschnitte der IGS2 rDNA von *S. pastorianus* UG Hefestämmen ebenfalls *S. cerevisiae* BY21391 ähnelten. Der DNA Abschnitt IGS2-314 wurde mit dem Temperaturprotokoll DHPLC-O (siehe Tabelle 12, 4.8.1) amplifiziert und über Gelelektrophorese (siehe 4.6) bzw. mit-

Ergebnisse

tels eines optimierten DHPLC Gradienten (Tabelle 20, 4.8.5) aufgetrennt und untersucht.

5.4.2.2 Auftrennung eines partiellen Abschnittes der IGS2 rDNA-Region

Abbildung 45 zeigt elekrophoretisch getrennte IGS2-314-PCR Amplifikate industriell genutzter S. pastorianus UG und S. cerevisiae OG Hefestämme. Der Hefestamm S. cerevisiae BTII K 3-G-1 wurde als Repräsentant für einen nicht industriell genutzten Hefestamm untersucht (dieser dient auch als Vergleichsstamm in der nächsten Abbildung). Abbildung 45 verdeutlicht, dass S. pastorianus UG Hefestämme sehr breite Banden liefern, die etwa zwischen 160 und 220 bp liegen.

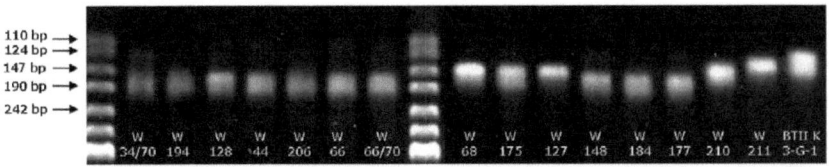

Abbildung 45: Gelauftrennung verschiedener IGS2-314-Amplifikate industriell genutzter S. pastorianus UG Stämme (W34/70, 194, 128, 44, 206, 66, 66/70) und S. cerevisiae OG Stämme (W 68, 175, 127, 148, 177, 210, 211) und eines S. cerevisiae Fremdhefestammes (BTII K 3-G-1)

Die Breite der Banden bestätigt die Existenz unterschiedlich ausgeprägter tandem-repeats. Die Sequenzlänge und die Breite der Banden der S. cerevisiae OG Hefestämme variieren erheblich. So ist erkennbar, dass die Weizenbierhefestämme W 68, 175, 127 und die Alehefestämme W 210, 211 bei etwa 150-190 bp liegen, d. h. im Durchschnitt kürzere Amplifikate bilden als die S. pastorianus UG Stämme. Die Bandenbreite der S. cerevisiae OG Stämme, d. h. die Variabilität der tandem-repeats ist stammabhängig. Die Alt- bzw. Kölschhefestämme W148, 194, 177 liegen etwa im Bereich der S. pastorianus UG Stämme. Der S. cerevisiae Fremdhefestamm BTII K 3-G-1 ist eine sehr breite Bande im kurzen bp-Bereich zuordenbar, d. h. diese unterscheidet sich eindeutig von den industriell genutzten Hefestämmen. Abbildung 46 zeigt nun die Auftrennung der IGS2-324-Amplifikate von nicht industriell genutzten S. cerevisiae und S. cerevisiae var. diastaticus Hefestämmen, die technologisch auch als Schad- bzw. Fremdhefestämme betrachtet werden. Zum Vergleich wurden die Amplifikate der industriell genutzten Hefestämme S. pastorianus UG W 34/70 und S. cerevisiae OG W 68, 211 aufgetrennt.

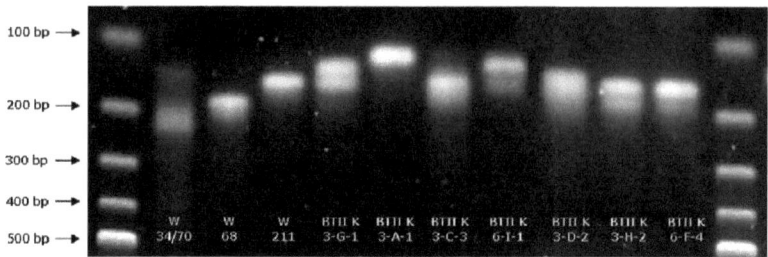

Abbildung 46: Gelauftrennung verschiedener IGS2-314-Amplifikate der Fremdhefestämme S. cerevisiae (BTII-K 3-G-1, 3-A-1, 3-C-3, 6-I-1, 6-F-4), S. cerevisiae var. diastaticus (BTII K 3-D-2, 3-H-2) und der Brauereikulturstämme (W34/70, 68, 211)

Die nicht industriell genutzten Hefestämme liefern ein sehr heterogenes Bandenspektrum und können klar von den Banden der Stämme W 34/70 und W 68 abgegrenzt werden. Die Bandenlängen der Hefestämme BTII K 3-G-1, 3-C-3, 3-D-2, 3-H-2 und 6-F-4 liegen etwa im Bereich der Bande des Alehefestammes W 211. Sie unterschieden sich aber eindeutig in ihrer Bandenbreite. Anhand der Gelelektrophorese-Auftrennung der IGS2-314 Amplifikate aus Abbildung 45 und Abbildung 46 konnte nachgewiesen werden, dass viele Hefestämme keine definierten Banden, sondern breite Bandenmuster lieferten. Dies bestätigt die Hypothese aus 5.2.4, dass verschiedene IGS2-rDNA tandem-repeats auf dem IGS2-314-DNA-Abschnitt unterschiedliche Sequenzmuster aufweisen. Die IGS2-314 Amplifikate sollten nun weitergehend über DHPLC-Auftrennung untersucht werden. Hierzu wurden Ausgangs-DNA Konzentrationen der DNA-Amplifikate von 20 ng/µl eingesetzt. Die DHPLC-Methode vermag einzelne Basenunterschiede auf einer Fragmentlänge von 1000 bp erkennbar zu machen und sollte nun genutzt werden, um die IGS2-314-Amplifikate noch besser zu charakterisieren. Hierbei lag der Fokus auf den industriell genutzten Hefestämmen. Der Doppelpeak mit der niedrigsten Retentionszeit ist der Injektionspeak (z. B. Primerdimere) und ist jeweils zu vernachlässigen.

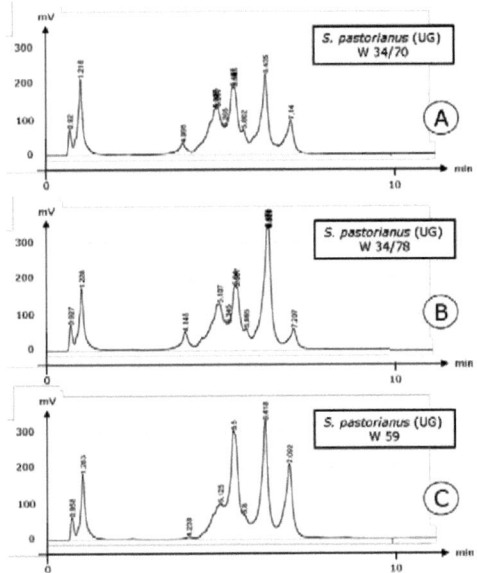

Abbildung 47: DHPLC-Auftrennung der IGS2-314-Amplifikate der Hefestämme *S. pastorianus* UG W 34/70 (**A**), 34/78 (**B**) und 59 (**C**)

Das breite DHPLC Peak-Spektrum (Retentionszeiten 4,1–7,1 min) des Hefestammes *S. pastorianus* UG W 34/70 (**A**) aus Abbildung 45 bestätigt die Breite der Gelbande aus Abbildung 43 und das hoch auflösende Potential der DHPLC. Das DHPLC-Profil von *S. pastorianus* UG W 34/70 hat fünf eindeutige Peaks und einen Seitenpeak bei 5,8 min. *S. pastorianus* UG W 34/78 (**B**), der von W 34/70 abstammt, liefert das gleiche Peakprofil mit der Ausnahme, dass der Peak bei 6,4–6,5 min bei W 34/78 eine erheblich höheres Fluoreszenzsignal liefert. Dieser Unterschied konnte in 10-fach Bestimmungen reproduziert werden (Daten nicht gezeigt). Der Hefestamm S. pastorianus UG W 59 (**C**) lieferte drei Hauptpeaks und einen Nebenpeak (Schulter bei 5,1 min) und konnte eindeutig von den beiden anderen untergärigen Hefestämmen differenziert werden.

Ergebnisse

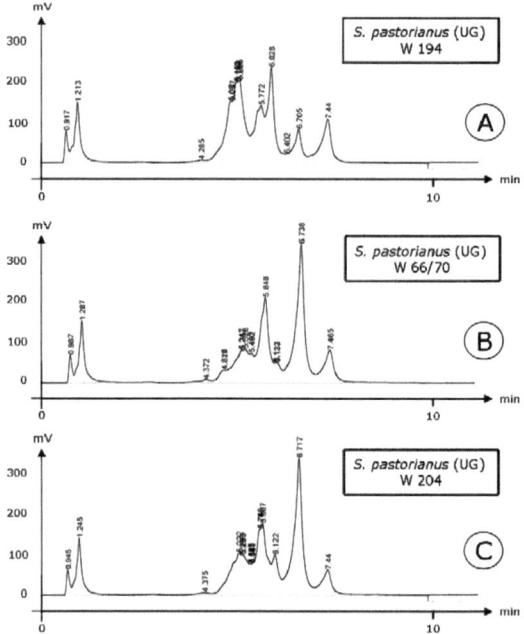

Abbildung 48: DHPLC-Auftrennung der IGS2-314-Amplifikate der Hefestämme S. pastorianus UG W 194(**A**), 66/70 (**B**) und 204 (**C**)

In Abbildung 48 sind die DHPLC-Profile der IGS2-314 Amplifikate der Hefestämme S. pastorianus UG W 194, 66/70 und 204 zu sehen. W 194 (**A**) lieferte vier Hauptpeaks, wobei die beiden Hauptpeaks mit den niedrigsten Retentionszeiten ein höheres Fluoreszenzsignal lieferten als die verbleibenden Hauptpeaks. Zudem wies der Hauptpeak bei 5,7–6,0 min eine charakteristische Doppelspitze auf. Der Staubhefestamm W 66/70 (**B**) lieferte wie W 59 drei Hauptpeaks und einen Nebenpeak, wobei sich die Peakhöhen (Fluoreszenzintensitäten) unterschieden. W 204 (**C**) lieferte 3 Hauptpeaks und 2 Nebenpeaks und lässt sich von W34/70 und W34/78 durch die unterschiedlich ausgeprägten Nebenpeaks und die Abwesenheit des Peaks bei 4,0-4,1 min unterscheiden. Zusammenfassend kann die Aussage getroffen werden, dass sich untergärige Brauereihefen anhand ihrer DHPLC-Profile unterscheiden lassen, jedoch ähneln sich manche Profile sehr, insbesondere, wenn die Hefestämme voneinander abstammen. Die Existenz unterschiedlich ausgeprägter tandem-repeats der IGS2-rDNA Region im Genom untergäriger Hefen konnte anhand der Anzahl an Hauptpeaks >1 nachgewiesen den.

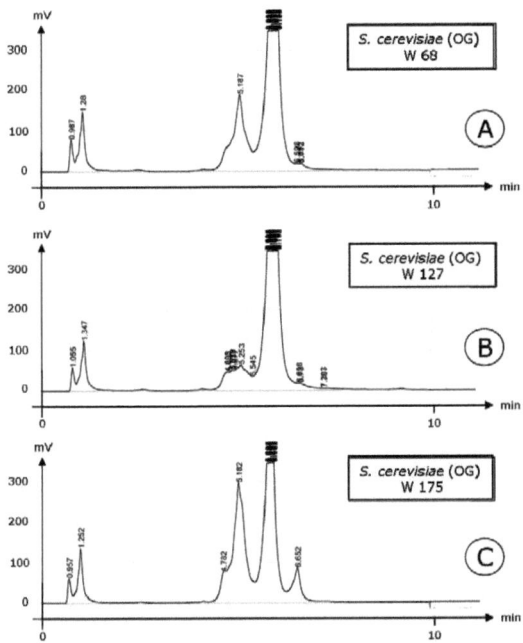

Abbildung 49: DHPLC-Auftrennung der IGS2-314-Amplifikate der Hefestämme S. cerevisiae OG W 68 (**A**), 127 (**B**) und 175 (**C**)

Abbildung 49 zeigt die DHPLC-Auftrennung der IGS2-314-Amplifikate der Weizenbier-Hefestämme S. cerevisiae OG W 68, 127 und 175. W 68 (**A**) weist zwei Hauptpeaks, W 127 (**B**) einen Hauptpeak und einen Nebenpeak und W 175 (**C**) drei Hauptpeaks auf. Sie können somit differenziert werden. Die Peakanzahl entspricht auch der Gelbandenbreite dieser Hefestämme aus Abbildung 45. Die Weizenbier-Hefestämme können eindeutig von den S. pastorianus UG Hefestämmen unterschieden werden. Lediglich OG W 175 und UG W 59 sind sich ähnlich, jedoch der Peak mit der höchsten Retentionszeit hat bei W 59 ein höheres Fluoreszenzsignal.

Ergebnisse

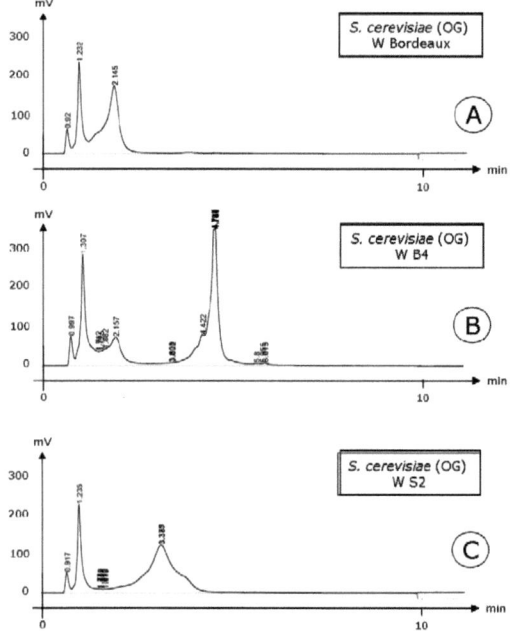

Abbildung 50: DHPLC-Auftrennung der IGS2-314-Amplifikate der Hefestämme S. cerevisiae OG W Bordeaux, B4 und S2

Abbildung 4950 zeigt die DHPLC-Auftrennung der IGS2-314-Amplifikate der Hefestämme S. cerevisiae OG W Bordeaux (Weinhefestamm), B4 (Brennereihefestamm und S2 (Sekthefestamm). W Bordeaux und W S2 liefern jeweils einen Hauptpeak bei unterschiedlichen Retentionszeiten. Der Peak von W S2 ist zudem sehr breit angelegt. W B4 liefert zwei Hauptpeaks. Diese Hefestämme können eindeutig differenziert werden. Die DHPLC-Profile der IGS2-314-Amplifikate weiterer industriell genutzter Hefen sind im Anhang unter 8.11 aufgeführt.

5.5 FT-IR-Spektroskopie

5.5.1 Erweiterung der Opus-Datenbank mit getränkerelevanten Hefen

Die Hefe-Referenzdatenbank des Lehrstuhls für mikrobielle Ökologie der TU München bestand zum überwiegenden Teil aus Referenzspektren von Hefen, die aus Stammsammlungen oder aus dem Molkereibereich stammen. Hefenreferenzspektren aus dem Brauerei- und Getränkebereich lagen nur zum

Teil vor. Innerhalb dieser Arbeit wurden Spektren der Praxisisolate aus dem Brauerei- und Getränkebereich (PIBB) aufgenommen und in die Hefe-Referenzdatenbank des Lehrstuhls für mikrobielle Ökologie der TU München integriert. Dabei wurden ausschließlich NS-FH-Praxisisolate in die Datenbank integriert, welche Tabelle 52 (Anhang 8.3) zu entnehmen sind. Die NS-FH-Praxisisolate wurden wie unter 4.10.1 beschrieben, mit den Referenzmethoden 26S-rDNA Sequenzierung oder Real-Time PCR identifiziert und anschließend wurden die FT-IR-Spektren gemäß 4.9.1 aufgenommen. Erfüllten die FT-IR Spektren den Qualitätstest, wurden sie als Referenzspektren in die OPUS 5.5 basierte Hefe-Referenzdatenbank integriert. Zur Differenzierung der nah verwandten und physiologisch ähnlichen *Saccharomyces* Arten waren eine Auftrennung anhand der OPUS 5.5-Software mit den festgelegten Parametern nicht möglich. Zu deren Differenzierung musste ein künstliches neuronales Netz mit spezifisch angepassten Parametern entwickelt werden (siehe nächster Abschnitt)

5.5.2 Aufbau eines künstlichen neuronalen Netzes für *Saccharomyces* Hefen

Die Hefestämme, die zur Entwicklung des neuronalen Netzes für *Saccharomyces* Hefen verwendet wurden, sind in Tabelle 7 und Tabelle 52 mit der Abkürzung FTIR-KNN gekennzeichnet. Das neuronale Netzwerk sollte nicht ausschließlich für *S. sensu stricto* Arten entwickelt werden, sondern auch für NS-FH, die vormals *S. sensu lato* angehörten (*K. exigua, unispora, servazzii, L. kluyveri, N. dairenensis, N. castelli*). Um die Aufteilung der Spektren in Gruppen für das Training des neuronalen Netzes vorzunehmen, wurden von der jeweiligen Ebene Clusteranalysen erstellt. Da es aufgrund der Ähnlichkeit der *Saccharomyces*-Arten nicht möglich war, die Arten in einer Ebene aufzutrennen, wurde ein künstliches neuronales Netz aus neun hierarchisch angeordneten Subnetzen auf vier Ebenen erstellt. Besonders im Bereich des *Saccharomyces* sensu stricto Komplexes war eine Auftrennung in die einzelnen Arten sehr schwierig. Folgende Tabelle 41 zeigt die Parameter der ausgewählten Einzelnetze. Dargestellt sind die Namen der Subnetze, die maximal best points, die Anzahl der hidden layer, die Schrittgröße für die vom Programm verarbeiteten Wellenzahlen, die Neuronenkombination (Anzahl Wellenzahlen / Anzahl hidden layer/ Anzahl der Klassen), das Verhältnis Fehler Training/Fehler Validierung bei der internen Fehlerberechnung und die Korrektheit des jeweiligen Subnetzes bei der internen Validierung.

Tabelle 41: Parameter der neuronalen Subnetze

Name	max. best points	hidden layer	step size	neuron combination	error training/ validation set	% correct
E1	50	5	5	30\1\4	10^{-7} / 0,0002	99,4
E2_S	100	10	1	33\1\2	10^{-6} / 10^{-5}	100
E2_Kexi_Ndai_Ncas	50	5	1	11\1\3	10^{-32} / 10^{-39}	100
E2_Lklu_Kser	44	4	1	8\1\2	10^{-32} / 10^{-34}	100
E3_SpasUG_Sbp	50	5	1	40\2\3	10^{-32} / 10^{-25}	100
E3_Scer_ScerSdia	150	15	5	25\13\2	0,001 / 0,0006	97,9
E4_Scer_Sdia	100	10	1	86\10\2	0,05 / 0,1	98,4
E4_Sbay_Spast	50	5	1	18\1\2	10^{-32} / 10^{-51}	100
E4_Smi_Sku_Spar_Scar	99	5	1	8\1\4	10^{-30} / 10^{-31}	91,6

Abbildung 51 zeigt eine schematische Übersicht des Gesamtnetzes. Die Prozentzahlen der internen Validierung der Einzelnetze sind jeweils angegeben. Im Bereich der früheren *Saccharomyces* sensu lato Gruppe (jetzt NS-FH: *K. exigua, unispora, servazzii, L. kluyveri, N. dairenensis, N. castelli*) konnten Subnetze mit je 100% richtiger Zuordnung der Hefen bei der internen Validierung erstellt werden. Durch die nicht ganz zufrieden stellenden Netze im Bereich der Aufteilung der *Saccharomyces sensu stricto* Gruppe konnte für das Gesamtnetz eine korrekte Identifizierung von 98,3 % erreicht werden. Das Verhältnis von falsch identifizierten Spektren (=falsch) zu nicht identifizierbaren Spektren (=failed) lag bei 100 % zu 0 %.

Ergebnisse

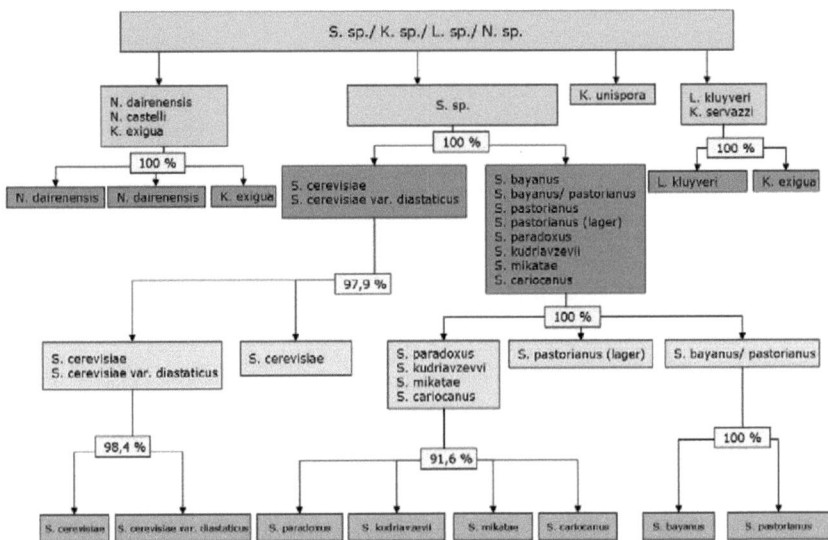

Abbildung 51: Schematische Darstellung des Gesamtnetzes unter Angabe der richtigen Zuordnung der Hefen bei der internen Validierung in %

Bei der externen Validierung (ein Praxistest, bei welchem die untersuchten Stämme dem KNN unbekannt sind) wurden Spektren von 16 S. cerevisiae, 2 S. cerevisiae var. diastaticus und 6 S. pastorianus (UG) mit dem hierarchisch angeordneten neuronalen Netz identifiziert (insgesamt 329 Spektren). Die Hefestämme wurden zu 77,2 % richtig identifiziert. Das Verhältnis falsch zu failed lag bei 49,4 % zu 50,6 %. Die falschen Identifizierungen lagen hauptsächlich im Bereich des Subnetzes zur Auftrennung von S. cerevisiae und S. cerevisiae var. diastaticus. 50,6 % der nicht richtig identifizierten Spektren konnte das Netz nicht identifizieren (failed).

5.6 Identifizierung und Differenzierung von Praxisproben

5.6.1 Identifizierung von Hefe-Praxisisolaten aus dem Brauereiumfeld

Innerhalb des Zeitraumes 2005–2007 wurden Hefeisolate mit bekannten Probenahmestellen (PI-BB) und unbekannten Probenahmestellen (PI-BA) aus dem Brauereiumfeld identifiziert. Die isolierten Hefestämme PI-BB und PI-BA sind in Tabelle 52 (Anhang 8.3) mit Isolierungsort bzw. -medium und Identifizierungsergebnis aufgelistet. Die 164 Isolate aus Brauereien mit bekannter

Ergebnisse

Probenahmestelle, wurden in die Gruppen Hygiene-, Rohstoff- und Bierisolate eingeteilt. Die detaillierten Identifizierungsergebnisse der einzelnen Isolate mit deren Gruppenzugehörigkeit sind in Tabelle 81 (Anhang 8.12) aufgeführt. Abbildung 52 zeigt die prozentuale Verteilung der Hefegattungen der 164 Isolate.

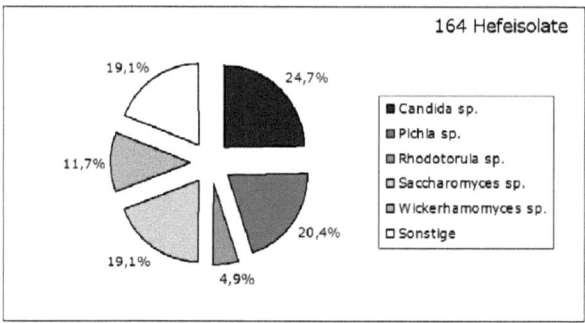

Abbildung 52: Prozentuale Verteilung der Hefegattungen von 164 Praxisisolaten (Isolate aus Hygiene-, Rohstoff-, Bierproben) aus dem Brauereiumfeld

Die dominierenden Gattungen aus dem Brauereiumfeld waren *Candida* (24,7 %), *Pichia* (24,7 %), *Saccharomyces* (19,1 %) und *Wickerhamomyces* (11,7 %), wobei anzumerken ist, dass *Pichia anomala* 2008 umgruppiert wurde und nun *Wickerhamomyces anomalus* heißt (153). Alle *Wickerhamomyces* Hefeisolate gehören der Art *Wickerhamomyces anomalus* an. Sie war die am stärksten auftretende Art (siehe Tabelle 81, Anhang 8.12). Wäre die Umgruppierung nicht erfolgt, hätte die Gattung *Pichia* den Prozentual größten Anteil an allen Hefeisolaten. Innerhalb der Gattung *Candida* verteilten sich die Isolate auf 15 verschiedene Arten. Die Gattung Pichia beinhaltete 5 verschiedene Arten, Saccharomyces 2 verschiedene Arten und die Gruppe Sonstiges beinhaltete 17 Arten aus 14 Gattungen

Aus den 164 Isolaten wurden 106 Isolate, die aus Bier stammten, gesondert betrachtet (siehe Abbildung 53). Die prozentuale Verteilung ähnelt der aus Abbildung 52, wobei einige Unterschiede auffallen. So haben bei den Bierisolaten die dominierenden Gattungen folgende Reihenfolge: *Candida* 28,0 %, *Wickerhamomyces* 17,9 %, *Pichia* 16 %, *Saccharomyces* 14,2 %. Da alle *Wickerhamomyces* Isolate aus Bier stammten, erhöht sich deren Anteil im Vergleich zur vorherigen

Ergebnisse

Verteilung. Der Anteil an *Candida* nahm im Vergleich zu, der von *Saccharomyces* und *Pichia* ab.

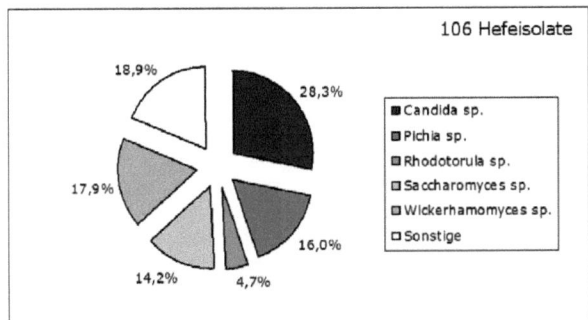

Abbildung 53: Prozentuale Verteilung der Hefegattungen von 106 Praxisisolaten aus Bier

Die detaillierten Ergebnisse sind wiederum Tabelle 81 (Anhang 8.12) zu entnehmen. In der vorliegenden Arbeit wurden erstmals Hefeisolate aus Bier als *Candida sophiae-reginae*, *Pichia mandshurica*, *Rhodotorula mucilaginosa*, *Kregervanrija delftensis* und *Williopsis californica* identifiziert. Neben den Isolaten mit bekannten Probenahmestellen wurden 162 anonyme Hefeisolate aus dem Brauereiumfeld mit unbekannter Probenahmestelle (PI-BA) identifiziert, welche in Tabelle 82 (Anhang 8.12) aufgeführt sind. Die Gruppe PI-BA beinhalten überwiegend *Saccharomyces* Hefen, da Brauereien aufgerufen wurden, *Saccharomyces* Hefen bereit zu stellen, um ausreichend Hefestämme zur Etablierung des neuronalen Netzes für *Saccharomyces* Arten aus 5.5.2. zur Verfügung zu haben. Hervorzuheben ist, dass sich unter den anonymen Brauereiisolaten *Saccharomyces kudriavzevii* befand. Diese Art wurde bis dahin nicht aus dem Brauereiumfeld isoliert.

5.6.2 Identifizierung von Hefeisolaten aus indigenen fermentierten Getränken und deren Starterkulturen

Hefen wurden aus indigenen fermentierten Getränken nach der Methodik aus 4.10.2 isoliert und identifiziert. Zur Identifikation kamen die optimierte 26S-rDNA Sequenzierung (siehe 5.2.1) und die entwickelten Real-Time PCR Systeme (siehe 5.3.1.2–5.3.1.4) zum Einsatz. Tabelle 42 zeigt, dass die Hefeisolate aus Bana-

Ergebnisse

nenwein (Costa Rica) als *H. guilliermondii*, *H. uvarum* und *S. cerevisiae* identifiziert wurden.

Tabelle 42: Identifizierungsergebnisse der Hefeisolate aus Bananenwein (Costa Rica)

Hefeart	Stammnummer BTII K	Isolierungsort/ -medium	Identifizierungsart
Hanseniaspora guilliermondii	PI W 3	Starterkultur Bananenwein	SEQ 26s
Hanseniaspora uvarum	PI W 1	Starterkultur Bananenwein	Real-Time PCR
Hanseniaspora uvarum	PI W 2	Starterkultur Bananenwein	Real-Time PCR
S. cerevisiae	PI W 4	Starterkultur Bananenwein	Real-Time PCR
S. cerevisiae	PI W 5	Starterkultur Bananenwein	Real-Time PCR
S. cerevisiae	PI W 6	Starterkultur Bananenwein	Real-Time PCR

Die Hefearten *H. uvarum* und *S. cerevisiae* der Bananenwein-Starterkultur sind ebenfalls bei Spontangärverfahren der Traubenweinbereitung als dominierende Organismen anzutreffen (siehe 3.2.1.). *H. guilliermondii* (CBS 1972) wurde bereits aus Traubenmost isoliert (221). In Tabelle 43 sind die Identifizierungsergebnisse der Hefeisolate aus der Satho-Starterkultur Loogpang (Thailand) aufgeführt.

Tabelle 43: Identifizierungsergebnisse der Hefeisolate aus Satho-Starterkultur Loogpang (Thailand)

Hefeart	Stammnummer BTII K	Isolierungsort/ -medium	Identifizierungsart
Issatchenkia orientalis	PI S 1	Starterkultur Satho	SEQ 26s
S. cerevisiae	PI S2	Starterkultur Satho	Real-Time PCR
S. cerevisiae	PI S3	Starterkultur Satho	Real-Time PCR
Saccharomycopsis fibuligera	PI S 4-13	Starterkultur Satho	SEQ 26s
Saccharomycopsis fibuligera	PI S 15	Starterkultur Satho	SEQ 26s
Saccharomycopsis malanga	PI S 14	Starterkultur Satho	SEQ 26s

Saccharomycopsis fibuligera und *malanga*, die anhand ihrer Glucoamylase-Aktivität Reisstärke degradieren können, wurden in der Satho-Starterkultur neben *Issatchenkia orientalis* und *S. cerevisiae* identifiziert. Die vier Hefearten wurden bereits aus indigenen fermentierten Getränken isoliert. *Saccharomycopsis fibuligera*, *malanga* und *S. cerevisiae* wurden bereits aus Reis basierten alkoholischen indigenen Getränken isoliert (siehe 3.2.1). Tabelle 44 zeigt, dass die Hefeisolate aus Chicha als *S. cerevisiae* identifiziert wurden.

Tabelle 44: Identifizierungsergebnisse der Hefeisolate aus Chicha (Costa Rica)

Hefeart	Stammnummer BTII K	Isolierungsort/ -medium	Identifizierungsart
S. cerevisiae	PI C 1	Starterkultur Chicha	Real-Time PCR
S. cerevisiae	PI C 2	Starterkultur Chicha	Real-Time PCR

Ergebnisse

Da die Hefen direkt aus Chicha des dritten Gärtages isoliert wurden, ist es sehr wahrscheinlich, dass in dieser Phase der Gärung die gärkräftigen *S. cerevisiae* Stämme bereits dominierten und andere potentielle originäre Hefestämme bereits nicht mehr oder in sehr geringen Zellzahlen vorlagen. *S. cerevisiae* konnte in allen drei untersuchten indigenen fermentierten Getränken bzw. deren Starterkulturen nachgewiesen werden. Hervorzuheben ist, dass neben *S. cerevisiae* keine andere *Saccharomyces* Art identifiziert werden konnte. Alle Isolate wurden mit den Real-Time PCR Systemen zur Differenzierung *Saccharomyces sensu stricto* Arten und der industriell genutzten *Saccharomyces* Arten untersucht.

5.6.3 Re-Identifizierung von Hefen aus künstlich kontaminierten Getränken

Apfelsaft, Orangensaft und Orangenlimonade wurden wie unter 4.10.3 beschrieben mit *L. kluyveri* und *T. delbrueckii* Hefestämmen – typische Schadhefen alkoholfreier Getränke – künstlich kontaminiert. Die Kontaminationsrate betrug etwa 2000 Zellen/ml. 100 µl der kontaminierten Getränke wurden im Anschluss an die Beimpfung und nach 72 h Inkubation mit den spezifischen Real-Time PCR-Systemen Lkl und Tde untersucht. Die ermittelten Nachweisgrenzen der PCR-Systeme liegen bei $1,1 \times 10^2$ (Lkl) und $1,3 \times 10^3$ (Tde) Zellen/ml (siehe 5.3.1.2), d.h. beide Hefearten müssten schon nach der Beimpfung mittels Real-Time PCR nachweisbar sein. Beide PCR-Systeme wurden mit interner Amplifikationskontrolle durchgeführt, um mögliche Inhibitionseffekte zu erkennen (siehe 4.8.2). In

Tabelle 45 wurden die vier Hefestämme direkt nach der Beimpfung in filtriertem Apfelsaft nachgewiesen. Das PCR-System Lkl lieferte niedrigere Ct-Werte als das PCR-System Tde, was sich durch den Unterschied der Nachweisgrenzen begründen lässt. Apfelsaft zeigte in der Originalprobe keinerlei Inhibitionseffekte auf die PCR-Reaktion, da die IAC ein positives Signal lieferte. Eine Vorkontamination der Originalprobe konnte mittels PCR innerhalb der Nachweisgrenzen ausgeschlossen werden.

Ergebnisse

Tabelle 45: Re-Identifizierung von Hefestämmen aus künstlich kontaminierten Apfelsaft mittels Real-Time PCR

Hefestamm	filtrierter Apfelsaft						
	Original		beimpft 0 h		Inkubiert 72 h		
	C_t	IAC	C_t	IAC	C_t	IAC	CO_2-Bildung
Lachancea kluyveri CBS 3082T	-	+	28,8	-	22,5	-	stark
Torulaspora delbrueckii DSMZ 70504			33,5	-	22,1	-	sehr stark
Torulaspora delbrueckii WYSC G 1350			30,8	-	21,8	-	stark
Torulaspora delbrueckii WYSC G 2133			33,4	-	23,1	-	stark

Nach 72 h sind alle vier Hefestämme stark gewachsen, da die Ct-Werte auf 22,1–23,1 abnahmen. Alle vier Hefestämme zeigten starke bzw. sehr starke Gasbildung, was auf die gärkräftige Eigenschaft dieser Hefestämme in Apfelsaft hinweist. Der Hefestamm *T. delbrueckii* DSMZ 70504, der nach der Beimpfung den höchsten Ct-Wert mit 33,5 aufwies, hatte nach 72 h Inkubation einen sehr niedrigen Ct-Wert von 22,1 und zeigte sehr starke CO_2-Bildung. Anhand der Ct-Wert Absenkung konnte das starke Wachstum dieses Stammes in Apfelsaft bestätigt werden. Ein direkter Real-Time PCR Nachweis von Hefekontaminanten in filtriertem Apfelsaft war ohne Einschränkungen durchführbar. Tabelle 46 zeigt die Ergebnisse der Re-Identifizierung der vier Hefestämme mittels Real-Time PCR aus naturtrübem Orangensaft. Sowohl die Originalprobe als auch die beimpften Proben lieferten für die PCR-Identifizierungsreaktionen und für die IAC keine PCR-Signale. Dies bedeutet, dass eine Inhibition der PCR-Reaktion vorlag.

Tabelle 46: Re-Identifizierung von Hefestämmen aus künstlich kontaminierten Orangensaft mittels Real-Time PCR

Hefestamm	naturtrüber Orangensaft						
	Original		beimpft 0 h		Inkubiert 72 h		
	C_t	IAC	C_t	IAC	C_t	IAC	CO_2-Bildung
Lachancea kluyveri CBS 3082T	-	-	-	-	29,3	-	stark
Torulaspora delbrueckii DSMZ 70504			-	-	29,6	-	stark
Torulaspora delbrueckii WYSC G 1350			-	-	26,6	-	stark
Torulaspora delbrueckii WYSC G 2133			-	-	31	-	stark

Nach 72 h lieferten die Identifizierungs-PCR-Systeme Ct-Werte zwischen 29,3 und 31. Bei höheren Zellzahlen konnten die Kontaminanten nachgewiesen werden. Die Ct-Werte lagen jedoch erheblich über den Ct-Werten der Apfelsaftproben nach 72 h. Anhand der CO_2-Bildung und der Menge an Hefesediment (nicht gezeigt) ist jedoch davon auszugehen, dass die Hefestämme in Apfelsaft und Orangensaft vergleichbar stark gewachsen sind. Dies deutet darauf hin, dass bei naturtrübem Orangensaft Ct-Wert Verluste im Vergleich zu nicht inhibierenden Getränken anzunehmen sind. Zudem deutet es darauf hin, dass eine erhöhte Mindestkonzentration an Template-DNA in naturtrüben Orangensaft vorliegen muss, um die inhibierenden Effekte (PCR-, DNA-Effekte) zu überwinden. Die DNA-Konzentration der IAC-DNA lag bei 3 ng/µl im PCR-Reaktionsmix. Da die ermittelten PCR-Effizienzen und Nachweisgrenzen nicht auf ein unbekanntes Getränk übertragen werden können und die IAC-PCR als Hintergrundreaktion anzusehen ist, ist es schwierig, Berechnungen oder Abschätzungen anzustellen, welche DNA-Konzentration an Template-DNA nötig ist, um sie direkt aus naturtrüben Orangensaft nachzuweisen. Es ist sehr wahrscheinlich, dass DNA-Konzentrationen mindestens Template-DNA Konzentrationen > 3 ng/µl eingesetzt werden müssen. Zur Verbesserung des direkten Real-Time PCR Nachweises aus naturtrüben Orangensaft könnte das DNA-Extraktionsverfahren auf dieses Getränk optimiert werden, um inhibierende Substanzen zu entfernen oder zu lysieren, und gegebenenfalls sollte ein DNA-Aufreinigungsverfahren nachgeschaltet werden.

Tabelle 47 zeigt die Ergebnisse der Re-Identifizierung der vier Hefestämme mittels Real-Time PCR aus Orangenlimonade. Die Originalprobe beinhaltet keine Ziel-Keime und die IAC wurde nicht inhibiert. Die PCR-Reaktion nach der Beimpfung lieferte für die beiden Stämme *T. delbrueckii* DSMZ 70504 und WYSC G1350 schwach positive Signale. Die beiden weiteren Stämme waren negativ, jedoch war die IAC positiv. Dies bedeutet, dass keine PCR-Inhibition vorlag, jedoch inhibierende DNA-Effekte vorlagen.

Ergebnisse

Tabelle 47: Re-Identifizierung von Hefestämmen aus künstlich kontaminierter Orangenlimonade mittels Real-Time PCR

Hefestamm	Orangenlimonade						
	Original		beimpft 0 h		Inkubiert 72 h		
	C_t	IAC	C_t	IAC	C_t	IAC	CO_2-Bildung
Lachancea kluyveri CBS 3082T	-	+	-	+	30,0	-	mittel
Torulaspora delbrueckii DSMZ 70504	-	+	37,0	-	23,7	-	stark
Torulaspora delbrueckii WYSC G 1350	-	+	37,1	-	24,1	-	stark
Torulaspora delbrueckii WYSC G 2133	-	+	-	+	30,8	-	mittel

Nach 72 h Inkubation sind die vier Hefestämme gewachsen und bildeten mittel bis stark CO_2. Die beiden Stämme *T. delbrueckii* DSMZ 70504 und WYSC G1350 zeigten ein stärkeres Wachstum und niedrigere Ct-Werten. Diese beiden Stämme vermochten demzufolge in Orangenlimonade besser zu wachsen als die beiden anderen Stämme. Die Ct-Werte lagen im Vergleich zu Apfelsaft im Durchschnitt höher. Dies kann die Gründe haben, dass inhibierende DNA-Effekte auch bei höheren Zellzahlen zum Tragen kommen und/oder dass die Nährstoffausstattung der Orangenlimonade für Hefewachstum ungünstiger ist als bei Apfelsaft. Zusammenfassend ist die Aussage zu treffen, dass der direkte Hefenachweis mittels DNA-Extraktion und Real-Time PCR Systemen immer für ein spezifisches Getränk im Vorhinein auf mögliche Inhibitionseffekte untersucht werden muss, um mögliche falsch negative Befunde auszuschließen.

5.6.4 Praxisrelevante Differenzierung von *S. cerevisiae* und *S. pastorianus* Stämmen

In 5.4.2.2 wurde die Auftrennung der IGS2-314-Amplifikate von *S. cerevisiae* und *S. pastorianus* Stämmen über DHPLC untersucht. Diese Methode bietet die Möglichkeit der Differenzierung auf Stammebene. Sie wurde in diesem Abschnitt auf die praktischen getränke- bzw. brauereitechnologischen Problemfälle Stammdifferenzierung von Kontaminante und Kulturhefe, Desinfektionskontrolle und Kulturhefestammkontrolle – wie in 4.10.4 beschrieben – angewendet.

Ergebnisse

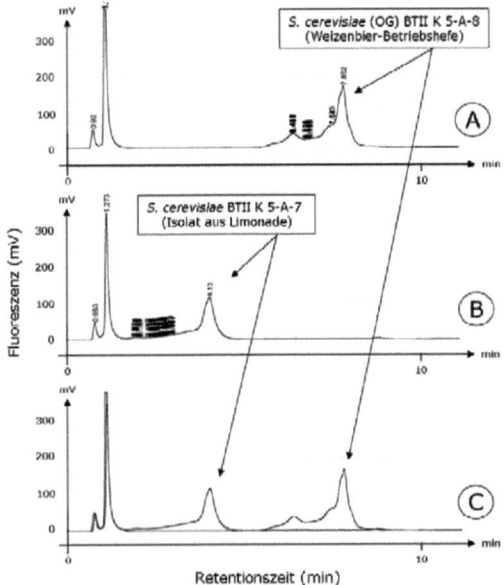

Abbildung 54: DHPLC-Auftrennung der IGS2-314-Amplifikate der Hefestämme S. cerevisiae BTII K 5-A-8 (Weizenbier-Betriebshefe) und BTII K 5-A-7 (Isolat aus Limonade) zur Aufklärung der Kontaminationsursache

Abbildung 54 zeigt die DHPLC-Chromatogramme einer Kontaminante aus Limonade S. cerevisiae BT II K 5-A-7 (**A**) und der Weizenbierbetriebshefe S. cerevisiae OG BT II K 5-A-8 (**B**). Im dritten Chromatogramm (**C**) aus Abbildung 54 sind die zwei Chromatogramme **A** und **B** zusammengefasst um hervorzuheben, dass es sich um zwei unterschiedliche Stämme handeln muss. Anhand dieses Ergebnisses konnte nachgewiesen werden, dass es sich bei dem Hefestamm S. cerevisiae BT II K 5-A-7 um einen Hefestamm handelt, der nicht aus dem Bierbereitungsprozess und den vorherigen Weizenbierabfüllungen in den Limonadenabfüllprozess gelangt ist. Das DHPLC-Profil des Weizenbierhefestammes weist Ähnlichkeiten zu den Weizenbierhefestämmen S. cerevisiae OG W 68 und 127 auf (siehe Abbildung 49, 5.4.2.2). Die DHPLC Auftrennung der IGS2-314 Amplifikate kann zur schnellen Beurteilung von S. cerevisiae und S. pastorianus UG Kontaminationen herangezogen werden, um nachzuweisen oder auszuschließen, ob die betriebseigenen Brauereikulturhefen die Kontaminationsverursacher sind. Anhand der DHPLC-Chromatogramme der drei Hefestämme *S. pastorianus* UG BT II K 8-J-5, 8-J-4 und 8-I-5 aus Abbildung 55 sollte der Desinfektionserfolg einer Tankreinigung beurteilt werden. Abbildung 55 zeigt dass die Chromatogramme der drei Hefestämme *S. pastorianus* UG BT II K 8-J-5 (**A** Betriebshefe), 8-J-4 (**B** Isolat nach Tankdesinfektion), und 8-I-5 (**C** Stammkultur der Betriebshefe) identisch sind. Chromatogramm **D**, in dem die Chromatogramme **A**, **B**, und **C** übereinander gelegt sind, verdeutlicht, dass die drei Hefestämme identisch sind. Dies bedeutet, dass die Gärtankdesinfektion nicht erfolgreich war und noch lebende Betriebshefen im Tank nachgewiesen wurden. Zudem konnte ausgeschlossen werden, dass das Isolat nach der Tankdesinfektion eine Fremdhefe war, die durch einen Fremdeintrag in den Prozess gelang.

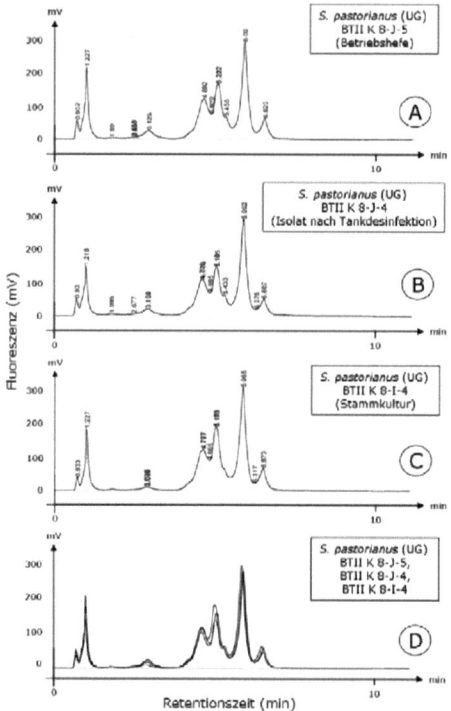

Abbildung 55: DHPLC-Auftrennung der IGS2-314-Amplifikate der Hefestämme *S. pastorianus* UG BTII K 8-J-5 (Betriebshefe), BTII K 8-J-4 (Isolat nach Tankdesinfektion) und BTII K 8-I-4 zur Kontrolle der Tankdesinfektion

Ergebnisse

Eine Messung der Stammkultur ist – wie in diesem Fall – empfehlenswert, um den Vergleich mit der Betriebshefe zu bestätigen, da Betriebshefen anfälliger für fehlerhafte Einflüsse – wie Fremdhefe-Kontaminationen und Vermischung von Hefestämmen – als die Stammkultur sind.

Eine Brauerei, die an zwei Braustätten (**A**, **B**) mit der untergärigen Kulturhefe *S. pastorianus* W 34/70 arbeitet, stellte die beiden Betriebshefen zur Verfügung. Die Stammkultur W 34/70 **A** wird in regelmäßigen Abständen von der Hefebank Weihenstephan bezogen und erneuert. Die Stammhaltung der Stammkultur W 34/70 **B** wurde in einem Zeitraum von mehr als 5 Jahren Braustätten-intern weitergeführt und nicht erneuert. Es sollte überprüft werden, ob sich W 34/70 **B** in diesem Zeitraum verändert hat. Vergleichschromatgramme des aktuellen Hefestammes *S. pastorianus* W 34/70 der Hefebank Weihenstephan wurde in Abbildung 56 über den Chromatogrammen der Hefestämme W 34/70 **A** und W 34/70 **B** platziert. Die Retentionszeiten der Peaks des Vergleichschromatogrammes und des Chromatogrammes W 34/70 **A** sind identisch. Die Peakhöhen variieren leicht, was daran liegen kann, dass die DNA-Konzentrationen der Amplifikate nicht eingestellt wurden.

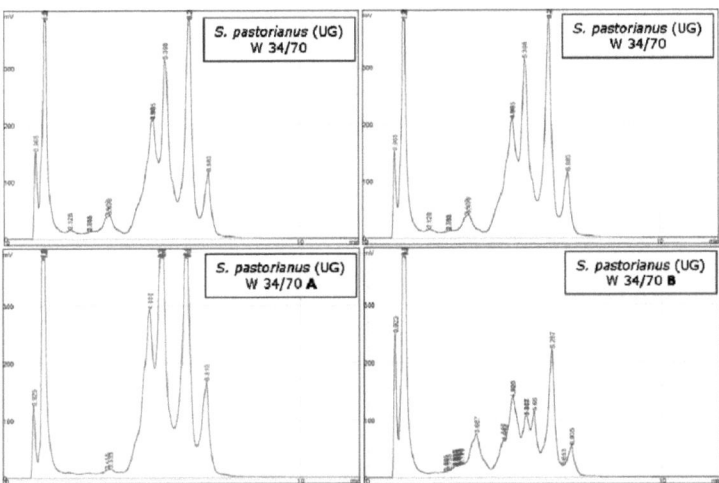

Abbildung 56: DHPLC-Auftrennung der IGS2-314-Amplifikate der Hefestämme *S. pastorianus* UG W 34/70 (oben Hefebank Weihenstephan), W 34/70 **A** (Betriebshefe Braustätte **A**) und W 34/70 **B** (Betriebshefe Braustätte **B**) zur Stammkontrolle der Betriebshefen

Ergebnisse

Der Peak mit der zweithöchsten Retentionszeit würde bei W 34/70 A ein höheres Fluoreszenzsignal aufweisen, wenn durch die DHPLC-Software ein höheres Maximalsignal als 400 mV aufgenommen werden könnte. Peaks mit niedrigen Fluoreszenzsignalen, wie der Peak mit der niedrigsten Retentionszeit, sind bei verschiedenen Messungen anfälliger für Peakhöhenschwankungen. Anhand dieses Ergebnisses lässt sich die Aussage treffen, dass sich der DNA-Abschnitt IGS2-314 von W 34/70 A im Vergleich zu W 34/70 Weihenstephan nicht signifikant unterscheidet. Das Chromatogramm von W 34/70 B unterscheidet sich eindeutig durch die Ausbildung eines Doppelpeaks bei 5,3 und 5,6 min. Dieser Doppelpeak steht anstelle des stark ausgeprägten Einzelpeaks bei 5,4 min des Vergleichschromatogrammes W 34/70 Weihenstephan. Der Peak mit der niedrigsten Retentionszeit weist bei W 34/70 B ein höheres Fluoreszenzsignal auf als bei W 34/70 Weihenstephan. Dies kann aber —wie oben bereits erwähnt – daran liegen, dass Peaks mit niedrigen Fluoreszenzsignalen anfälliger für Peakhöhenschwankungen sind. Anhand der Doppelpeakbildung von W 34/70 B konnte nachgewiesen werden, dass sich dieser Hefestamm innerhalb des Zeitraums von mehr als fünf Jahren auf der IGS2-314 rDNA-Region genetisch verändert hat. Zusammenfassend stellt die DHPLC-Auftrennung der IGS2-314-Amplifikate von *S. cerevisiae* und *S. pastorianus* UG Stämmen eine Methode zur Lösung verschiedener Problemstellung der getränkemikrobiologischen QS dar, die auf eine sehr schnelle Differenzierung auf Stammebene angewiesen sind.

6 Diskussion

6.1 Differenzierung über Nährmedien

In der getränkemikrobiologischen QS kommen als Hefeuniversalmedien hauptsächlich Würzeagar (WA), Malzextraktagar (MEA) und Orangenfruchtsaftagar (OFSA) zum Einsatz (11, 12, 60, 135). Hefeextrakt-Malzextrakt-Agar/Bouillon (YM-A/B), Kartoffel-Dextrose Agar (PDA), Sabouraud-Glucose Agar (SGA) und Dichloran-Bengalrot-Chloramphenicol-Agar (DBRC) sind in der QS von Getränkebetrieben nur vereinzelt anzufinden. Die Ergebnisse aus 5.1.1 zeigen, dass YM-Agar als Universalmedium ebenso geeignet ist wie Würzeagar. Das Nachweisspektrum war identisch und alle untersuchten getränkerelevanten Hefearten konnten innerhalb von ein bis zwei Tagen bei aerober Bebrütung nachgewiesen werden. Drei Hefestämme zeigten auf YM-Agar schnelleres Wachstum als auf Würzeagar und zwei Hefestämme zeigten auf Würzeagar schnelleres Wachstum als auf YM-Agar. Das Medium für bierschädliche Hefen (MBH) wurde ebenfalls als Universalmedium mit aerober Bebrütung untersucht und zeigte zu YM-Agar vergleichbare Ergebnisse, mit der Ausnahme, dass 3 Hefestämme auf MBH im Vergleich zu YM-Agar um einen Tag verspätetes Wachstum zeigten. Die Herstellung von YM-Agar erwies sich im Vergleich zu MBH und WA als anwenderfreundlich, da die gelösten Bestandteile mit eingestelltem pH-Wert direkt autoklaviert werden können. Bei MBH muss eine fraktionierte Sterilisation von 2 x 2 h erfolgen; es enthält zudem das als sehr giftig eingestufte Ergosterol (74). Würzeagar ist ebenfalls anwenderfreundlich herzustellen, wenn es als Fertignährmedium gekauft wird; jedoch enthält WA keinen Hefeextrakt und Pepton in niedrigeren Konzentrationen als YM-Agar. Deswegen ist YM-Agar entsprechend der komplexeren Nährstoffaustattung ein universellerer Charakter zuzuschreiben. Würzeagar bzw. Würzegelatine wird in Brauereien meist aus der betriebseigenen Ausschlagwürze unter Zugabe von Agar bzw. Gelatine gewonnen. Das Herstellungsverfahren ist aufwendig, da die Ausschlagwürze filtriert wird, Agar bzw. Gelatine im Dampftopf gelöst wird und anschließend ein weiterer Sterilisationsschritt bei 100 °C erfolgt (286). In dieser Arbeit wurde die Stammhaltung und Vorkultivierung aller Praxisisolate und Hefen aus Stammsammlungen (siehe Tabelle 7 und Tabelle 52) auf YM-Agar bzw. YM-Bouillon durchgeführt. Alle in dieser Arbeit verwendeten Hefestämme aus 69 verschiedenen Hefearten konnten auf YM-Medien kultiviert wer-

Diskussion

den. Zudem konnten innovative differenzierende Ansätze in YM-Agar (Coumarsäure, Bromphenolblau) integriert werden, die den universellen Charakter des Mediums – bezüglich der untersuchten Hefestämme – nicht beeinflussten (siehe 5.1.2). Anhand des Indikators Bromphenolblau und einer pH-Wert Einstellung auf 6,0 zeigten einige Hefearten spezifische Kolonie- bzw. Agarfärbungen. Einige NS-FH, wie z. B. *W. anomalus* und *D. bruxellensis* zeigten spezifische Farbausprägungen. Bei den *Saccharomyces* Hefen ist eine Differenzierung über die unterschiedlichen Farbausprägungen nur bedingt möglich. *S. cerevisiae* Stämme (OG und FH) ähnelten sich in ihrem Erscheinungsbild ebenso wie *S. pastorianus* Stämme (UG und FH). In Reinkulturen unterschieden sich *S. pastorianus* und *S. cerevisiae*. YM-Agar+Bromphenolblau könnte in der getränkemikrobiologischen QS zum universellen Hefenachweis unter Einbezug von Referenzkultivierungen der Betriebshefestämme eingesetzt werden. Alle Kolonien, die sich in ihrer Farbausprägung von der oder den Betriebshefe(n) unterscheiden, sind als potentielle Fremdhefen einzustufen und weitergehend zu identifizieren. Die zweite Komponente p-Coumarsäure verursachte beim Wachstum von 3 von 8 *S. cerevisiae*-Fremdhefen und 9 von 18 NS-FH charakteristische Geruchsprofile (stechend, phenolisch, „unangenehm"), die sich vom Geruchsprofil der industriell eingesetzten Hefen eindeutig (hefig, süßlich) unterschieden (siehe Tabelle 23, 5.1.2). Der Einsatz von p-Coumarsäure wurde vom Selektivmedium für die Gattungen *Dekkera/Brettanomyces* nach RODRIGUES et al. abgeleitet (226). RODRIGUES *et al.* berichteten, dass die Intensität des phenolischen Geruchsprofiles stamm- bzw. artabhängig ist und bei einem Teil der Stämme eindeutig ist und bei einem anderen Teil über Gas-Chromatographie das Stoffwechselprodukt 4-Vinyl-Phenol bestätigt werden musste. Unter 5.1.2 in Tabelle 23 konnte ebenfalls einigen Hefestämme eindeutig phenolischer Charakter zugewiesen werden und andere Hefestämmen wurden mit „unangenehm", stechend bzw. nicht bestimmbar beschrieben. Dies deutet darauf hin, dass 4-Vinyl-Phenol stamm- bzw. artabhängig in verschiedenen Konzentrationen gebildet wurde. Ein Praxiseinsatz von YM+Coumarsäure sollte analog zum oben beschriebenen Einsatz von YM+Bromphenolblau ablaufen, d. h. der Betriebshefestamm sollte als Referenz zur Erstellung eines Vergleichsgeruchsprofil stets mit untersucht werden. YM+Bromphenolblau+Coumarsäure beeinflusste das Wachstum der untersuchten Hefestämme im Vergleich zu YM-Agar nicht. Anhand dieser Kombination konnten

Diskussion

Hefestämme der Arten *C. sake*, *C. tropicalis*, *D. hansenii*, *D. bruxellensis*, *P. membranifaciens*, *R. glutinis*, *S. cerevisiae* (Stämme mit phenolisch, stechendem Geruchsprofil), *W. anomalus*, *Z. bisporus*, *Z. rouxii* eindeutig von industriell genutzten *S. cerevisiae* und *S. pastorianus* Stämmen differenziert werden.

Die Differentialnährmedien CLEN-Agar, XMACS-agar, YM+$CuSO_4$ und YM bei 37 °C Bebrütungstemperatur wurden untersucht (3, 4, 36). CLEN-Agar vermochte wie in der Literatur angegeben ausschließlich NS-FH nachzuweisen; die Herstellung ist als sehr aufwendig einzustufen (3, 4). Der CLEN-Agar stellt eine Alternative zum Lysinagar im Nachweis von NS-FH dar. Auf XMACS-Agar konnten 2 von 4 *S. cerevisiae* FH, 4 von 6 *S. sensu stricto* FH und 6 von 8 NS-FH nachgewiesen werden. Vor allem der Nachweis der *S. sensu stricto* FH ist für die Praxis relevant, da hier andere Nährmedien meist weitgehende Nachweislücken aufweisen (135, 242). Ein obergäriger und ein untergäriger Kulturhefestamm (OG W 175, UG W 34/78) zeigten zu Fremdhefen vergleichbare Koloniedurchmesser. D. h. in Betrieben, die mit diesen Hefestämmen arbeiten, ist ein Einsatz von XMACS-Medium nicht sinnvoll. Bei CLEN- und XMACS-Agar ist eine Unterscheidung zwischen Kultur-/ Betriebshefen, die in Minikolonien < 1mm wachsen, und Fremdhefen, die in Kolonien > 1mm wachsen, nur für erfahrenes Personal zu erkennen. Die Bereitung und Beimpfung (2 Waschschritte der Hefesuspension) sind als aufwendig einzustufen. Unter 3.3.3 wurde ein anwenderfreundliches Fremdhefe-Nachweisschema für Brauereien anhand der Medien YM-Agar, YM+$CuSO_4$ und YM bei 37 °C nach BRANDL dargestellt (36). Die Einfachheit der Herstellung der YM basierten Nährmedien und deren Wirkspektren konnten in dieser Arbeit bestätigt werden (siehe Tabelle 22, 5.1.1). Die einzige Fremdhefegruppe, die durch die Anwendung von YM+$CuSO_4$ und YM bei 37 °C nicht abgedeckt wurde, ist die Gruppe der *S. sensu stricto* FH. Aufbauend auf der Kombination von YM basierten Nährböden sollten weitere YM basierte Selektivmedien entwickelt und beurteilt werden, die in das Nachweisschema nach BRANDL integriert werden könnten. YM+Thymol (130 ppm) hemmt ausschließlich *S. cerevisiae* OG W 68 (siehe Tabelle 24, 5.1.3) Dieses Medium könnte zum Nachweis von Fremdhefen und abweichenden Kulturhefestämmen verwendet werden, wenn *S. cerevisiae* OG W 68 als Betriebshefe eingesetzt wird. Für obergärige Brauereien, die ausschließlich mit diesem Hefestamm arbeiten, könnte YM+Thymol als alleiniges Nährmedium eingesetzt werden. Eine Thymolkonzentration von 135 ppm hemm-

Diskussion

te zusätzlich S. cerevisiae OG W 175 und S. pastorianus UG W 34/70, 34/78, 66. Die überwiegende Anzahl der Fremdhefen, insbesondere die S. sensu stricto Fremdhefen wurden nicht gehemmt, d. h. aus diesem Zusammenhang könnte ein praxisrelevantes Nährmedium für die Kontrolle dieser Betriebshefestämme resultieren. BENNIS et al. bestimmten für S. cerevisiae Bäckerhefe eine minimale Hemmstoffkonzentration (MHK) von 451 ppm Thymol in YNB-Medium+ Glucose und konnten im Elektronenmikroskop eindeutige Schädigungen der Zellwand erkennen (25). Obwohl das Basis-Medium dieser Studie nicht identisch war, ist erkennbar, dass alle Brauereikulturhefen bei einer Konzentration von 200 ppm Thymol gehemmt wurden, wohingegen einige S. cerevisiae Fremdhefestämme (denen auch die Bäckerhefe zugeordnet werden kann) bei 300 ppm noch Wachstum zeigten. S. sensu stricto FH und L. kluyveri, N. castelli zeigten ebenfalls bei 200 ppm Thymol kein Wachstum. D. h. Brauereikulturhefen sind empfindlicher gegenüber Thymol als der S. cerevisiae Bäckerhefestamm, der von BENNIS et. al. untersucht wurde. YM+Clotrimazol (0,5 ppm) hemmte das Wachstum von S. pastorianus UG W 34/78 und 66 (siehe Tabelle 25, 5.1.3). Viele weitere Brauereikulturhefen zeigten schwaches Wachstum, wobei die überwiegende Anzahl an Fremdhefen Wachstum zeigten. YM+Clotrimazol könnte zum Fremdhefennachweis in den Brauereikulturhefestämmen S. pastorianus UG W 34/78 und 66 genutzt werden. Eine Erhöhung der Clotrimazolkonzentration könnte weitergehend untersucht werden, mit dem Ziel, das Wachstum weiterer Kulturhefen zu unterdrücken, um YM+Clotrimazol zusätzlich für diese einsetzbar zu machen. YM+Miconazol (0,1 ppm) hemmte die obergärigen Kulturhefen S. cerevisiae OG W 68, 127, 175 und 177 und könnte zum Nachweis von untergärigen Kulturhefen und Fremdhefen in diesen Hefestämmen genutzt werden (siehe Tabelle 25, 5.1.3). Obergärige Kulturhefen für Weizenbier sind im Regelfall während der Gärung niedrigeren Konzentrationen an Hopfenbitterstoffen (BE) ausgesetzt als untergärige Brauereihefestämme. In diesem Zusammenhang wäre es weitergehend untersuchenswert, ob untergärige Hefen durch ihre fortwährende Führung in Medien mit hoher Hopfenbitterstoff-Konzentration analoge Resistenzen gegenüber anderen Substanzen (z. B. Miconazol) ausbilden können und inwieweit solche Resistenzsysteme zusammenhängen. YM+Eugenol (465 ppm) zeigte eine ähnliche Wirkung und hemmte die drei Weizenbierhefen S. cerevisiae OG W 68, 127, 175; die untergärigen Hefestämme und die verbleibenden obergärigen He-

Diskussion

festämme zeigten Wachstum, die meisten Fremdhefen wurden gehemmt (siehe Tabelle 26, 5.1.3). Dieses Medium könnte sich zum Nachweis der untergärigen Kulturhefen und obergärigen Nicht-Weizenbierhefen in den untersuchten obergärigen Weizenbierhefen eignen. Die Nährmedien YM+Ferulasäure, YM+Zimtsäure, YM+Linalool, YM+Nystatin, YM+Chitosan lieferten Hefehemmspektren, die nur bedingt Praxisanwendungen nach sich ziehen. Mögliche Praxisanwendungen dieser Medien wurden bereits unter 5.1.3. beschrieben. Beim Wachstum vieler Hefestämme (*S. cerevisiae*, NS-FH) auf YM+Ferulasäure und +Zimtsäure wurden phenolisch riechende Substanzen (ähnlich zu YM-Agar+Coumarsäure) gebildet. Nach DALY et al. sollte es sich um Styrol (aus Zimtsäure) und 4-Vinyl-Guajacol (aus Ferulasäure) handeln (53). Diese Zusammenhänge wurden in dieser Arbeit nicht näher verfolgt, es könnten jedoch Nährmedien analog zu YM+Coumarsäure entwickelt werden, die speziell auf die Produktion phenolischer Stoffwechselprodukte einzelner Hefestämme abzielt. Hierbei sollten Konzentrationen an Ferula- und Zimtsäure eingesetzt werden, die das Hefewachstum generell nicht beeinflussen. Abbildung 57 zeigt das Probenbearbeitungsschema zum Fremdhefenachweis für obergärige und untergärige Brauereien nach BRANDL, basierend auf YM-Varianten, in das die entwickelten YM-Varianten dieser Arbeit integriert wurden.

Diskussion

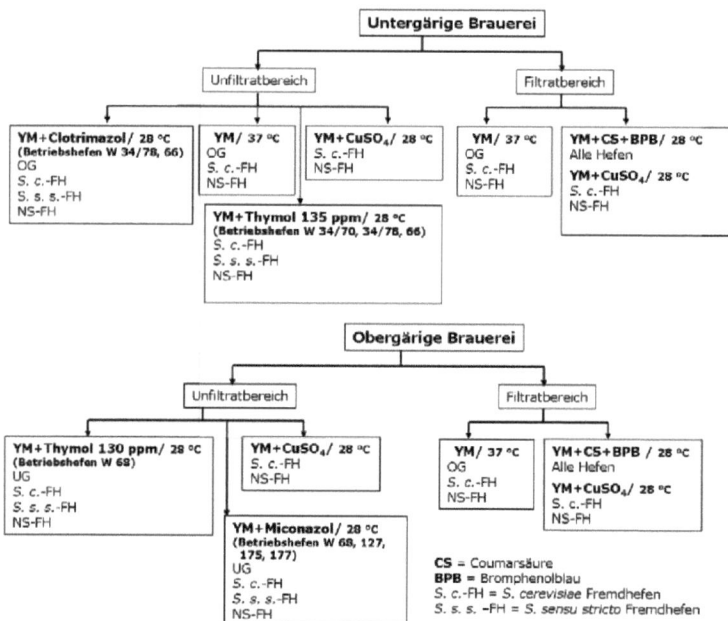

Abbildung 57: Erweitertes Probenbearbeitungsschema, basierend auf YM-Varianten zum Fremdhefenachweis in untergärigen und obergärigen Brauereien (erweitert nach (36))

Die *Saccharomyces*-Fremdhefen wurden in die Gruppen *S. cerevisiae* Fremdhefen und *S. sensu stricto* Fremdhefen unterteilt, mit Hinsicht darauf, dass bei vielen Nährmedien die *S. sensu stricto* Fremdhefen nicht erfasst werden (135, 242). Der universelle Fremdhefenachweis durch YM-Agar wurde durch YM+Bromphenolblau+Coumarsäure ersetzt, wodurch schon eine Differenzierung bestimmter Hefearten simultan zur universellen Anreicherung stattfindet (siehe oben). Die neuartigen YM-Varianten, die der Unfiltrat-Seite hinzugefügt wurden, begrenzen sich auf Prozesse, in denen bestimmte Betriebshefen eingesetzt werden (diese sind in Abbildung 57 in Klammern vermerkt). Die Betriebshefestämme W34/70, 34/78, 66, 68, 127, 175 werden von sehr vielen Brauereien eingesetzt und sind von höchster Praxisrelevanz (68-70). Die Differentialmedien des Unfiltratbereiches aus Abbildung 57 sind auf den Filtratbereich übertragbar. YM+Bromphenolblau+Coumarsäure kann im Filtratbereich anderer alkoholischer Getränke (z. B. Wein, Apfelwein) zum universellen Hefenachweis eingesetzt werden, jedoch muss zunächst der jeweilige Betriebshefestamm auf die Bildung von

Diskussion

4-Vinyl-Phenol aus Coumarsäure auf diesem Medium untersucht werden. Bei nicht-fermentierten alkoholfreien Getränken ist der Einsatz von YM+Bromphenolblau+Coumarsäure zum Hefenachweis ohne Einschränkungen möglich. YM-CuSO$_4$-lässt sich auf Filtrat und Unfiltrat Bereich anderer alkoholischer Getränke übertragen, nachdem untersucht wurde, ob der Betriebshefestamm bei 210 ppm CuSO$_4$ gehemmt wird. Gegebenenfalls muss die Kupfersulfatkonzentration soweit erhöht werden, bis der Betriebshefestamm unterdrückt wird. Für Apfelwein-Hersteller, die kaltgärend arbeiten und mit *S. bayanus* oder *S. pastorianus* Stämmen als Betriebshefen arbeiten, ist der Einsatz von YM bei 37 °C sinnvoll, wobei hier ebenfalls überprüft werden muss, ob der Betriebshefestamm bei 37 °C Bebrütungstemperatur unterdrückt wird. Alle weiteren Hemmstoffe aus Abbildung 57, die mit YM kombiniert wurden, zielen ausschließlich auf den Einsatz in Brauereien ab, jedoch ist nicht auszuschließen, dass sie bei den untersuchten oder höheren Konzentrationen auch andere industrielle Hefen (Wein-, Brennereihefen) hemmen. Dies müsste jedoch für den jeweiligen Hemmstoff evaluiert werden.

In dieser Arbeit wurde erstmals das Wachstumsverhalten von getränkerelevanten Hefen auf CHROMagar Candida untersucht. Die Ergebnisse aus Tabelle 27 unter 5.1.4 bestätigten die Ergebnisse von TORNAI-LEHOCKI und PÉTER, dass *S. cerevisiae* Stämme violette Kolonien bilden und *Z. bailii* (violett) und *Z. rouxii* (hellgelb) differenziert werden können (271). In dieser Arbeit zeigten *Saccharomyces cerevisiae* Hefen hell-violette bis dunkel-violette, *S. pastorianus* UG Stämme dunkelblau-violette und *S. bayanus/ S. pastorianus* Stämme violett bis dunkelviolette Koloniefärbungen. Eine Differenzierung der *Saccharomyces* Arten war wegen der ähnlichen Farbtöne mit CHROMagar Candida nicht möglich. 13 von 14 Hefestämme der Nicht-*Saccharomyces* Arten zeigten eine deutlich unterschiedliche Koloniefärbung zu den *Saccharomyces*-Hefen und können somit eindeutig differenziert werden. CHROMagar Candida kann als Nährmedium zum Nachweis NS-FH in der getränkemikrobiologischen QS eingesetzt werden. Da dieses Nährmedium keine Hemmstoffe beinhaltet, werden *Saccharomyces*-Kulturhefen nicht gehemmt, und es können farblich abweichende Kolonien von den violetten Kulturhefen unterschieden werden. Dies bietet den Vorteil, dass ein Kontaminationsrate von NSFH zu Kulturhefen ermittelt werden kann.

Diskussion

6.2 Sequenzierung/ Sequenzanalyse

Die Sequenzanalyse der D1/D2 26S-rDNA ist als Referenzmethode zur Identifikation von Hefen auf Stammebene etabliert (151). In dieser Arbeit konnte bestätigt werden, dass die Sequenzanalyse der D1/D2 26S-rDNA für getränkerelevante Hefearten ebenfalls eine zuverlässige Referenzmethode darstellt, da anhand dieser Methode 123 Hefeisolate eindeutig 49 Hefearten zugewiesen werden konnten (siehe Tabelle 52, 8.3). Es konnte ebenfalls bestätigt werden, dass Hefearten innerhalb der drei Cluster *H. uvarum/ H. guilliermondii, S. cerevisiae/ S. bayanus, S. pastorianus* und *Filobasidium floriforme/ Filobasidium elegans/ Cryptococcus magnus* mit dieser Methode nicht eindeutig identifiziert werden können. BEH *et al.* beschrieben diese Problematik und erläuterten, dass die ITS1-5,8S-ITS2-rDNA Region zur Identifizierung der Hefearten dieser Cluster geeignet ist (21). Eine Sequenzierung der ITS1-5,8-ITS2 lies eine Identifizierung der Praxisisolate als *H. uvarum, H. guilliermondi* und eine Differenzierung von *S. cerevisiae* und *S. bayanus/ S. pastorianus* zu (siehe Tabelle 52, 8.3). Dies bestätigt die höhere interspezifische Variabilität der ITS1-5,8-ITS2 rDNA Region im Vergleich zur 26S-rDNA-Region (84). Die Praxisisolate, die als *Filobasidium floriforme/ Filobasidium elegans/ Cryptococcus magnus* mittels 26S-rDNA-Sequenzierung identifiziert wurden, wurden nicht weitergehend differenziert. *S. cerevisiae* und *S. bayanus/ S. pastorianus* sowie andere *Saccharomyces* Praxisisolate konnten über IGS2-rDNA Sequenzierung und spezifische Real-Time PCR Systeme auf Artebene identifiziert werden (siehe 5.2.4 5.3.1.3, 5.3.1.4 und Tabelle 52, 8.3). Die ITS1-5,8S-ITS2-rDNA Sequenzierung lässt eine Vordifferenzierung der *Saccharomyces* Arten zu, jedoch sind die wenigen Polymorphismen auf diesem DNA-Abschnitt nicht ausreichend, um eine sichere Artidentifizierung zuzulassen (siehe Tabelle 58, 8.6). Die Sequenzierung der IGS2-rDNA nach GANLEY *et al.* lässt eine Identifizierung der *Saccharomyces* Arten grundsätzlich zu (95), jedoch können die untergärigen Brauereihefen (*S. pastorianus* UG) nicht eindeutig von *S. cerevisiae* anhand einer konventionellen Sequenzierung dieser Region unterschieden werden (siehe 5.2.4). Der Grund hierfür ist der Hybridcharakter der untergärigen Brauereikulturhefen, wobei der Hauptanteil der IGS2-rDNA *S. cerevisiae* entspricht (siehe 5.2.4.). Dies bedeutet die sequenzierbaren Abschnitte der IGS2-rDNA entsprechen *S. cerevisiae*. Den Hybridcharakter stellten BRANDL *et al.* bereits für die ITS1-5,8S-ITS2 rDNA Region fest (36, 37). Einige Sequenzunterschiede der

Diskussion

IGS2-rDNA einzelner Hefestämme, die auf wenigen Basen beruhen, könnten der Stammcharakterisierung nutzen, jedoch nicht der Artdifferenzierung. Ein Abschnitt der IGS2-rDNA war nicht sequenzierbar, da dieser Abschnitt auf verschiedenen tandem-repeats der rDNA unterschiedlich ausgeprägt (variabler Abschnitt) ist. Dies wurde über die DHPLC-Analyse bestätigt und weitergehend zur Stammdifferenzierung mittels DHPLC genutzt (siehe 5.2.4, 5.4.2.2). Die Ergebnisse bestätigen die Aussagen von MOLINA et. al. und MONTROCHER et al., dass vereinzelte DNA-Abschnitte der IGS-Regionen intraspezifische Unterschiede aufweisen können (181, 182). Die IGS1-rDNA konnte in dieser Arbeit ebenfalls nach GANLEY et al. amplifiziert werden, jedoch wurden keine Sequenzierungen durchgeführt. Für weitergehende Arbeiten wäre eine Analyse der IGS1rDNA bezüglich eines variablen Abschnittes, wie er bei der IGS2 rDNA gefunden wurde, von Interesse.

Die Zeiten des Temperaturprotokolles der PCR-Reaktionen zur Amplifikation der D1/D2 26S-rDNA und ITS1-5,8S-ITS2-rDNA wurden optimiert. Die reine Reaktionszeit der PCR konnte – ohne Qualitätseinbußen der PCR-Produkte – bei beiden Protokollen von 11600 sec auf 6150 sec (26S-B, ITS-B) verkürzt werden. Aufheiz- und Abkühlraten wurden nicht berücksichtigt, da diese vom PCR-Cycler abhängig sind. Die Nettoreaktionszeit liegt somit bei 1h 42 min. Die Gesamtreaktionszeit beläuft (inkl. Heizraten) sich auf etwa 2 h -2h 20 min (je nach Cycler Model). Für die Einbindung der Sequenzanalyse in die getränkemikrobiologische QS wurden ein zeitliches Ablaufschema und eine Kostenanalyse durchgeführt (siehe 5.2.5). Es wurde mit einer Auftragssequenzierung gerechnet, da es unwahrscheinlich ist, dass ein betriebsinternes QS-Labor ein Sequenziergerät hat oder anschafft. Die reine betriebsinterne Analysendauer beläuft sich auf unter 4 h, das Ergebnis steht am Folgetag zur Verfügung und es entstehen Gesamtkosten von 34,60 € pro identifizierter Probe. Wird die gesamte Analyse an ein externes Labor vergeben, belaufen sich die Identifizierungskosten auf etwa 120-150 €. Zusammenfassend eignen sich Sequenzanalysen, um auf Artebene zuverlässig getränkerelevante Hefen zu identifizieren. In der Regel sind die 26S- und die ITS1-5,8S-ITS2-rDNA Sequenzierung hierfür ausreichend. Im Fall der *Saccharomyces* Arten empfiehlt es sich, die IGS2-rDNA Sequenzierung zu nutzten. Lediglich die Arten *S. cerevisiae*, *S. pastorianus* UG (Cluster 1) und *S. bayanus*, *S. pastorianus* (Cluster 2) lassen sich anhand der IGS2-rDNA Analyse in zwei Clus-

Diskussion

ter einordnen. Hier empfiehlt es sich anhand spezifischer Real-Time PCR Systeme, die weitere DNA-Regionen einbeziehen, weitergehend zu differenzieren (siehe 5.3.1.4). Da die IGS2-rDNA Sequenzierung eine – für die Praxis – seltene Analyse darstellt, wurde eine zeitliche Optimierung des Temperaturprotokolles bisher nicht vorgenommen.

6.3 Real-Time PCR

In der vorliegenden Arbeit zielte die Entwicklung eines Real-Time PCR Screeningsystemes auf einen Gruppennachweis für getränkerelevante Hefearten ab. Hierzu wurde ein Taqman-Sonden basiertes Real-Time PCR System auf einem konservierten Bereich der D1/D2 26S-rDNA etabliert. Der Vorteil dieser Ziel-Sequenz ist, dass diese Sequenzinformation für nahezu alle Hefearten verfügbar ist und aus Online-Datenbanken bezogen werden kann (151, 221). Somit ist es auf einfache Art möglich, unbekannte oder bisher nicht evaluierte Hefearten anhand ihres Sequenzprofiles auf eine Kompatibilität des entwickelten Primer- und Sondensystemes zu untersuchen. DÖRRIES entwickelte ebenfalls ein Screening System für getränkerelevante Hefen und nutzte als Target-Sequenz das EF-3-Gen (Elongationsfaktor 3), welches fast ausschließlich bei Hefen und Pilzen anzutreffen ist (71). Die phylogenetische Distanz zwischen den Unterabteilungen Ascomycota und Basidiomycota auf Grund der EF-3-Sequenz korreliert mit der phylogenetischen Ordnung, die auf der Sequenz der D1/D2 26S rDNA beruht (71, 83, 151). Um das EF-3-Gen basierte Real-Time PCR-System zu entwickeln und zu evaluieren, musste DÖRRIES 93 Hefestämme auf diesem Gen sequenzieren (71). Das in dieser Arbeit entwickelte Real-Time PCR Screening-System für getränkerelevante Hefen (SGH) bietet den Vorteil, dass aufgrund der Verfügbarkeit der 26S-rDNA bzw. 28S-rDNA in Datenbanken nahezu alle Hefearten bzw. Schimmelpilzarten auf ihre Sequenz-Kompatibilität zu dem System überprüft werden können. D. h. Sequenzierungen sind ausschließlich bei Arten durchzuführen, deren 26S- bzw. 28S-rDNASequenz nicht verfügbar ist. Die Evaluierungsergebnisse des SGH dieser Arbeit und des Screening Systemes nach DÖRRIES waren vergleichbar. Beide Systeme zeigten eine Sensitivität von 100 % (keine falsch negativen Ergebnisse) gegenüber Hefen, eine Spezifität von 100 % (keine falsch positiven) gegenüber Bakterien. Die Spezifität gegenüber Schimmelpilzen lag bei SGH bei 41,7 % (falsch positive Ergebnisse bei 7 von 12 Stämmen) und beim

Diskussion

Screening-System nach DÖRRIES bei 56,7 % (falsch positive Ergebnisse bei 13 von 30 Stämmen) (71). Da DÖRRIES ein größeres Stammset an Bakterien und Schimmelpilzen verwendete, sind die Sensitivitäten und Spezifitäten nicht direkt vergleichbar; das SGH müsste mit dem identischen Stammset evaluiert werden, um eine absolute Vergleichbarkeit zu gewährleisten. Das Stammset dieser Arbeit zur Evaluierung des SGH beinhaltete überwiegend Bakterien und Schimmelpilze, die eine Rolle als Schadorganismen oder Begleitflora in der Brau- und Getränkeindustrie spielen (siehe Tabelle 59, 8.7). Da Schimmelpilze in CO_2-haltigen Getränken aufgrund der anaeroben Milieubedingungen ein niedriges Schadpotential aufweisen, ist die verminderte Sensitivität gegenüber Schimmelpilzen nicht als Nachteil zu sehen (13). In nicht-karbonisierten fruchthaltigen Getränken spielen Schimmelpilze, die hitzeresistente Sporen bilden, eine Rolle als Schadkeime (13, 206). Die Detektion der hitzeresistenten Schimmelpilze *Byssochlamys fulva*, *Neosartorya fischeri*, *Paecilomyces variotii* und *Talaromyces flavus* durch das SGH ist in diesem Getränkesegment als Vorteil anzusehen (siehe Tabelle 59, 8.7). Der Hauptgrund für die Entwicklung des Real-Time PCR Screening-Systems für getränkerelevante Hefen war, dass die Fluoreszenzsonden bzw. –farbstoffe sowie das Temperaturprotokoll zu den entwickelten Identifizierungssystemen und Differenzierungssystemen dieser Arbeit kompatibel sein sollten. Das Screening-System nach DÖRRIES basiert auf Hybridisierungssonden und einem abweichenden Temperaturprotokoll und ist somit nicht zu den Real-Time PCR Systemen dieser Arbeit kompatibel bzw. simultan einsetzbar (71). Das SGH kann simultan zu jedem Real-Time PCR-Identifizierungssystem dieser Arbeit eingesetzt werden, um die Anwesenheit von Hefe-DNA zu bestätigen. Die Nachweisgrenze des SGH für den Hefestamm *S. pastorianus* UG W34/70 lag bei $1,9 \times 10^2$ Zellen/ml (siehe 5.3.1.1). Es wurden 18 neuartige Real-Time PCR-Systeme zur Identifizierung von Arten der Gruppe der Nicht-*Saccharomyces* Hefen entwickelt, die Sensitivitäten gegenüber den Ziel-Organismen und Spezifitäten gegenüber den Nicht-Ziel-Organismen von 100 % aufwiesen (siehe 5.3.1.2). Die Nachweisgrenzen der einzelnen PCR-Systeme lagen zwischen $5,1 \times 10^1$ und $1,1 \times 10^4$ Zellen/ml. Hierbei wurde die Strategie des Primer- und Sondendesigns nach BRANDL verfolgt. Eine universelle Fluoreszenzsonde (Y58) – das teuerste Reagenz der Real-Time PCR Analytik neben der Polymerase – wurde für die überwiegende Anzahl der Real-Time PCR-Systeme verwendet und die Primerkombinationen gaben den PCR-

Diskussion

Systemen die Spezifität (36). Zum einen kann somit das Reagenz Fluoreszenzsonde eingespart werden, zum anderen ist es einfach, die bestehenden Systeme als PCR-Systeme für einen Gruppennachweis zu kombinieren bzw. Real-Time PCR Systeme für weitere NS-FH nach diesem Prinzip zu entwickeln. In dieser Arbeit wurden erstmalig Real-Time PCR-Identifizierungssysteme für Hefearten des *Saccharomyces sensu stricto* Komplexes (*S. cariocanus, S. kudriavzevii, S. mikatae, S. paradoxus*) entwickelt. Diese sind auf der IGS2-rDNA lokalisiert (siehe 5.3.1.3). Nachweisgrenzen und PCR-Effizienzen sind unter 5.3.1.3 und 8.9 beschrieben. Diese Arten scheinen von untergeordneter Relevanz für die Getränkeindustrie zu sein, da sie sie dort bisher nicht auftauchten, mit der Ausnahme eines *S. cariocanus* Stammes, der aus Pulque (fermentiertes Getränk aus Agavensaft) isoliert wurde und *S. paradoxus* Stämmen, die von Traubenoberflächen isoliert wurde (162, 220, 221, 259). Mithilfe der PCR-Systeme konnte erstmalig ein Praxisisolat aus dem Brauereiumfeld als *S. kudriavzevii* (PI BA 49) identifiziert werden. Dieses Ergebnis wurde über IGS2-rDNA Sequenzierung bestätigt (siehe Tabelle 52, 8.3.). Es ist wahrscheinlich, dass in Spontanfermentationen, in welche Rohstoffe mit Hefen aus der Umwelt in den Prozess gelangen, auch Stämme dieser 4 *S.* Arten vorkommen können. Mit den bisherigen Methoden zur Aufklärung von spontanen Starterkulturen wurde meist nur auf die Identifikation von *S. cerevisiae, S. bayanus, S. pastorianus* und ggf. noch auf *S. paradoxus* abgezielt (79, 117, 175, 220). Die entwickelten PCR-Systeme können zur Aufklärung der *Saccharomyces* Arten aus Spontanfermentationen und zur Identifikation von *Saccharomyces* Fremdhefen eingesetzt werden.

Zudem wurden Identifizierungs- bzw. Differenzierungs-Real-Time PCR Systeme für industriell genutzte *Saccharomyces* Arten (*S. cerevisiae, S. pastorianus* UG, *S. bayanus/ S. pastorianus*) entwickelt, die auch dem *S. sensu stricto* Komplex angehören. Hierzu wurden PCR-Systeme auf den Sequenzen der LRE1-, GRC3-, COXII-Genen entwickelt und mit den bestehenden PCR-Systemen Sce, Sbp und UG300 nach BRANDL *et al.* kombiniert (36, 37). In Einzelkolonien ist eine Identifizierung der Arten *S. cerevisiae, S. pastorianus* UG, *S. bayanus, S. bayanus/ S. pastorianus* möglich. Das Problem, dass der überwiegende Teil der *S. bayanus* und *S. pastorianus* nicht eindeutig differenziert werden kann, wird unter 5.3.1.4 detailliert beschrieben. Dies ist für den Praxiseinsatz der PCR-Systeme weniger von Bedeutung, da *S. bayanus* und *S. pastorianus* in allen gärungstechnologi-

Diskussion

schen Prozessen, die mit S. cerevisiae und S. pastorianus UG Starterkulturen arbeiten, als Fremdhefen betrachtet werden können und es keine Rolle spielt, ob sie weitergehend differenziert werden oder als Gruppe S. bayanus/ S. pastorianus identifiziert werden (siehe Tabelle 1, 3.2.1.). Das Schadpotential dieser beiden Arten ist vergleichbar. Nur ein Teil der S. bayanus Stämme konnte anhand der PCR-Systeme eindeutig S. bayanus zugeordnet werden. Die Einteilung der S. bayanus Stämme anhand der Identifizierungsergebnisse in S. bayanus und S. bayanus/ S. pastorianus bestätigt die Aussage von RAINIERI et al., dass S. bayanus wahrscheinlich aus zwei Gruppen besteht (217). Nach RAINIERI et al. beinhaltet eine Gruppe die reinen S. bayanus Stämme und die zweite Gruppe Stämme, die der ehemals eigenständigen Spezies S. uvarum ähnlich sind (217). Diese konnten anhand der PCR-Muster nicht bestätigt werden, da sowohl reine S. bayanus Stämme als auch der untersuchte S. uvarum (S. bayanus BT II K 1-C-3) Stamm die gleichen PCR-Ergebnisse lieferten (LRE1 -, UG300 -, Sbp +). Die Hefestämme S. bayanus DSM 70411, 70508 hingegen zeigten PCR-Muster, die identisch zu S. pastorianus CBS 1503, 1513, 1538, DSM 6580NT, 6581 waren (LRE1 +, UG300 +, Sbp +). Die Hefestämme CBS 2440, 6017 werden am CBS unter der Artbezeichnung S. bayanus/ S. pastorianus geführt und lieferten das gleiche PCR-Muster wie die vorherige S. pastorianus Gruppe (LRE1 +, UG300 +, Sbp +). Praxisisolate dieser Arbeit mit diesem PCR-Muster wurden dem zu Folge als S. bayanus/ S. pastorianus bezeichnet. Um die Praxanwendung der PCR-Methoden und deren Identifizierungsergebnisse unmissverständlicher zu interpretieren, wäre es sinnvoll, alle Hefestämme, die das PCR-Muster LRE1 +, UG300 +, Sbp + liefern, als S. pastorianus zu bezeichnen; somit wäre eine klare Abtrennung zwischen S. pastorianus und S. bayanus gegeben. Aus taxonomischer Sicht muss zunächst der Kompromiss der Identifikation von Praxisproben als S. bayanus und S. bayanus/ S. pastorianus beibehalten werden, um keine Falschaussage zu treffen. Für eine erneute Evaluierung der Real-Time PCR Systeme wäre es von Vorteil, wenn alle S. bayanus und S. pastorianus Stämme aus/von Stammsammlungen erneut eindeutig zugeordnet würden und erneut überprüft würden. Das PCR-System OG-COXII-MGB konnte durch eine hochspezifische MGB-Fluoreszenzsonde (OG-MGB) spezifisch für S. cerevisiae gestaltet werden (siehe 3.3.5). S. cerevisiae konnte durch das PCR-System OG-COXII eindeutig – auch aus Mischkulturen – identifiziert werden. Aus Mischungen zwischen S. cerevisiae

Diskussion

OG W 68 und *S. pastorianus* UG W 34/70 von 1: 1000 (10^3 in 10^6) konnte der *S. cerevisiae* Anteil eindeutig identifiziert werden. Somit ist es erstmals möglich, *S. cerevisiae* Kontaminanten in hefehaltigen untergärigen Brauereiprozessen (Propagation, Gärung Lagerung) direkt nachzuweisen. Dieses war bisher aufgrund der Hybridnatur der untergärigen Brauereihefen (*S. pastorianus* UG) nicht möglich (36). Dies ist von besonderer Praxisrelevanz, da *S. cerevisiae* die am häufigsten auftretende Schadhefe im Brauereibereich und in der alkoholfreien Getränkeindustrie darstellt (10, 13). Im Jahr 2008 lag der Absatzanteil des Bier- und Biermischgetränkemarktes von untergärigen Bier bei 83,5 % (2). Global liegt der Anteil der untergärigen Bierproduktion an der Gesamtbierproduktion wahrscheinlich bei über 90 %, d. h. eine Anwendung des PCR-Systemes OG-COXII ist in der mikrobiologischen QS fast aller Brauereien möglich bzw. sinnvoll. Andererseits erlauben die PCR-Systeme UG300, Sbp, UG-LRE1 einen direkten Nachweis von *S. pastorianus* UG, *S. bayanus* und *S. pastorianus* in obergärigen Prozessen, die mit *S. cerevisiae* als Starterkultur arbeiten (obergärige Bierproduktion, Wein, Apfelwein, Brennereimaischen). In Prozessen, die mit reinen *S. bayanus* oder *S. pastorianus* Stämmen als Starterkulturen arbeiten (Wein, Apfelwein), können Kontaminationen mit *S. cerevisiae* (PCR-Muster OG-COX II +, Sce +, Sc-GRC3 +) und *S. pastorianus* UG Stämme (PCR-Muster OG-COX II -, Sce +, Sc-GRC3 +) direkt analysiert werden. Die untergärige Brauereihefe *S. pastorianus* UG kann in Reinkultur anhand ihres Hybridcharakters und des daraus resultierenden PCR Musters (Sce +, Sc-GRC3 +, UG 300 +, UG-LRE1 +, Sbp +/-) eindeutig identifiziert werden und von den anderen *S.* Arten abgegrenzt werden. Es stellt sich die Frage, ob es nicht sinnvoll wäre, sie wieder einer eigenständigen Art zuzuweisen, da es bei Publikationen und in der Brauereifachsprache immer wieder zu Verwechslungen durch die Zuordnung zu *S. pastorianus* kommt. So wird in Veröffentlichungen oft von „lager brewing strains" oder „untergärigen Brauereihefen" geschrieben, um Verwechslungen mit den reinen *S. pastorianus* Hefen bzw. den *S. pastorianus* Fremdhefen zu vermeiden (36, 143, 216). Die alte Art-Bezeichnung *S. carlsbergensis* ist zwar aus taxonomischer Sicht weniger korrekt, sorgte jedoch für mehr Klarheit. Sinnvoll wäre eine klar abgrenzende, jedoch taxonomisch korrekte Art-Bezeichnung wie z. B. *S. pastorianus ssp. carlsbergensis*. Die PCR-Systeme zur Differenzierung der industriell genutzten Hefen gingen keine falsch positiven Reaktionen mit den vier *S. sensu stricto* Arten *S. cariocanus*,

Diskussion

S. kudriavzevii, S. mikatae und *S. paradoxus* ein (siehe Tabelle 36, 5.3.1.4). Nachweisgrenzen und PCR Effizienzen der PCR-Systeme sind unter 8.10 zusammengefasst. Alle Real-Time PCR-Systeme dieser Arbeit sind aufgrund des identischen Temperaturprotokolles und der gleichen Farbstoffwahl kompatibel und können simultan in verschiedenen Wells eines Real-Time PCR Laufes angewendet werden. Hierbei können verschiedenste Kombinationen für verschiedenste Anwendungen durchgeführt werden. So können z. B. die Informationen aus 3.2.1 und 3.2.2 genutzt werden, um die Real-Time PCR Systeme so zu kombinieren, dass relevante Schadhefen für bestimmte Getränke direkt bestimmt werden, dass spontane Starterkulturen direkt aufgeklärt werden oder dass Hefen bezüglich ihres Gärpotentiales identifiziert werden (siehe Tabelle 48).

Tabelle 48: Mögliche Einsatzgebiete der Kombination von Real-Time PCR-Identifikationssystemen

Hefearten der Spontangärpopulationen (Traubenwein) (aus Tabelle 1)	Direkte Schadhefen (Bier) (aus Tabelle 2)	Gärkräftige Hefen, der alkoholfreien Getränkeindustrie (aus Tabelle 3)
S. bayanus, S. cerevisiae, S paradoxus, C. spp., Debaryomyces hansenii, P. fermentans, Hanseniaspora uvarum, I. orientalis, M. pulcherrima, Kregervanrija fluxuum, Saccaromycodes ludwigii, T. delbrueckii, Zygotorulaspora spp., K. exigua, L. kluyveri, W. anomalus, Z. spp.	*S. (bayanus, pastorianus, cerevisiae, cerevisiae var. diastaticus)* B. *(custersianus, nanus), D. (anomala, bruxellensis)*	*S. cerevisiae* *Z. bailii* *S. bayanus* *Zygotorulaspora florentinus*

Die Hefearten, die in Tabelle 48 fett markiert sind, können über Real-Time PCR direkt identifiziert werden, d. h. dass alle direkten Schadhefen für Bier mit den bestehenden Systemen mit der Ausnahme von *B. nanus* direkt in einem PCR-Lauf identifiziert werden können. Alle gärkräftigen Hefen der alkoholfreien Getränkeindustrie (nach Tabelle 3, 3.2.2.2) mit der Ausnahme der Hefeart *Zygotorulaspora florentinus* können ebenfalls direkt aus Mischungen in einem PCR-Lauf analysiert und identifiziert werden. Bemerkenswert ist auch, dass sich die Spontangärpopulation von Traubenwein zum Großteil direkt analysieren lässt. Für Arten, die von Bedeutung sind und für die bisher keine Identifikationssysteme bestehen, können PCR-Identifizierungssysteme – wie unter 5.3.1.2 beschrieben – entwickelt werden und in den Kombinationsnachweis integriert werden.

Werden alle Real-Time PCR-Identifizierungssysteme nach BRANDL und dieser Arbeit in einer 96-Well Platte in einem PCR-Lauf kombiniert und simultan angewandt, so ist es nach DEAK und BEUCHAT zu 56,02 % wahrscheinlich, dass ein

Diskussion

unbekanntes Hefeisolat aus Früchten, alkoholfreien Getränken, Bier oder Wein identifiziert werden kann (siehe Tabelle 49)

Tabelle 49: Errechnetes prozentuales Auftreten/Vorkommen (%) von ausgewählten Schadhefearten (für die Real-Time PCR-Systeme entwickelt wurden) in Früchten, alkoholfreien Getränken, Bier und Wein (modifiziert nach (60))

Schadhefeart	Vorkommen (%)	Schadhefeart	Vorkommen (%)
Brettanomyces naardenensis	0,09	Pichia fermentans	1,60
Candida glabrata	0,86	Pichia guilliermondii	2,40
Candida intermedia	0,74	Pichia membranifaciens	4,43
Candida parapsilosis	1,38	Saccharomyces bayanus	1,85
Candida sake	1,72	Saccharomyces cerevisiae	6,40
Candida tropicalis	1,85	Saccharomyces pastorianus	0,92
Debaryomyces hansenii	4,61	Saccharomycodes ludwigii	1,01
Dekkera anomala	0,65	Torulaspora delbrueckii	4,68
Dekkera bruxellensis	0,43	Wickerhamomyces anomalus	4,25
Hanseniaspora uvarum	3,20	(früher Pichia anomala)	
Issatchenkia orientalis	3,23	Zygosaccharomyces bailii	4,76
Kazachstania exigua	1,11	Zygosaccharomyces rouxii	3,20
Lachancea kluyveri	0,65	Summe	56,02

Die PCR-Systeme Sce, Sc-GRC3, Smi und Spa wurden auf ein Mikrochip-Real-Time PCR Format übertragen. Zunächst wurde das PCR-Volumen auf einem konventionellen Real-Time Cycler für das PCR-System Sce auf 1 µl reduziert, um die beiden Systeme vergleichen zu können. Eine Reduktion des PCR-Volumens auf dem konventionellen Real-Time Cycler von 23 µl auf 1 µl hatte Ct-Wert Verluste von etwa 5 Zyklen zur Folge. Die Übertragung des PCR-Systems Sce von 1 µl Reaktionsvolumen vom konventionellen Real-Time Cycler auf das Mikrochip Real-Time PCR-Format mit 1µl Reaktionsvolumen lieferte vergleichbare Ct-Werte. Das Temperaturprotokoll wurde optimiert und die verdichteten Aufheiz- und Abkühlphasen der Mikrochip Real-Time PCR verkürzten die Gesamtreaktionszeit zusätzlich auf 41,9 min. Die PCR-Systeme Sc-GRC3, Smi und Spa waren ebenfalls auf das Mikrochip Real-Time PCR-Format übertragbar. Somit ist davon auszugehen, dass alle PCR-Systeme dieser Arbeit übertragbar sind (da alle ähnlich aufgebaut sind). Für die Praxis stellt die Mikrochip Real-Time PCR eine Möglichkeit dar, sehr schnell und kostengünstig (wenig Reagenzieneinsatz), jedoch mit höheren Nachweisgrenzen Real-Time PCR durchzuführen. Für eine qualitative Analyse wäre Mikrochip Real-Time PCR sehr gut geeignet. Vorstellbar wäre eine Weiterentwicklung der Mikrochip Real-Time PCR in ein qualitatives mobiles Handgerät.

Diskussion

6.4 PCR-DHPLC

GOLDENBERG et al. entwickelte eine PCR-DHPLC Methode zum Nachweis von klinisch relevanten Candida spp. (102). Hierbei wurde die ITS2-rDNA-Region der unterschiedlichen Candida Spezies amplifiziert und über einen DHPLC-Gradienten aufgetrennt (102). Von dieser Methodik wurde die PCR-DHPLC Methodik zur Identifizierung von getränkerelevanten Hefen abgeleitet. Somit wurde die DHPLC Methodik erstmals im Hinblick auf die getränkemikrobiologische Analytik untersucht. Es wurden die beiden DNA-Regionen ITS1- und ITS2- rDNA untersucht und mit den Primern ITS1, ITS2, ITS3 und ITS4 nach WHITE et al. amplifiziert (294). Der Primer ITS2 wurde durch den Primer ITS2mod – welcher im Vergleich zu Primer ITS2 keine Fehlnukleotide zur Ziel-DNA getränkerelevanter Hefen aufwies – ersetzt. Die ITS1- und die ITS2-Region konnten für alle untersuchten Hefearten über das Temperaturprotokoll DHPLC-O amplifiziert werden und über den jeweiligen optimierten DHPLC-Gradienten für die ITS1 bzw. die ITS2-Region getrennt werden (siehe 4.8.5). Die einzelnen Hefearten lieferten für beide DNA-Regionen eindeutige Peakmuster. Die Retentionszeiten der einzelnen Hefearten wurden für die ITS1- und ITS2-Region verglichen. Die untersuchten 26 Hefearten konnten zum Großteil anhand ihrer Retentionszeiten differenziert werden, bzw. es konnten den Hefearten spezifische Retentionszeiten für die ITS1- und ITS2-Region zugewiesen werden. Die Hefearten S. cerevisiae/ S. pastorianus UG und S. bayanus/ S. pastorianus konnten jeweils aufgrund ihrer identischen ITS1-, ITS2-Regionen nicht differenziert werden. Die Sequenzen der Hefearten I. orientalis/ P. guilliermondii, S. paradoxus/ S. cariocanus und C. sake/ W. anomalus unterscheiden sich zwar auf den ITS1-, ITS2-Regionen, verursachten jedoch jeweils Peaks mit gleichen Retentionszeiten. Die zufallsbedingte Peaküberschneidung beschrieb GOLDENBERG bereits für ITS2-Amplifikate für C. lusitaniae und S. cerevisiae (101). Eine weitergehende Auftrennung der zufallsbedingten Peaküberschneidungen könnte durch die Modifikation des Gradienten oder der Denaturierungstemperatur erfolgen, wurde jedoch in dieser Arbeit nicht weitergehend verfolgt. Das Real-Time PCR System Sbp nach BRANDL, die Sequenzrecherche dieser Arbeit bezüglich ITS1 und ITS2-Regionen der S. sensu stricto Arten (siehe Tabelle 58, 8.6) und die Sequenzierung der ITS1-5,8S-ITS2 Region von S. pastorianus UG und S. cerevisiae OG bestätigen die DHPLC Ergebnisse, dass jeweils S. cerevisiae/ S. pastorianus UG und S. bayanus/ S. pastoria-

Diskussion

nus auf dieser DNA Region identisch sind (36). Der DHPLC Peak der ITS1-Region des Hefestammes *S. cerevisiae* OG W 68 unterschied sich in der Retentionszeit eindeutig von den anderen *S. cerevisiae* Hefestämmen, d. h. er muss sich in mindestens einem Nukleotid zur ITS1-Sequenz der anderen *S. cerevisiae* unterscheiden. Dies zeigt, dass die DHPLC-Methode sehr sensitiv einzelne Sequenzunterschiede detektieren kann, wenn PCR-Fragmente mit wenigen Nukleotiden Unterschied oder SNPs (single nucleotide polymorphisms) im semi-denaturierten Bereich aufgetrennt werden (63). Die PCR-DHPLC ist eine Schnellnachweismethode, die vorgeschaltete PCR dauert 1 h 8 min und die DHPLC Analyse für eine DNA-Region (ITS1 oder ITS2) dauert 20 min. Mit DNA-Isolierung und Probenvorbereitung ist mit einer Gesamtanalysendauer von etwa 2 h 30 min zu rechnen. Ein Nachteil der DHPLC ist, dass nach mehreren analysierten Proben ein so genannter Time Shift eintritt, d. h. die DHPLC Säule wird nach mehreren Läufen mit DNA-Material gesättigt und die daraus resultierende „Teilverblockung" verursacht, dass Probenpeaks höhere Retentionszeiten aufweisen als bei einer reinen Säule. Dieser Time Shift kann durch Leerläufe nach jeder Probe und einer Säulenreinigung nach jeder achten Probe behoben werden. Dies beeinträchtigt jedoch die Schnelligkeit der Analyse, wenn mehrere Proben vorliegen, zudem wird mehr Puffer und Fluoreszenzlösung verbraucht. Die DHPLC stellt ein offenes System dar, d. h. sie trennt (nicht-denaturierend oder semi-denaturierend) injizierte doppelsträngige DNA jeglicher Form auf. Die Art der doppelsträngigen DNA-Fragmente wird durch die Art der vorgeschalteten PCR vorbestimmt. Im Fall der ITS1- und ITS2-Regionen wurden universelle Primer eingesetzt, mit denen alle Hefearten amplifiziert werden, d. h. dieses System ist durch die PCR offen für alle Hefearten. Dieser universelle Charakter sollte genutzt werden, um auch Mischpopulationen auf Artebene zu trennen. Aus künstlichen DNA-Mischungen verschiedener Hefearten, die amplifiziert wurden, konnten maximal 3 Spezies gleichzeitig identifiziert werden, was allerdings die Ausnahme darstellte. Häufiger lieferten 2 Spezies oder nur die hauptanteilige Spezies Peaks. Hefearten, die unter 10% Mischungsanteil lagen, konnten nicht detektiert werden. Wurden jedoch PCR-Produkte verschiedener Hefearten gemischt, konnten diese in ihrer eingesetzten Anzahl aufgetrennt werden. Dies bedeutet, dass die Analyse von Mischpopulationen nicht wegen der DHPLC, sondern wegen der vorgeschalteten PCR an ihre Grenzen stößt. Zur Analyse von Mischpopulationen müsste ein universelles PCR-

Diskussion

System eingesetzt werden, das für alle getränkerelevanten Hefen eine vergleichbare PCR-Effizienz aufweist, oder die bestehenden PCR-Systeme (ITS1 und ITS2) müssten dahingehend optimiert werden möglichst hohe PCR-Produktausbeuten zu generieren. Könnte ein offenes Analyseverfahren für getränkerelevante Hefen generiert werden, könnte dies zur Aufklärung von Starterkulturen, Spontangärkulturen und unbekannten Schadhefen in Mischungen genutzt werden. Hier wäre ein weiterer Vorteil, dass unbekannte Peaks gesammelt und sequenziert und somit identifiziert werden können (101).

In dieser Arbeit wurde auch erstmals eine PCR-DHPLC-Methode entwickelt, die eine Differenzierung von *S. pastorianus* UG und *S. cerevisiae* Stämme auf Stammebene zulässt. Hierzu wurde das PCR-System IGS2-314 entwickelt, dass spezifisch für *S. pastorianus* UG und *S. cerevisiae* ist und ein variables Fragment flankiert (siehe 5.2.4 und 5.4.2.1). Es wurde ein semi-denaturierender DHPLC Gradient mit 10,5 min Laufzeit entwickelt, der den variablen Charakter des DNA-Abschnittes hervorhebt. Eine Differenzierung der untersuchten Hefestämme auf Stammebene war möglich. *S. pastorianus* UG Hefestämme lieferten im Durchschnitt diversere Bandenmuster (3-5 Hauptpeaks) als S. cerevisiae Stämme (1-4 Hauptpeaks). Einzelne Gruppen wie Weizenbierhefen, Alehefen oder Stämme W Bordeaux, W B4 (Brennereihefe) lieferten eindeutige Peakmuster. Zur Differenzierung der einzelnen *S. pastorianus* UG Stämme und der Kölsch-/Altbier Hefestämme mussten spezifische Peaks, Peakhöhen und Peak-Schulterbildungen zur Beurteilung herangezogen werden, um sie differenzieren zu können. Wie oben bereits erwähnt, ist die DHPLC ein offenes System, d. h. es können kleinste Abweichungen im Peakprofil durch eine Fokussierung des DHPLC Gradienten und der Denaturierungstemperatur hervorgehoben werden. Die praktische Anwendbarkeit dieser Methode konnte in dieser Arbeit durch die Lösung der getränketechnologischen Problemstellungen Stammdifferenzierung von Kontaminante und Kulturhefe, Desinfektionskontrolle und Kulturhefestammkontrolle unter 5.6.4 bestätigt werden. Weitere DNA-Abschnitte, die ebenfalls auf Stammebene variieren, wie z. B. Mikrosatelliten-Muster, delta-PCR Fragmente, SC8132X locus etc. könnten ebenfalls über DHPLC aufgetrennt werden, um die entwickelte Methode zu ergänzen (47, 121). Bisher wurden alle DHPLC-Profile manuell mit der WAVE-Navigator Software ausgewertet, welche sich auch mit einer Bio-Datenbanksoftware wie z. B. BioNumerics (Applied Maths, Kortrjk, Belgien) kom-

Diskussion

binieren lässt. Hiermit könnten Chromatogramme (ähnlich wie DGGE-Muster) von Referenzstämmen und Praxisproben hinterlegt werden und jederzeit mit aktuellen Chromatogrammen automatisch verglichen werden (202).

6.5 FT-IR Spektroskopie

WENNING et al. zeigten, dass die FT-IR-Spektroskopie eine adäquate Methode zur Identifizierung von Hefen auf Gattungs- und Stammebene ist (293). Aus dieser und anderen Forschungsarbeit(en) resultierte eine FTIR-Spektren-Referenzdatenbank für lebensmittelrelevante Hefen (145, 291). Diese Referenzdatenbank wurde am Lehrstuhl für Mikrobielle Ökologie der TU München kontinuierlich erweitert. Im Laufe dieser Arbeit sollten Referenzspektren getränkerelevanter Hefearten in die Datenbank mit einfließen. Hefestämme, deren Spektren in die Datenbank integriert werden sollten, wurden über die Referenzmethode 26S-rDNA Sequenzierung nach KURTZMAN et al. auf Artebene identifiziert (151). Viele Hefestämme konnten auch direkt durch die bestehende Datenbank identifiziert werden (siehe Tabelle 52., 8.3). *Saccharomyces* Arten stellten die Ausnahme dar, da sie nicht über die 26S-rDNA Sequenzierung eindeutig identifiziert werden können; sie mussten deshalb über die in dieser Arbeit entwickelten Real-Time PCR Systeme oder über IGS2-rDNA Sequenzierung identifiziert werden oder sie wurden als Referenzstämme von Stammsammlungen bezogen. Eine Identifizierung der *Saccharomyces* Arten war wegen der hohen Ähnlichkeit der Arten über die Referenzdatenbank nicht möglich. Zur Identifizierung der *Saccharomyces* Arten musste ein neuronales Netz geschaffen werden, das diverser und individueller auf spektroskopische Problemstellungen, verursacht durch nah verwandte Arten, eingehen kann (durch eine Delegation der Probleme auf verschiedene Ebenen). BÜCHL et al. demonstrierten das Identifizierungspotential eines – FT-IR Spektren basierten – neuronalen Netzwerkes für die nah verwandten Arten der Gattungen *Pichia* und *Issatchenkia* (39). Die Methodik der Erstellung eines auf FT-IR-Spektren basierten neuronalen Netzwerkes wurde auf die *Saccharomyces* Arten übertragen. In das künstliche neuronale Netzwerk wurde auch NS-FH integriert, die früher dem *S. sensu lato* Komplex angehörten. Das künstliche neuronale Netzwerk wurde aus neun hierarchisch angeordneten Subnetzen auf vier Ebenen erstellt. Für das Gesamtnetz konnte in der internen Validierung eine korrekte Identifizierung von 98,3 % erreicht werden. Bei der exter-

Diskussion

nen Validierung wurden 77,2 % der Hefen richtig identifiziert. Im Vergleich zu anderen Arbeiten zu diesem Thema scheint der Prozentsatz an richtig identifizierten Hefen gering. So erreichten z.B. KÜMMERLE et al. und WENNING et al. eine richtige Identifizierung von 97,5 % bzw. 89,0 % in der externen Validierung (145, 293). In beiden Arbeiten wurde wie oben beschrieben, eine Referenzdatenbank verwendet. Allerdings wurden z.B. bei KÜMMERLE et al. nur *S. cerevisiae* und die vier *sensu lato* Arten *K. unispora*, *K. servazzii*, *K. exigua* und *L. kluyveri* mit in die Datenbank aufgenommen (145).

Die Differenzierung von obergärigen und untergärigen Hefen war äußerst zufriedenstellend. Wie aber an dem suboptimalen Prozentsatz bei der Korrektheit der Identifizierung bei der externen Validierung zu erkennen ist, weist das KNN noch Schwachstellen auf. Die beiden Subnetze auf der vierten Ebene – zur Differenzierung von *S. cerevisiae* und *S. cerevisiae var. diastaticus* bzw. von *S. mikatae*, *S. cariocanus*, *S. kudriavzevii* und *S. paradoxus* – sind die Schwachpunkte der KNN-Identifizierung. Auf diese beiden Subnetze fallen 61 % der falschen Identifizierungen. Zur Verbesserung des KNN sollten bei der Unterscheidung von *S. mikatae*, *S. cariocanus*, *S. kudriavzevii* und *S. paradoxus* mehr Referenzstämme gemessen werden. Dies stellt jedoch ein Problem dar, da in Stammsammlungen nur wenige oder einzelne Stämme dieser Arten zur Verfügung stehen (221). Ein weiteres Problem stellt die Unterscheidung von *S. cerevisiae* und *S. cerevisiae var. diastaticus* dar. *S. cerevisiae var. diastaticus* ist eine Varietät von *S. cerevisiae*, die lediglich durch die Anwesenheit der Gene STA 1-3 – die für eine extrazelluläre Glucoamylase kodieren – bestimmt wird (36, 71). Somit ist es nicht erstaunlich, dass Hefestämme, die diese Gene besitzen bzw. nicht besitzen, trotzdem eine hohe physiologische Ähnlichkeit besitzen können und ähnliche FT-IR Spektren verursachen.

6.6 Praxisrelevanter Einsatz, Vor- und Nachteile der untersuchten Methoden

In Tabelle 50 werden die Methoden, die in dieser Arbeit entwickelt und untersucht wurden, anhand verschiedener Bewertungskriterien beurteilt. Die Identifizierung von Einzelkolonien auf Artebene kann durch FT-IR, Sequenzierung und PCR-DHPLC gut bewerkstelligt werden. Für die PCR-DHPLC Methode müsste allerdings eine Referenzdatenbank – wie unter 6.4 diskutiert – etabliert werden.

Diskussion

Der Einsatz der Real-Time PCR Methode ist sinnvoll, wenn schon ein Verdacht auf eine bestimmte Hefeart besteht. Ansonsten ist sie nur bedingt sinnvoll, da sehr viele PCR-Systeme simultan eingesetzt werden müssen (siehe 6.3), dies kostspielig ist und dabei nicht sichergestellt ist, dass ein Ergebnis erzielt wird. Für die Identifizierung in Mischkulturen sind die Sequenzierung und die FT-IR ungeeignet, da beide Reinkulturen benötigen, um keine Sequenzüberlagerungen bzw. Spektrenüberlagerungen zu erhalten. Real-Time PCR kann sehr gut in Mischkulturen eingesetzt werden, um z. B. verdächtige Kontaminanten in Fermentationen nachzuweisen oder um Starterkulturen oder Spontanfermentationen aufzuklären. Der Nachteil hierbei ist jedoch, dass nur mit vorgegebenen PCR-Systemen „gesucht" werden kann. Nicht-Ziel-Organismen bleiben unerkannt. Die PCR-DHPLC Methodik könnte die gesamten Hefearten einer Mischpopulation identifizieren, wenn die vorgeschaltete PCR die Zielregionen aller Hefearten amplifizieren könnte. Unter 6.4 wurde bereits diskutiert, dass die vorgeschaltete PCR optimiert werden müsste, um die PCR-DHPLC für die Hefeidentifizierung auf Artebene aus Mischkulturen einsetzbar zu machen. Eine Identifizierung auf Stammebene ist mit Real-Time PCR nicht möglich mit der Ausnahme, dass ein Primer-, Sondensystem auf einer stammspezifischen DNA-Sequenz etabliert wird. Die Möglichkeit der Stammdifferenzierung mittels PCR-DHPLC wurde in dieser Arbeit unter 5.4.2.2 demonstriert, jedoch musste hier eine PCR vorgeschaltet werden, die eine Sequenz mit intraspezifischen Polymorphismen amplifiziert. Die Standardverfahren zur Identifizierung von Hefearten mittels Sequenzierung vermögen nicht auf Stammebene zu differenzieren. Werden aber Sequenzen mit intraspezifischen Polymorphismen amplifiziert und anschließend sequenziert, ist eine Stammdifferenzierung möglich. Die Standard FT-IR mittels Datenbankidentifizierung identifiziert nur auf Artebene. Um Stämme zu differenzieren, müssen künstliche neuronale Netze etabliert oder Clusteranalysen durchgeführt werden.

Diskussion

Tabelle 50: Beurteilung der untersuchten Hefe-Identifizierungsmethoden

Bewertungskriterien	Sequenzierung	Real-Time PCR	PCR-DHPLC	FT-IR
Einzelkolonie-Identifizierung	+	+/−	+	+
Identifizierung in Mischkulturen	−	+	+/−	−
Identifizierung auf Stammebene	+/−	−	+	+/−
Handhabung/Durchführung	+	+	+	+/−
Analysendauer	1 d (Auftrag)	2,5 h	2,5 h	1 d
Nachweisgrenze	−	+	+/−	−
geschlossenes System	−	+	−	−
offenes System	+	−	+	+
Gerätekosten	+	+/−	−	−
Analysekosten	-	+/−	+/−	+

+ = ja, möglich, gut, kostengünstig
+/− = bedingt möglich, mittel, mittlerer Kostenbereich
− = nein, nicht möglich, schlecht, kostenintensiv

Die Handhabung und Durchführbarkeit aller Methoden ist für geübtes Laborpersonal als einfach einzustufen. Die FT-IR Spektroskopie hat lediglich den Nachteil, dass definierte Zeiten eingehalten werden müssen und lange Zeitlücken zwischen den einzelnen Arbeitschritten stehen, wohingegen die anderen Verfahren an mehreren Stellen unterbrochen werden können und zu einem späteren Zeitpunkt mit dem nächsten Arbeitschritt fortgefahren werden kann. Die kürzeste Analysendauer haben mit 2,5 h die Real-Time PCR und die PCR-DHPLC. Da bei der Sequenzierung von einer internen Probenbearbeitung und einer externen (Auftrags-) Sequenzierung ausgegangen wurde, steht das Ergebnis am nächsten Tag zur Verfügung. Hat die QS-Abteilung eines Getränkebetriebes ein eigenes Sequenziergerät, so kann mit einen Ergebnis nach etwa 4-6 h gerechnet werden. Da für die FT-IR Analyse stets ein homogener Zellrasen unter einheitlichen Bedingungen über genau 24 h Stunden kultiviert werden muss, um homogenes Probenmaterial in die Analyse einzusetzen, steht ein Ergebnis frühestes am Folgetag zur Verfügung. Die Nachweisgrenze für Real-Time PCR Systeme liegt bei etwa 10^2-10^3 Hefezellen. Für die PCR-DHPLC konnten Nachweisgrenzen von etwa 10^5-10^6 Zellen ermittelt werden. Zur Sequenzierung und FT-IR müssen sichtbare Kulturen mit hohen Zellkonzentrationen vorliegen. Eine abgewandelte Form der FT-IR − die FT-IR Microspektrometrie − vermag Minikolonien nachzuweisen; sie ist in der Routineanalytik jedoch wenig verbreitet (293). Die Real-Time PCR ist ein geschlossenes System, d. h. durch Primer und Sonden Sequenzen ist die Ziel-DNA vorgegeben. Die reine Sequenzierungsreaktion ist ein universelles System. Wird die vorgeschaltete PCR mit universellen Primern gestaltet, bleibt das

System für alle Hefearten offen. Dies lässt sich auf die PCR-DHPLC übertragen. Die FT-IR Spektroskopie ist ein offenes System, da Spektren aller Hefearten uafnehmbar sind und entweder identifiziert oder als unbekannt eingeordnet werden können. Diese können mit Referenzmethoden identifiziert werden und anschließend in die Datenbank integriert werden. Die Gerätekosten der DHPLC und der FT-IR belaufen sich auf 55000-100000 €, die der Real-Time PCR auf 30000-50000 €. Da bei der Sequenzierung von einer Auftragssequenzierung ausgegangen wird, sind nur die Gerätekosten eines Standard PCR-Cycler von 3000-8000 € zu rechnen. Ein Sequenziergerät würde im Bereich der PCR-DHPLC und FT-IR rangieren. Die Analysekosten pro Probe belaufen sich bei der Real-Time PCR und der PCR-DHPLC auf 1-2 €, bei der FTIR auf etwa 0,5 € (da nur mikrobiologisches Verbrauchsmaterial benötigt wird) und bei der Sequenzierung auf 14,6 € (wegen Auftragssequenzierung, PCR-Produktaufreinigung). Bevor ein Labor – welches getränkemikrobiologisch arbeitet – eine Methode zur Hefeidentifizierung und/oder Differenzierung etabliert, empfiehlt es sich, das geplante Analysenspektrum und die Zielsetzung genau festzulegen und anschließend anhand Tabelle 50 und dieses Abschnittes die einzelnen Beurteilungskriterien zu evaluieren.

7 Literaturverzeichnis

1. Abdel-Aty, L. M. 1991. Immunchemische und molekularbiologische Untersuchungen an verschiedenen *Saccharomyces-* und *Schizosaccharomyces* Hefen. Dissertation. TU München, Freising-Weihenstephan.
2. Anonymus. 2009. Anteil der wichtigsten Sorten am Bierabsatz im Lebensmitteleinzelhandel und in Abholmärkten. Deutscher Brauer-Bund e. V. , Berlin. http://www.brauer-bund.de (19. März 2009).
3. Anonymus. 1998. CLEN medium for the detection of wild yeast. J Am Soc Brew Chem 56:202-208.
4. Anonymus. 1997. CLEN medium for the detection of wild yeast. J Am Soc Brew Chem 55:185-189.
5. Anonymus. 1994. Differentiation of ale and lager yeast. J Am Soc Brew Chem 52:184-188.
6. Anonymus. 2004. DSMZ Online Catalogue Yeasts. DSMZ, Braunschweig. http://www.dsmz.de/microorganisms/yeast_catalogue.php (15. Juli 2008).
7. Antunovics, Z., L. Irinyi, and M. Sipiczki. 2005. Combined application of methods to taxonomic identification of Saccharomyces strains in fermenting botrytized grape must. J Appl Microbiol 98:971-9.
8. Arias, C. R., J. K. Burns, L. M. Friedrich, R. M. Goodrich, and M. E. Parish. 2002. Yeast species associated with orange juice: evaluation of different identification methods. Appl Environ Microbiol 68:1955-61.
9. Axelson-Fisk, A., and P. Sunnerhagen. 2005. Comparative genomics and gene finding in fungi, p. 1-28. *In* P. Sunnerhagen and J. Piskur (ed.), Comparative Genomics, vol. 15. Spinger-Verlag, Berlin.
10. Back, W. 2006. Mikrobiologische Situation des Jahres 2005. Presented at the 39. Technologisches Seminar, Freising-Weihenstephan.
11. Back, W. 1994. Farbatlas und Handbuch der Getränkemikrobiologie, vol. 2. Hans Carl Fachverlag, Nürnberg.
12. Back, W. 1994. Farbatlas und Handbuch der Getränkemikrobiologie, vol. 1. Hans Carl Fachverlag Nürnberg.
13. Back, W. 2007. Mikrobiologie der Getränke. *In* K.-U. Heyse (ed.), Praxishandbuch der Brauerei, vol. 4. Fachverlag Hans Carl, Nürnberg.
14. Back, W. 1987. Nachweis und Identifizierung von Fremdhefen in der Brauerei. Brauwissenschaft 3236:145-154.
15. Back, W. 1979. Taxonomische Untersuchungen an limonadenschädlichen Hefen. Brauwissenschaft 32:145-154.
16. Bamforth, C. W. 2005. Food, fermentation and microorganisms. Blackwell Publishing, Oxford.
17. Banks, J. G., and R. G. Board. 1987. Some factors influencing the recovery from yeasts and moulds from chilled foods. Int J Food Microbiol 4:197-206.
18. Barata, A., J. Caldeira, R. Botelheiro, D. Pagliara, M. Malfeito-Ferreira, and V. Loureiro. 2008. Survival patterns of Dekkera bruxellensis in wines and inhibitory effect of sulphur dioxide. Int J Food Microbiol 121:201-7.

19. Barbin, P., J.-L. Cheval, J.-F. Gilis, P. Strehaiano, and P. Taillandier. 2008. Diversity in Spoilage Yeast Dekkera/Brettanomyces isolated from french Wine. J Inst Brew 114:69-75.
20. Barnett, J. A., R. W. Payne, and D. Yarrow. 2000. Yeasts: characteristics and identification, 3rd ed. Cambridge University Press, Cambridge.
21. Beh, A. L., G. H. Fleet, C. J. Prakitchaiwattana, and G. Heard. 2006. Evaluation of molecular methods for the analysis of yeasts in foods and beverages, p. 69-106. In A. D. Hocking, J. I. Pitt, R. A. Samson, and u. Thrane (ed.), Advandes in food mycology, vol. 571. Springer, Inc., New York.
22. Bell, P. J. 2004. Yeast differentiation using histone promoter sequences. Lett Appl Microbiol 38:388-92.
23. Beltran, G., M. J. Torija, M. Novo, N. Ferrer, M. Poblet, J. M. Guillamon, N. Rozes, and A. Mas. 2002. Analysis of yeast populations during alcoholic fermentation: a six year follow-up study. Syst Appl Microbiol 25:287-93.
24. Bendiak, D. S. 1991. A modified copper medium for wild yeast identification. J Am Soc Brew Chem 49:38-39.
25. Bennis, S., F. Chami, N. Chami, T. Bouchikhi, and A. Remmal. 2004. Surface alteration of *Saccharomyces cerevisiae* induced by Thymol and eugenol. Lett Appl Microbiol 38:454-458.
26. Betts, G. D., P. Linton, and R. J. Betteridge. 1999. Food spoilage effects on pH, NaCl and temperature on growth. Fd Contr 10:27-33.
27. Beuchat, L. R. 1981. Synergistic effects of potassium sorbate and sodium benzoate on thermal inactivation of yeasts. J Food Sc 49:771-777.
28. Bilinski, C. A., G. Innamorato, and G. G. Stewart. 1985. Identification and characterization of antimicrobial activity in two yeast genera. Appl Environ Microbiol 50:1330-1332.
29. Blandino, A., M. E. Al-Aseeri, S. S. Pandiella, D. Cantero, and C. Webb. 2003. Cereal-based fermented foods and beverages. Food Res Int 36:527–543.
30. Bleve, G., L. Rizzotti, F. Dellaglio, and S. Torriani. 2003. Development of reverse transcription (RT)-PCR and real-time RT-PCR assays for rapid detection and quantification of viable yeasts and molds contaminating yogurts and pasteurized food products. Appl Environ Microbiol 69:4116-22.
31. Blondin, B., R. Ratomahenina, A. Arnaud, and P. Galzy. 1992. A study of cellobiose fermentation by a *Dekkera* strain. Biotechnol Bioeng 24:2031-2037.
32. Boekhout, T., V. Robert, M. Smith, J. Stalpers, D. Yarrow, P. Boer, G. Gijswijt, C. P. Kurtzman, J. W. Guého, J. Guillot and I. Roberts. 2002. Yeasts of the World 2.0. ETI Biodiversity Center, Amsterdam.
33. Bohak, I., and W. Back. 2007. Biermischgetränke - Mikrobiologie. In K.-U. Heyse (ed.), Praxishandbuch der Brauerei, vol. 3. Fachverlag Hans Carl, Nürnberg.
34. Bolotin-Fukuhara, M., S. Casaregola, and M. Aigle. 2005. Genome evolution: Lessons from Genolevures. In P. Sunnerhagen and J. Piskur (ed.), Comparative Genomics, vol. 15. Springer-Verlag, Berlin.

35. Botes, A., S. D. Todorov, J. W. Mollendorff, A. Botha, and L. M. T. Dicks. 2007. Identification of lactic acid bacteria and yeast from boza. Process Biochemistry 42:267–270.
36. Brandl, A. 2006. Entwicklung und Optimierung von PCR-Methoden zur Detektion und Identifizierung von brauereirelevanten Mikroorganismen zur Routine-Anwendung in Brauereien. Dissertation. TU München, Freising-Weihenstephan.
37. Brandl, A., M. Hutzler, and E. Geiger. 2005. Optimisation of brewing yeast differentiation and wild yeast identification by Real-Time PCR, Proc. 30th EBC Congr. Prague. Fachverlag Hans Carl [CD-ROM], Nürnberg.
38. Braune, A., and A. Eidtmann. 2003. First experiences using realtime-PCR as a rapid detection method for brewery process control at Beck & Co, Proc. 29th EBC Congr. Dublin. Fachverlag Hans Carl [CD-ROM], Nürnberg.
39. Büchl, N. R., M. Wenning, H. Seiler, H. Mietke-Hofmann, and S. Scherer. 2008. Reliable identification of closely related Issatchenkia and Pichia species using artificial neuronal network analysis of Fourier-transform infrared spectra. Yeast 25:787-798.
40. Cadez, N., G. Poot, P. Raspor, and M. T. Smith. 2003. *Hanseniaspora meyeri* sp.nov., *Hanseniaspora clermontiae* sp. nov., *Hanseniaspora lachancei* sp. nov., *Hanseniaspora opuntiae* sp. nov., novel apiculate yeast species. Int J Syst Evol Microbiol 53:1671-1680.
41. Cappello, M. S., G. Bleve, F. Grieco, F. Dellaglio, and G. Zacheo. 2004. Characterization of Saccharomyces cerevisiae strains isolated from must of grape grown in experimental vineyard. J Appl Microbiol 97:1274-80.
42. Caruso, M., A. Capece, G. Salzano, and P. Romano. 2002. Typing of Saccharomyces cerevisiae and Kloeckera apiculata strains from Aglianico wine. Lett Appl Microbiol 34:323-8.
43. Casaregola, S., H. V. Nguyen, G. Lapathitis, A. Kotyk, and C. Gaillardin. 2001. Analysis of the constitution of the beer yeast genome by PCR, sequencing and subtelomeric sequence hybridization. Int J Syst Evol Microbiol 51:1607-18.
44. Casey, G. D., and A. D. Dobson. 2004. Potential of using real-time PCR-based detection of spoilage yeast in fruit juice--a preliminary study. Int J Food Microbiol 91:327-35.
45. Cava, R. R., and P. S. Hernandez. 1994. Comparison of media for enumeration osmotolerant yeasts in orange juice concentrate. Int J Food Microbiol 12:291-295.
46. Chatonnet, P., D. Dubourdieu, J. N. Boidron, and M. Pons. 1992. The origin of ethylphenols in wines. J Sci Food Agric 60:165-178.
47. Christine le, J., L. Marc, D. Catherine, E. Claude, L. Jean-Luc, A. Michel, and M. P. Isabelle. 2007. Characterization of natural hybrids of Saccharomyces cerevisiae and Saccharomyces bayanus var. uvarum. FEMS Yeast Res 7:540-9.
48. Ciani, M., I. Mannazzu, P. Marinangeli, F. Clementi, and A. Martini. 2004. Contribution of winery-resident Saccharomyces cerevisiae strains to spontaneous grape must fermentation. Antonie Van Leeuwenhoek 85:159-64.

49. Cocolin, L., L. F. Bisson, and D. A. Mills. 2000. Direct profiling of the yeast dynamics in wine fermentations. FEMS Microbiol Lett 189:81-7.
50. Comi, G., M. Maifreni, M. Manzano, C. Lagazio, and L. Cocolin. 2000. Mitochondrial DNA restriction enzyme analysis and evaluation of the enological characteristics of Saccharomyces cerevisiae strains isolated from grapes of the wine-producing area of Collio (Italy). Int J Food Microbiol 58:117-21.
51. Connell, L., H. Stender, and C. G. Edwards. 2002. Rapid detection of Brettanomyces from winery air samples based on peptide nucleic acid analysis. Am J Enol Vitic 53:322-324.
52. Coton, E., M. Coton, D. Levert, S. Casaregola, and D. Sohier. 2006. Yeast ecology in French cider and black olive natural fermentations. Int J Food Microbiol 108:130-5.
53. Daly, B., E. Collins, D. Madigan, D. Donnelly, M. Coakley, and R. P. Ross. 1997. An investigation into styrene in beer, p. 623-630, Proc. 26th EBC Congr. Maastricht.
54. Daniel, H. M., and W. Meyer. 2003. Evaluation of ribosomal RNA and actin gen sequences for the identification of ascomycetous yeasts. Int J Food Microbiol 86:61-78.
55. Davenport, R. R. 1996. Forensic microbiology for soft drink business. Soft Drinks Manag Int April:34-35.
56. De Angelo, J., and K. J. Siebert. 1987. A new medium for the detection of wild yeast in brewing culture yeast. J Am Soc Brew Chem 45:135-140.
57. De Barros Lopes, M., A. Soden, A. L. Martens, P. A. Henschke, and P. Langridge. 1998. Differentiation and species identification of yeasts using PCR. Int J Syst Bacteriol 48 Pt 1:279-86.
58. Deak, T. 2003. Detection, enumeration, and isolation of yeasts, p. 39-68. In T. Boekhout and V. Robert (ed.), Yeasts in food. Behr's Verlag, Hamburg.
59. Deak, T. 2006. Environmental factors influencing yeasts. In C. A. Rosa and G. Péter (ed.), Biodiversity and ecophysiology of yeasts. Springer, Berlin.
60. Deak, T., and L. R. Beuchat. 1996. Handbook of food spoilage yeasts CRC Press, New York.
61. Delaherche, A., O. Claisse, and A. Lonvaud-Funel. 2004. Detection and quantification of Brettanomyces bruxellensis and 'ropy' Pediococcus damnosus strains in wine by real-time polymerase chain reaction. J Appl Microbiol 97:910-5.
62. Demuyter, C., M. Lollier, J. L. Legras, and C. Le Jeune. 2004. Predominance of Saccharomyces uvarum during spontaneous alcoholic fermentation, for three consecutive years, in an Alsatian winery. J Appl Microbiol 97:1140-8.
63. Deng, D., G. Deng, M. F. Smith, J. Zhou, H. Xin, S. M. Powell, and Y. Lu. 2002. Simultaneous detection of CpG methylation and single nucleotide polymorphism by denaturing high performance liquid chromatography. Nucleic Acids Res 30:E13.

64. Dequin, S., J.-M. Salmon, H. Nguyen, and B. Blondin. 2003. Wine yeasts, p. 389-412. In T. Boekhout and V. Robert (ed.), Yeasts in food. Behr's Verlag, Hamburg.
65. Dias, L., S. Pereira-da-Silva, M. Tavares, M. Malfeito-Ferreira, and V. Loureiro. 2003. Factors effecting the production of 4-ethylphenol by the yeast Dekkera bruxellensis in enological conditions. Food Microbiol 20:377-384.
66. Dittrich, H. H. 1977. Mikrobiologie des Weines. Eugen Ulmer, Stuttgart.
67. Domann, E., G. Hong, C. Imirzalioglu, S. Turschner, J. Kuhle, C. Watzel, T. Hain, H. Hossain, and T. Chakraborty. 2003. Culture-independent identification of pathogenic bacteria and polymicrobial infections in the genitourinary tract of renal transplant recipients. J Clin Microbiol 41:5500-10.
68. Donhauser, S., D. Wagner, and D. Gordon. 1987. Hefestämme und Bierqualität. Brauwelt 38:1654-1664.
69. Donhauser, S., D. Wagner, and H. Guggeis. 1987. Hefestämme und Bierqualität. Brauwelt 29:1273-1280.
70. Donhauser, S., D. Wagner, and R. Springer. 1991. Obergärige Hefestämme und Bierqualität. Der Weihenstephaner 3:131-138.
71. Dörries. 2006. Entwicklung von Real-time PCR Nachweissystemen für getränkerelevante Hefen. Dissertation. TU Berlin, Berlin.
72. Dufour, J.-P., K. Verstrepen, and G. Derdelinckx. 2003. Brewing yeasts, p. 347-388. In T. Boekhout and V. Robert (ed.), Yeasts in food. Behr's Verlag, Hamburg.
73. Edlin, D. A. N., A. Narbad, L. R. Dickinson, and D. Lloyd. 1995. The biotransformation of simple phenolic compounds by Brettanomyces anomalus. FEMS Microbiol Lett 125:311-315.
74. Eidtmann, A., J. Gromus, and H. G. Bellmer. 1998. Mikrobiologische Qualitätssicherung: Der spezifische Nachweis von bierschädlichen Hefen im hefefreien Bereich. Brauwissenschaft 9/10:141-48.
75. Elnifro, E. M., A. M. Ashshi, R. J. Cooper, and P. E. Klapper. 2000. Multiplex PCR: optimization and application in diagnostic virology. Clin Microbiol Rev 13:559-70.
76. Emmerich, W., and F. Radler. 1983. The anaerobic metabolism of glucose and fructose by Saccharomyces bailii. J Gen Microbiol 129:3311-3318.
77. Engel, G., H. Rosch, and K. J. Heller. 1986. Heat tolerance of yeasts. Kieler Milchwissensch. 41:633-637.
78. Esteve-Zarzoso, B., C. Belloch, F. Uruburu, and A. Querol. 1999. Identification of yeasts by RFLP analysis of the 5.8S rRNA gene and the two ribosomal internal transcribed spacers. Int J Syst Bacteriol 49 Pt 1:329-37.
79. Esteve-Zarzoso, B., M. T. Fernandez-Espinar, and A. Querol. 2004. Authentication and identification of Saccharomyces cerevisiae 'flor' yeast races involved in sherry ageing. Antonie Van Leeuwenhoek 85:151-8.
80. Esteve-Zarzoso, B., M. J. Peris-Toran, E. Garcia-Maiquez, F. Uruburu, and A. Querol. 2001. Yeast population dynamics during the

fermentation and biological aging of sherry wines. Appl Environ Microbiol 67:2056-61.
81. Ethiraj, S., and E. R. Suresh. 1988. *Pichia membranifaciens*: a benzoateresistant yeast from spoiled mango pulp. J Food Sc Technol 25:63-66.
82. Felbel, J. 2007. Untersuchungen zur Miniaturisierung der Polymerase Kettenreaktion (PCR) auf der Basis von Mikrochip-Thermocyclern. Dissertation. Martin-Luther Universität Halle-Wittenberg, Halle-Wittenberg.
83. Fell, J. W., T. Boekhout, A. Fonseca, G. Scorzetti, and A. Statzell-Tallman. 2000. Biodiversity and sysematics of basidiomycetous yeasts as determined by large subunit rDNA D1/D2 domain sequence analysis. Int J Syst Evol Microbiol 50:1351-1371.
84. Fernandez-Espinar, M. T., B. Esteve-Zarzoso, A. Querol, and E. Barrio. 2000. RFLP analysis of the ribosomal internal transcribed spacers and the 5.8S rRNA gene region of the genus Saccharomyces: a fast method for species identification and the differentiation of flor yeasts. Antonie Van Leeuwenhoek 78:87-97.
85. Fernandez-Espinar, M. T., P. Martorell, R. De Llanos, and A. Querol. 2006. Molecular methods to identify and charcterize yeasts in foods and beverages, p. 55-82. *In* A. Querol and G. H. Fleet (ed.), Yeasts in food and beverages. Springer-Verlag, Berlin.
86. Fernandez-Gonzalez, M., J. C. Espinosa, J. F. Ubeda, and A. I. Briones. 2001. Yeasts present during wine fermentation: comparative analysis of conventional plating and PCR-TTGE. Syst Appl Microbiol 24:634-8.
87. Fleet, G. H. 2006. The commercial and community significance of yeasts in food and beverage production, p. 1-12. *In* A. Querol and G. H. Fleet (ed.), Yeasts in food and beverages. Springer Verlag, Berlin.
88. Fleet, G. H. 1992. Spoilage yeasts. Crit Rev Microbiol 12:1-44.
89. Fleet, G. H. 2003. Yeasts in fruit and fruit products, p. 267-287. *In* T. Boekhout and V. Robert (ed.), Yeasts in Food. Behr's Verlag, Hamburg.
90. Freer, S. N., B. Dien, and S. Matsuda. 2003. Production of acetic acid by Dekkera/Brettanomyces yeasts under conditions of constant pH. World J Microbiol Biotechnol 19:101-105.
91. Freitas Schwan, R., and A. E. Wheals. 2003. Mixed microbial fermentations of chocolate and coffee, p. 429-449. *In* T. Boekhout and V. Robert (ed.), Yeasts in Food. Behr's Verlag, Hamburg.
92. Fröhlich-Wyder, M. T. 2003. Yeasts in dairy products, p. 209-237. *In* T. Boekhout and V. Robert (ed.), Yeasts in Food. Behr's Verlag, Hamburg.
93. Fugelsang, K. C., and C. G. Edwards. 2007. Wine microbiology, 2nd ed. Springer, New York.
94. Ganga, M. A., and C. Martinez. 2004. Effect of wine yeast monoculture practice on the biodiversity of non-Saccharomyces yeasts. J Appl Microbiol 96:76-83.
95. Ganley, A. R., K. Hayashi, T. Horiuchi, and T. Kobayashi. 2005. Identifying gene-independent noncoding functional elements in the yeast ribosomal DNA by phylogenetic footprinting. Proc Natl Acad Sci U S A 102:11787-92.

Literaturverzeichnis

96. Gao, C., and G. H. Fleet. 1988. The effects of temperature and pH on the ethanol tolerance of the wine yeasts Saccharomyces cerevisiae, Candida stellata and Kloeckera apiculata. J Appl Bacteriol 65:405-409.
97. Geiger, E. 2007. Gärung. In K.-U. Heyse (ed.), Praxishandbuch der Brauerei, vol. 3. Fachverlag Hans Carl, Nürnberg.
98. Gevertz, J. L., S. M. Dunn, and C. M. Roth. 2005. Mathematical model of real-time PCR kinetics. Biotechnol Bioeng 92:346-55.
99. Giordano, B. C., J. Ferrance, S. Swedberg, A. F. Huhmer, and J. P. Landers. 2001. Polymerase chain reaction in polymeric microchips: DNA amplification in less than 240 seconds. Anal Biochem 291:124-32.
100. Giraffa, G., L. Rossetti, and E. Neviani. 2000. An evaluation of chelex-based DNA purification protocols for the typing of lactic acid bacteria. J Microbiol Methods 42:175-84.
101. Goldenberg, O. 2007. Molekulare Analyse der Darmflora mit hämatologischen Krebserkrankungen. Dissertation. TU Berlin, Berlin.
102. Goldenberg, O., S. Herrmann, T. Adam, G. Marjoram, G. Hong, U. B. Gobel, and B. Graf. 2005. Use of denaturing high-performance liquid chromatography for rapid detection and identification of seven Candida species. J Clin Microbiol 43:5912-5.
103. Goldenberg, O., S. Herrmann, G. Marjoram, M. Noyer-Weidner, G. Hong, S. Bereswill, and U. B. Gobel. 2007. Molecular monitoring of the intestinal flora by denaturing high performance liquid chromatography. J Microbiol Methods 68:94-105.
104. Gomes, F. C., C. Pataro, J. B. Guerra, M. J. Neves, S. R. Correa, E. S. Moreira, and C. A. Rosa. 2002. Physiological diversity and trehalose accumulation in Schizosaccharomyces pombe strains isolated from spontaneous fermentations during the production of the artisanal Brazilian cachaca. Can J Microbiol 48:399-406.
105. Gonzalez, S. S., E. Barrio, J. Gafner, and A. Querol. 2006. Natural hybrids form Saccharomyces cerevisiae, Sacchaeromyces bayanus and Saccharomyces kudriavzevii in wine fermentations. FEMS Yeast Res 6:1221-1234.
106. Goto, S., and I. Yokotsuka. 1977. Wild yeast population in fresh grape must of different harvest time. J Ferment Technol 55:417-422.
107. Granchi, L., D. Ganucci, C. Viti, L. Giovannetti, and M. Vincenzini. 2003. Saccharomyces cerevisiae biodiversity in spontaneous commercial fermentations of grape musts with 'adequate' and 'inadequate' assimilable-nitrogen content. Lett Appl Microbiol 36:54-8.
108. Guerra, J. B., R. A. Araujo, C. Pataro, G. R. Franco, E. S. Moreira, L. C. Mendonca-Hagler, and C. A. Rosa. 2001. Genetic diversity of Saccharomyces cerevisiae strains during the 24 h fermentative cycle for the production of the artisanal Brazilian cachaca. Lett Appl Microbiol 33:106-11.
109. Guerzoni, M. E., R. Lanciotti, and R. Marchetti. 1993. Survey of the physiological properties of the most frequent yeasts associated with commercial chilled foods. 17:329-341.

110. Gutteridge, C. S., and F. G. Priest. 1996. Methods for the rapid identification of microorganisms, p. 237-270. *In* F. G. Priest and I. Campell (ed.), Brewing Microbiology, 2nd ed. Chapman & Hall, London.
111. Haikara, A., and T. M. Enari. 1975. The detection of wild yeast contaminants by immunofluorescence technique, Proc. EBC Congr. . Fachverlag Hans Carl, Nürnberg.
112. Hall, J. F. 1971. Detection of wild yeasts in the brewery. J Inst Brew 77:513-523.
113. Harris, V., C. M. Ford, V. Jiranek, and P. R. Grbin. 2008. Dekkera and Brettanomyces growth and utilisation of hydroxycinnamic acids in synthetic media. Appl Microbiol Biotechnol 78:997-1006.
114. Heard, G. M., and G. H. Fleet. 1985. Growth of natural yeast flora during the fermentation of inoculated wines. Appl Environ Microbiol 50:727-728.
115. Heaton, P. A. 1999. Quantification of total DNA by spectroscopy, p. 47-57. *In* G. C. Saunders and H. C. Parkes (ed.), Analytical molecular biology. LGC Teddington.
116. Helm, D., H. Labischinski, G. Schallehn, and D. Naumann. 1991. Classification and identification of bacteria by Fourier-transform infrared spectroscopy. J Gen Microbiol 137:69-79.
117. Hierro, N., B. Esteve-Zarzoso, A. Mas, and J. M. Guillamon. 2007. Monitoring of Saccharomyces and Hanseniaspora populations during alcoholic fermentation by real-time quantitative PCR. FEMS Yeast Res.
118. Holloway, P., R. E. Subden, and M. A. Lachance. 1990. The yeasts in a Riesling must from Niagara grape frowing region of Ontario. Can Inst Food Sci Technol J 23:212-216.
119. Holzapfel, B., and L. Wickert. 2007. Die quantitative Real-Time-PCR. Biologie unserer Zeit 2:120-126.
120. Hope, C. F. A. 1987. Cinnamic acid as the basis of a medium for the detection of wild yeasts. J Inst Brew 93:213-215.
121. Howell, K. S., E. J. Bartowsky, G. H. Fleet, and P. A. Henschke. 2004. Microsatellite PCR profiling of Saccharomyces cerevisiae strains during wine fermentation. Lett Appl Microbiol 38:315-20.
122. Hübner, P., S. Gautsch, and T. Jemmi. 2002. Inhouse Validierung mikrobiologischer Prüfverfahren. Mitteilungen aus Lebensmitteluntersuchung und Hygiene 93:118-139.
123. Hutzler, M., and E. Geiger. 2006. Neue Differenzierungsansätze für Kultur- und Fremdhefen. Presented at the 3. Weihenstephaner Hefesymposium, Freising-Weihenstephan, 27.-28. Juni 2006.
124. Hutzler, M., E. Geiger, and S. Rainieri. 2008. Nachweis von Fremdhefen in obergärigen und untergärigen Brauereikulturhefen mittels Real-Time PCR. Presented at the 41. Technologisches Seminar, Freising-Weihenstephan, 22.-24. Januar 2008.
125. Hutzler, M., and O. Goldenberg. 2007. PCR-DHPLC: A potential novel method for rapid screening of mixed yeast populations, Proc. 31th EBC Congr. Venice. Fachverlag Hans Carl [CD-ROM], Nürnberg.

Literaturverzeichnis

126. Hutzler, M., E. Schuster, and G. Stettner. 2008. Ein Werkzeug in der Brauereimikrobiologie - Real-Time PCR in der Praxis. Brauindustrie 4:52-55.
127. Hutzler, M., C. Tenge, and E. Geiger. 2007. Real-time PCR screening and identification assays for beer and beverage spoilage yeasts Proc. 31th EBC Congr. Venice. Fachverlag Hans Carl [CD-ROM], Nürnberg.
128. Hutzler, M., U. Wellhoener, C. Tenge, and E. Geiger. 2007. Biermischgetränke: Gefährliche Schadhefen, anfällige Getränke? Brauwelt 43:1188-1194.
129. Jährig, A., and W. Schade. 1990. Mikrobiologie der Gärungs- und Getränkeindustrie. CENA, Meckenheim.
130. James, S. A., J. Cai, I. N. Roberts, and M. D. Collins. 1997. A phylogenetic analysis of the genus Saccharomyces based on 18S rRNA gene sequences: description of Saccharomyces kunashirensis sp. nov. and Saccharomyces martiniae sp. nov. Int J Syst Bacteriol 47:453-60.
131. James, S. A., M. D. Collins, and I. N. Roberts. 1994. Genetic interrelationship among species of the genus Zygosaccharomyces as revealed by small-subunit rRNA gene sequences. Yeast 10:871-81.
132. James, S. A., M. D. Collins, and I. N. Roberts. 1994. The genetic relationship of Lodderomyces elongisporus to other ascomycete yeast species as revealed by small-subunit rRNA gene sequences. Lett Appl Microbiol 19:308-11.
133. James, S. A., and M. Stratford. 2003. Spoilage yeasts with emphasis on the genus Zygosaccharomyces. *In* T. Boekhout and V. Robert (ed.), Yeasts in Food. Behr's Verlag, Hamburg.
134. Jespersen, L. 2003. Occurrence and taxonomic characteristics of strains of Saccharomyces cerevisiae predominant in African indigenous fermented foods and beverages. FEMS Yeast Res 3:191-200.
135. Jespersen, L., and M. Jakobsen. 1996. Specific spoilage organisms in breweries and laboratory media for their detection. Int J Food Microbiol 33:139-55.
136. Jolly, N. P., and I. S. Pretorius. 2003. The use of *Candida pulcherrima* in combination with *Saccharomyces cerevisiae* for the production of Chenin blanc wine. S Afr J Enol Vitic 24:63-69.
137. Josepa, S., J. M. Guillamon, and J. Cano. 2000. PCR differentiation of Saccharomyces cerevisiae from Saccharomyces bayanus/Saccharomyces pastorianus using specific primers. FEMS Microbiol Lett 193:255-9.
138. Joubert, R., P. Brignon, C. Lehmann, C. Monribot, F. Gendre, and H. Boucherie. 2000. Two-dimensional gel analysis of the proteome of lager brewing yeasts. Yeast 16:511-22.
139. Kao, A. S., M. E. Brandt, W. R. Pruitt, L. A. Conn, B. A. Perkins, D. S. Stephens, W. S. Baughman, A. L. Reingold, G. A. Rothrock, M. A. Pfaller, R. W. Pinner, and R. A. Hajjeh. 1999. The epidemiology of candidemia in two United States cities: results of a population-based active surveillance. Clin Infect Dis 29:1164-70.
140. Klein, D. 2002. Quantification using real-time PCR technology: applications and limitations. Trends Mol Med 8:257-60.

141. Kobi, D., S. Zugmeyer, S. Potier, and L. Jaquet-Gutfreund. 2004. Two-dimensional protein map of an "ale"-brewing yeast strain: proteome dynamics during fermentation. FEMS Yeast Res 5:213-30.
142. Kocková-Kratochvílová, A. 1990. Yeasts and yeast-like organisms. VCH Verlagsgesellschaft, Weinheim.
143. Kodama, Y., F. Omura, and T. Ashikari. 2001. Isolation and characterization of a gene specific to lager brewing yeast that encodes a branched-chain amino acid permease. Appl Environ Microbiol 67:3455-62.
144. Kolfschoten, G. A., and D. Yarrow. 1970. Brettanomyces naardenensis, a new yeast from soft drinks. Antonie Van Leeuwenhoek 36:458-60.
145. Kümmerle, M., S. Scherer, and H. Seiler. 1998. Rapid and reliable identification of food-borne yeasts by Fourier-transform infrared spectroscopy. Appl Environ Microbiol 64:2207-2214.
146. Kuniyuki, A. H., C. Rous, and J. L. Sanderson. 1984. Enzymatic-linked immunosorbent assay (ELISA) detection of *Brettanomyces* contaminants in wine production. Am J Enol Vitic 35:143-145.
147. Kurtzman, C. P. 2003. Phylogenetic circumscription of Saccharomyces, Kluyveromyces and other members of the Saccharomycetaceae, and the proposal of the new genera Lachancea, Nakaseomyces, Naumovia, Vanderwaltozyma and Zygotorulaspora. FEMS Yeast Res 4:233-45.
148. Kurtzman, C. P., T. Boekhout, V. Robert, J. W. Fell, and T. Deak. 2003. Methods to identify yeasts, p. 69-121. *In* T. Boekhout and V. Robert (ed.), Yeasts in food. Behr's Verlag, Hamburg.
149. Kurtzman, C. P., and J. W. Fell. 1998. The yeasts, a taxonomic study, 4th Edition ed. Elsevier, Amsterdam.
150. Kurtzman, C. P., and J. Piškur. 2005. Taxonomy and phylogenetic diversity among the yeasts, p. 29-46. *In* P. Sunnerhagen and J. Piškur (ed.), Comparative Genomics, vol. 15. Spinger-Verlag, Berlin.
151. Kurtzman, C. P., and C. J. Robnett. 1998. Identification and phylogeny of ascomycetous yeasts from analysis of nuclear large subunit 26s partial sequences Antonie van Leeuwenhoek 73:331-371.
152. Kurtzman, C. P., and C. J. Robnett. 2003. Phylogenetic relationships among yeasts of the 'Saccharomyces complex' determined from multigene sequence analyses. FEMS Yeast Res 3:417-32.
153. Kurtzman, C. P., C. J. Robnett, and E. Basehoar-Powers. 2008. Phylogenetic relationships among species of Pichia, Isaatchenkia and Williopsis determined from multigene sequence analysis, and the proposal of Barnettozyma gen. nov., Lindnera gen. nov. and Wickerhamomyces gen. nov. . FEMS Yeast Res 8:939-954.
154. Kurtzman, C. P., C. J. Robnett, and E. Basehoar-Powers. 2001. Zygosaccharomyces kombuchaensis, a new ascosporogenous yeast from 'Kombucha tea'. FEMS Yeast Res 1:133-8.
155. Kurtzman, C. P., C. J. Robnett, and D. Yarrow. 2001. Three new species of Candida from apple cider: C. anglica, C. cidri and C. pomicola. Antonie Van Leeuwenhoek 80:237-44.
156. Kutyavin, I. V., I. A. Afonina, A. Mills, V. V. Gorn, E. A. Lukhtanov, E. S. Belousov, M. J. Singer, D. K. Walburger, S. G. Lokhov, A. A. Gall, R. Dempcy, M. W. Reed, R. B. Meyer, and J. Hedgpeth. 2000.

3'-minor groove binder-DNA probes increase sequence specificity at PCR extension temperatures. Nucleic Acids Res 28:655-61.
157. Lachance, M. A., D. G. Gilbert, and W. T. Starmer. 1995. Yeast communities associated with Drosophila species and related flies in an eastern oak-pine forest: a comparison with western communities. J Ind Microbiol 14:484-94.
158. LaGier, M. J., L. A. Joseph, T. V. Passaretti, K. A. Musser, and N. M. Cirino. 2004. A real-time multiplexed PCR assay for rapid detection and differentiation of Campylobacter jejuni and Campylobacter coli. Mol Cell Probes 18:275-82.
159. Laitila, A., T. Sarlin, E. Kotaviita, T. Huttunen, S. Home, and A. Wilhelmson. 2007. Yeasts isolated from industrial maltings can suppress Fusarium growth and formation of gushing factors. J Ind Microbiol Biotechnol.
160. Laitila, A., A. Wilhelmson, E. Kotaviita, J. Olkku, S. Home, and R. Juvonen. 2006. Yeasts in an industrial malting ecosystem. J Ind Microbiol Biotechnol 33:953-66.
161. Las Heras-Vazquez, F. J., L. Mingorance-Cazorla, J. M. Clemente-Jimenez, and F. Rodriguez-Vico. 2003. Identification of yeast species from orange fruit and juice by RFLP and sequence analysis of the 5.8S rRNA gene and the two internal transcribed spacers. FEMS Yeast Res 3:3-9.
162. Liti, G., D. B. Barton, and E. J. Louis. 2006. Sequence diversity, reproductive isolation and species concepts in Saccharomyces. Genetics 174:839-50.
163. Lockhart, S. R., S. A. Messer, M. A. Pfaller, and D. J. Diekema. 2008. Lodderomyces elongisporus masquerading as Candida parapsilosis as a cause of bloodstream infections. J Clin Microbiol 46:374-6.
164. Lopandic, K., H. Gangl, E. Wallner, G. Tscheik, G. Leitner, A. Querol, N. Borth, M. Breitenbach, H. Prillinger, and W. Tiefenbrunner. 2007. Genetically different wine yeasts isolated from Austrian vine-growing regions influence wine aroma differently and contain putative hybrids between Saccharomyces cerevisiae and Saccharomyces kudriavzevii. FEMS Yeast Res 7:953-65.
165. Lopes, C. A., M. van Broock, A. Querol, and A. C. Caballero. 2002. Saccharomyces cerevisiae wine yeast populations in a cold region in Argentinean Patagonia. A study at different fermentation scales. J Appl Microbiol 93:608-15.
166. Lottspeich, F., and H. Zorbas. 1998. Bioanalytik. Spektrum Verlag GmbH, Heidelberg.
167. Loureiro, V., and M. Malfeito-Ferreira. 2003. Spoilage yeasts in the wine industry. Int J Food Microbiol 86:23-50.
168. Loureiro, V., and A. Querol. 1999. The prevalence and control of spoilage yeasts in foods and beverages. Trends in Food Science & Technology 10:356-365.
169. Maclean, C. J., and D. Greig. 2008. Prezygotic reproductive isolation between Saccharomyces cerevisiae and Saccharomyces paradoxus. BMC Evol Biol 8:1.

170. Malani, P. N., S. F. Bradley, R. S. Little, and C. A. Kauffman. 2001. Trends in species causing fungaemia in a tertiary care medical centre over 12 years. Mycoses 44:446-9.
171. Marinangeli, P., D. Angelozzi, M. Ciani, F. Clementi, and I. Mannazzu. 2004. Minisatellites in Saccharomyces cerevisiae genes encoding cell wall proteins: a new way towards wine strain characterisation. FEMS Yeast Res 4:427-35.
172. Marinangeli, P., F. Clementi, M. Ciani, and I. Mannazzu. 2004. SED1 polymorphism within the genus Saccharomyces. FEMS Yeast Res 5:73-9.
173. Martinez, C., S. Gac, A. Lavin, and M. Ganga. 2004. Genomic characterization of Saccharomyces cerevisiae strains isolated from wine-producing areas in South America. J Appl Microbiol 96:1161-8.
174. Martorell, P., M. T. Fernandez-Espinar, and A. Querol. 2005. Molecular monitoring of spoilage yeasts during the production of candied fruit nougats to determine food contamination sources. Int J Food Microbiol 101:293-302.
175. Martorell, P., A. Querol, and M. T. Fernandez-Espinar. 2005. Rapid identification and enumeration of Saccharomyces cerevisiae cells in wine by real-time PCR. Appl Environ Microbiol 71:6823-30.
176. Masneuf, I., J. Hansen, C. Groth, J. Piskur, and D. Dubourdieu. 1998. New hybrids between Saccharomyces sensu stricto yeast species found among wine and cider production strains. Appl Environ Microbiol 64:3887-92.
177. Mayser, P., S. Fromme, C. Leitzman, and K. Grunder. 1995. The yeast spectrum of the "tea fungus kombucha" Mycoses 38:289-295.
178. McCullough, M. J., K. V. Clemons, J. H. McCusker, and D. A. Stevens. 1998. Intergenic transcribed spacer PCR ribotyping for differentiation of Saccharomyces species and interspecific hybrids. J Clin Microbiol 36:1035-8.
179. Meyer, O. 1981. Erfahrungen aus mikrobiellen Vorkommnissen in alkoholfreie Getränke herstellenden Betrieben. Lebensmittelindustrie 28:308-311.
180. Minarik, E. 1981. Zur Ökologie von Hefen und hefeartiger Organismen abgefüllter Weine. Wein Wissenschaft 36:280-285.
181. Molina, F. I., S. C. Jong, and J. L. Huffman. 1993. PCR amplification of the 3' external transcribed and intergenic spacers of the ribosomal DNA repeat unit in three species of Saccharomyces. FEMS Microbiol Lett 108:259-63.
182. Montrocher, R., M. C. Verner, J. Briolay, C. Gautier, and R. Marmeisse. 1998. Phylogenetic analysis of the Saccharomyces cerevisiae group based on polymorphisms of rDNA spacer sequences. Int J Syst Bacteriol 48 Pt 1:295-303.
183. Mora, J., and C. Rosello. 1992. The growth and survival of *Pichia menbranifaciens* during fermentation of grape juice. Am J Enol Vitic 43:329-332.
184. Morais, P. B., C. A. Rosa, V. R. Linardi, C. Pataro, and A. B. R. A. Maia. 1997. Short Communication: Characerization and succession of yeast populations associated with spontanous fermentations during the produc-

tion of Brazilian sugar-cane aguardente. World J Microbiol Biotechnol 13:241-243.
185. Morrissey, W. F., B. Davenport, A. Querol, and A. D. Dobson. 2004. The role of indigenous yeasts in traditional Irish cider fermentations. J Appl Microbiol 97:647-55.
186. Mullis, K., F. Faloona, S. Scharf, R. Saiki, G. Horn, and H. Erlich. 1986. Specific enzymatic amplification of DNA in vitro: the polymerase chain reaction. Cold Spring Harb Symp Quant Biol 51 Pt 1:263-73.
187. Mwesigye, P. K., and T. O. Okurut. 1995. A survey of the production and consumption of traditional alcoholic beverages in Uganda. Process Biochemistry 30:497-501.
188. Nagai, H., Y. Murakami, Y. Morita, K. Yokoyama, and E. Tamiya. 2001. Development of a microchamber array for picoliter PCR. Anal Chem 73:1043-7.
189. Nardi, T., M. Carlot, E. De Bortoli, V. Corich, and A. Giacomini. 2006. A rapid method for differentiating Saccharomyces sensu stricto strains from other yeast species in an enological environment. FEMS Microbiol Lett 264:168-73.
190. Naumann, D. 2000. Infrared spectroscopy in microbiology. *In* R. A. Meyers (ed.), Encyclopedia of analytical chemistry. John Wiley & Sons Ltd., Chichester.
191. Naumann, D., D. Helm, and H. Labischinski. 1991. Microbiological characterizations by FT-IR spectroscopy. Nature 351:81-82.
192. Naumov, G. I., S. A. James, E. S. Naumova, E. J. Louis, and I. N. Roberts. 2000. Three new species in the Saccharomyces sensu stricto complex: Saccharomyces cariocanus, Saccharomyces kudriavzevii and Saccharomyces mikatae. Int J Syst Evol Microbiol 50 Pt 5:1931-42.
193. Naumov, G. I., I. Masneuf, E. S. Naumova, M. Aigle, and D. Dubourdieu. 2000. Association of Saccharomyces bayanus var. uvarum with some French wines: genetic analysis of yeast populations. Res Microbiol 151:683-91.
194. Naumov, G. I., E. S. Naumova, Z. Antunovics, and M. Sipiczki. 2002. Saccharomyces bayanus var. uvarum in Tokaj wine-making of Slovakia and Hungary. Appl Microbiol Biotechnol 59:727-30.
195. Naumov, G. I., H. V. Nguyen, E. S. Naumova, A. Michel, M. Aigle, and C. Gaillardin. 2001. Genetic identification of Saccharomyces bayanus var. uvarum, a cider-fermenting yeast. Int J Food Microbiol 65:163-71.
196. Northrup, M. A., B. Benett, D. Hadley, P. Landre, S. Lehew, J. Richards, and P. Stratton. 1998. A miniature analytical instrument for nucleic acids based on micromachined silicon reaction chambers. Anal Chem 70:918-22.
197. Nout, M. J. 2003. Traditional fermented products from Africa, Latin America and Asia, p. 451-473. *In* T. Boekhout and V. Robert (ed.), Yeasts in food. Behr's Verlag, Hamburg.
198. Nouvellie, L., and P. De Schapdrijver. 1986. Modern develpments in traditional African beers. Progr Ind Microbiol 19:73-157.
199. Oberreuter, H., J. Charzinski, and S. Scherer. 2002. Intraspecific diversity of Brevibacterium linens, Corynebacterium glutamicum and

Rhodococcus erythropolis based on partial 16S rDNA sequence analysis and Fourier-transform infrared (FT-IR) spectroscopy. Microbiology 148:1523-1532.

200. Parish, M. E., and D. P. Higgins. 1989. Yeasts and molds isolated from spoiling citrus products and by-products. J Food Prot 52:261-263.

201. Pasteur, L. 1876. Etudes sur la bière, ses maladies, causes qui les provoquent, procédé pour la rendre inaltérable, avec une théorie nouvelle de la fermentantion. Gauthiers-Villars, Paris.

202. Petersen, R. F., C. S. Harrington, H. E. Kortegaard, and S. L. W. On. 2007. A PCR-DGGE method for detection and identification of *Campylobacter*, *Helicobacter*, *Arcobacter* and related Epsilobacteria and its application to salvia samples from humans and domestic pets. J Appl Microbiol 103:2601-2615.

203. Pfaller, M. A., L. Boyken, R. J. Hollis, J. Kroeger, S. A. Messer, S. Tendolkar, and D. J. Diekema. 2008. In vitro susceptibility of invasive isolates of Candida spp. to anidulafungin, caspofungin, and micafungin: six years of global surveillance. J Clin Microbiol 46:150-6.

204. Phister, T. G., and D. A. Mills. 2003. Real-time PCR assay for detection and enumeration of Dekkera bruxellensis in wine. Appl Environ Microbiol 69:7430-4.

205. Pitt, J. I. 1974. Resistance of some food spoilage yeast to preservatives. Fd Techno Austr 6:238-241.

206. Pitt, J. I., and A. D. Hocking. 1997. Fungi and food spoilage, 2nd ed. Blackie, London.

207. Pitt, J. I., and K. C. Richardson. 1973. Spoilage by preservative-resistant yeasts. CSIRO Fd Res Quart 33:80-85.

208. Pope, G. A., D. A. MacKenzie, M. Defernez, M. A. Aroso, L. J. Fuller, F. A. Mellon, W. B. Dunn, M. Brown, R. Goodacre, D. B. Kell, M. E. Marvin, E. J. Louis, and I. N. Roberts. 2007. Metabolic footprinting as a tool for discriminating between brewing yeasts. Yeast 24:667-79.

209. Prakitchaiwattana, C. J., G. H. Fleet, and G. M. Heard. 2004. Application and evaluation of denaturing gradient gel electrophoresis to analyse the yeast ecology of wine grapes. FEMS Yeast Res 4:865-77.

210. Pramateftaki, P. V., P. Lanaridis, and M. A. Typas. 2000. Molecular identification of wine yeasts at species or strain level: a case study with strains from two vine-growing areas of Greece. J Appl Microbiol 89:236-48.

211. Pretorius, I. S., T. Van der Westhuizen, and A. OPH. 1999. Yeast biodiversity in vineyardsand wineries and its importance to the South African wine industry S Afr J Enol Vitic 20:61-74.

212. Priest, F. G. 2003. Rapid identification of microorganisms, p. 305-328. *In* F. G. Priest and I. Campell (ed.), Brewing Microbiology, 3rd ed. Kluwer Academic/Plenum Publishers, New York.

213. Put, H. M. C., and J. De Jong. 1982. The heat resistance of ascospores of four *Saccharomyces spp.* isolated from spoiled heat-processed soft drinks and fruit products J Appl Bacteriol 52:235-243.

214. Put, H. M. C., J. De Jong, F. E. Sand, and A. M. Van Grinsven. 1982. Heat resistance studies on yeast ssp. causing spoilage in soft drinks J Appl Bacteriol 52:135-152.
215. Rainieri, S., Y. Kodama, Y. Kaneko, K. Mikata, Y. Nakao, and T. Ashikari. 2006. Pure and mixed genetic lines of Saccharomyces bayanus and Saccharomyces pastorianus and their contribution to the lager brewing strain genome. Appl Environ Microbiol 72:3968-74.
216. Rainieri, S., Y. Kodama, Y. Nakao, A. Pulvirenti, and P. Giudici. 2008. The inheritance of mtDNA in lager brewing strains. FEMS Yeast Res.
217. Rainieri, S., C. Zambonelli, and Y. Kaneko. 2003. Saccharomyces sensu stricto: systematics, genetic diversity and evolution. J Biosci Bioeng 96:1-9.
218. Rebrikov, D. V., and D. Trofimov. 2006. Real-time PCR: approaches to data analysis (a review). Prikl Biokhim Mikrobiol 42:520-8.
219. Rebuffo, C. A., J. Schmitt, M. Wenning, F. von Stetten, and S. Scherer. 2006. Reliable and rapid identification of Listeria monocytogenes and Listeria species by artificial neural network-based Fourier transform infrared spectroscopy. Appl Environ Microbiol 72:994-1000.
220. Redzepovic, S., S. Orlic, S. Sikora, A. Majdak, and I. S. Pretorius. 2002. Identification and characterization of Saccharomyces cerevisiae and Saccharomyces paradoxus strains isolated from Croatian vineyards. Lett Appl Microbiol 35:305-10.
221. Robert, V., M. Groenewald, W. Epping, T. Boekhout, G. Poot, and J. Stalpers. 2004. CBS yeast database. Centralbureau voor Schimmelcultures, Utrecht. http://www.cbs.knaw.nl/yeast/DefaultPage.aspx (5. Juni 2008).
222. Röcken, W., and C. Marg. 1983. Nachweis von Fremdhefen in der obergärigen Brauerei - Vergleich verschiedener Nährböden. Brauwissenschaft 7:276-279.
223. Röcken, W., and S. Schulte. 1981. Nachweis von Fremdhefen. Brauwelt 41:1921-1927.
224. Röcken, W., and S. Schulte. 1986. Nachweis von Fremdhefen. Brauwelt 41:1921-1927.
225. Roder, C., H. Konig, and J. Frohlich. 2007. Species-specific identification of Dekkera/Brettanomyces yeasts by fluorescently labeled DNA probes targeting the 26S rRNA. FEMS Yeast Res 7:1013-26.
226. Rodrigues, N., G. Gonçalves, S. Pereira-da-Silva, M. Malfeito-Ferreira, and V. Loureiro. 2001. Development and use of a new medium to detect yeasts of the genera Dekkera/Brettanomyces. J Appl Microbiol 90:588-599.
227. Rodriguez, M. E., C. A. Lopes, M. van Broock, S. Valles, D. Ramon, and A. C. Caballero. 2004. Screening and typing of Patagonian wine yeasts for glycosidase activities. J Appl Microbiol 96:84-95.
228. Rutledge, R. G., and C. Cote. 2003. Mathematics of quantitative kinetic PCR and the application of standard curves. Nucleic Acids Res 31:e93.
229. Salek, A. 2002. Verbesserter kultureller Nachweis von Wildhefen. Brauwelt 44:1580-1583.

230. Samels, J., and J. N. Sofos. 2003. Yeasts in meat and meat products, p. 239-265. *In* T. Boekhout and V. Robert (ed.), Yeasts in Food. Behr's Verlag, Hamburg.
231. Sancho, T., G. Gimenez-Jurado, M. Malfeito-Ferreira, and V. Loureiro. 2000. Zymological indicators: anew concept appliedto the detectionof potential spoilage yeast species associated with fruit pulps and concentrates. Food Microbiol 17:613-624.
232. Sand, F. E. 1983. Hefen als Begleitflora in alkoholfreien Getränken. Brauwelt 9:329-332.
233. Sand, F. E., G. A. Kolfschoten, and A. M. Van Grinsven. 1976. Yeasts isolated from proportioning pumps employed in soft drink plants. Brauwissenschaft 29:294-298.
234. Sand, F. E., and A. M. van Grinsven. 1976. Comparison between the yeast flora of Middle Eastern and Western European soft drinks. Antonie Van Leeuwenhoek 42:523-32.
235. Sand, F. E., and A. M. Van Grinsven. 1976. Investigation of yeast strains isolated from Scandinavian Breweries. Brauwissenschaft 29:353-355.
236. Scherer, A. 2002. Entwicklung von PCR-Methoden zur Klassifizierung industriell genutzter Hefen. TU München, Freising-Weihenstephan.
237. Schöneborn, H. 2001. Differenzierung und Charakterisierung von Betriebshefekulturen mit genetischenund physiologischen Methoden. TU München, Freising-Weihenstephan.
238. Schuhegger, R., H. Skala, T. Maier, and U. Busch. 2008. Identifizierung von Mikroorganismen mit MALDI TOF Massenspektrometrie in der Routineanalytik. Presented at the 10. Fachsymposium Lebensmittelmikrobiologie, Stuttgart, 9.-11. April.
239. Schwarzenberger, M. J. 2002. Die Abfüllung von Biermischgetränke. Brauwelt 18/19:647-649.
240. Scorzetti, G., J. W. Fell, A. Fonseca, and A. Statzell-Tallman. 2002. Systematics of basidiomycetous yeasts: a comparison of large subunitD1/D2 and internal transcribed spacer rDNA regions FEMS Yeast Res 2:495-517.
241. Scott, V. N., and D. T. Bernard. 1985. Resistance of yeast to dry heat J Food Sc 50:1754-1755.
242. Seidel, H. 1972. Differenzierung zwischen Brauerei-Kulturhefen und wilden Hefen, Teil I: Erfahrungen beim Nachweis von wilden Hefen auf Kristallviolettagar und Lysinagar. Brauwissenschaft 25:384-398.
243. Seidel, H. 1973. Differenzierung zwischen Brauerei-Kulturhefen und wilden Hefen, Teil I: Erfahrungen beim Nachweis von wilden Hefen auf SDM. Brauwissenschaft 26:179-183.
244. Shamala, T. R., and K. R. Sreekantiah. 1988. Microbiological and biochemical studies on traditional Indian palm-wine fermentation Food Microbiol 5:157-162.
245. Slavikova, E., R. Vadkertiova, and A. Kocková-Kratochvílová. 1992. Yeasts isolated from artificial lake water. Can J Microbiol 38:1206-1209.

246. Smith, M. T., and A. M. van Grinsven. 1984. Dekkera anomala sp. nov., the teleomorph of Brettanomyces anomalus, recovered from spoiled soft drinks. Antonie Van Leeuwenhoek 50:143-8.
247. Snowdon, E. M., M. C. Bowyer, P. R. Grbin, and P. K. Bowyer. 2006. Mousy off-flavor: a review. J Agric Food Chem 54:6465-74.
248. Spencer, J. F. T. 1997. Yeasts in natural and artificial habitats. Springer Verlag, Berlin.
249. Steels, H., S. A. James, I. N. Roberts, and M. Stratford. 2000. Sorbic acid resistance: the inoculum effect. Yeast 16:1173-83.
250. Steels, H., S. A. James, I. N. Roberts, and M. Stratford. 1999. Zygosaccharomyces lentus: a significant new osmophilic, preservative-resistant spoilage yeast, capable of growth at low temperature. J Appl Microbiol 87:520-7.
251. Steinkraus, K. H. 1986. Fermented foods, feeds, and beverages. Biotechnol Adv 4:219-43.
252. Steinkraus, K. H. 1996. Indigenous fermented foods in which ethanol is a major product. In K. H. Steinkraus (ed.), Indigenous fermented foods. Marcel Dekker, inc., New York.
253. Steinkraus, K. H., K. B. Shapiro, J. H. Hotchkiss, and R. P. Mortlock. 1996. Investigations into the antibiotic activity of tea fungus /kombucha beverage. Acta Biotechnol 16:199-205.
254. Stender, H., C. Kurtzman, J. J. Hyldig-Nielsen, D. Sorensen, A. Broomer, K. Oliveira, H. Perry-O'Keefe, A. Sage, B. Young, and J. Coull. 2001. Identification of Dekkera bruxellensis (Brettanomyces) from wine by fluorescence in situ hybridization using peptide nucleic acid probes. Appl Environ Microbiol 67:938-41.
255. Storgårds, E. 2000. Process hygiene control in beer production and dispensing. Dissertation. University of Helsinki, Espoo.
256. Storgårds, E., A. Haikara, and R. Juvonen. 2006. Brewing control systems: microbiological analysis. In C. W. Bamforth (ed.), Brewing. Woodhead, Cambridge.
257. Storgårds, E., K. Tapani, P. Hartwall, R. Saleva, and M. L. Suihko. 2006. Microbial attachment and biofilm formation in brewery bottling plants. J Am Soc Brew Chem 64.
258. Stratford, M. 2006. Food and beverage spoilage yeasts, p. 335-379. In A. Querol and G. H. Fleet (ed.), Yeasts in food and beverages. Springer Verlag, Berlin.
259. Stratford, M., and S. A. James. 2003. Non-alcoholic beverages and yeasts, p. 309-345. In T. Boekhout and V. Robert (ed.), Yeasts in Food. Behr's Verlag, Hamburg.
260. Sud, I. J., and D. S. Feingold. 1981. Hetrogeneity of action mechanisms among antimycotic imidazoles. Anitimicrobial Agents and Chemotherapy 20:71-74.
261. Suzuki, M., T. Nakase, W. Daengsubha, M. Chaonsangket, P. Suyanandana, and K. Komagata. 1987. Identification of yeasts isolated from feremnted food and related materials in Thailand. J Gen Appl Microbiol 33:205-220.

262. Tamai, Y., K. Tanaka, N. Umemoto, K. Tomizuka, and Y. Kaneko. 2000. Diversity of the HO gene encoding an endonuclease for mating-type conversion in the bottom fermenting yeast Saccharomyces pastorianus. Yeast 16:1335-43.
263. Taylor, G. T., and S. Marsh. 1984. MYPG+copper, a medium that detects both *Saccharomyces* and non-*Saccharomyces* wild yeast in the presence of culture yeast. J Inst Brew 90:134-145.
264. Tenge, C. 2007. Hefe und Hefeführung. *In* K.-U. Heyse (ed.), Praxishandbuch der Brauerei, vol. 2. Fachverlag Hans Carl, Nürnberg.
265. Tilbury, R. H. 1980. Xerotolerant yeasts at high sugar concentrations p. 103-128. *In* G. W. Gould and J. E. L. Corry (ed.), Microbial growth and survival in exrtemes of environment. Academic Pres, London.
266. Timke, M., N. Q. Wang-Lieu, K. Altendorf, and A. Lipski. 2008. Identity, beer spoiling and biofilm forming potential of yeasts from beer bottling plant associated biofilms. Antonie Van Leeuwenhoek 93:151-61.
267. Timmins, E. M., D. E. Quain, and R. Goodacre. 1998. Differentiation of brewing yeast strains by pyrolysis mass spectrometry and Fourier transform infrared spectroscopy. Yeast 14:885-93.
268. Too, H.-P., and A. Anwar. 2006. Real Time Polymerase Chain Reaction. *In* L. Y. Kun (ed.), Microbial Biotechnology, 2nd Edition ed. World Scientific Publishing, Singapore.
269. Torija, M. J., G. Beltran, M. Novo, M. Poblet, J. M. Guillamon, A. Mas, and N. Rozes. 2003. Effects of fermentation temperature and Saccharomyces species on the cell fatty acid composition and presence of volatile compounds in wine. Int J Food Microbiol 85:127-36.
270. Torija, M. J., N. Rozes, M. Poblet, J. M. Guillamon, and A. Mas. 2001. Yeast population dynamics in spontaneous fermentations: comparison between two different wine-producing areas over a period of three years. Antonie Van Leeuwenhoek 79:345-52.
271. Tornai-**Lehoczki, J., and G. Péter.** 2000. Typing of foodborne, food spoilage and opportunistic pathogenic yeastas on CHROMagar Candida medium, p. 400. *In* J. P. Dijken and W. A. Scheffers (ed.), The rising power of yeasts in science and industry. Delft University Press, Delft.
272. Toro, M. R., and F. Vasquez. 2002. Fermentation behaviour of controlled mixed and sequential cultures of *Candida cantarellii* and *Saccharomyces cerevisiae* wine yeasts. World J Microbiol Biotechnol 18:347-354.
273. Troedsson, C., R. F. Lee, V. Stokes, T. L. Walters, P. Simonelli, and M. E. Frischer. 2008. Development of a denaturing high-performance liquid chromatography method for detection of protist parasites of metazoans. Appl Environ Microbiol 74:4336-45.
274. Tsuyoshi, N., R. Fudou, S. Yamanaka, M. Kozaki, N. Tamang, S. Thapa, and J. P. Tamang. 2005. Identification of yeast strains isolated from marcha in Sikkim, a microbial starter for amylolytic fermentation. Int J Food Microbiol 99:135-46.
275. Valente, P., J. P. Ramos, and O. Leoncini. 1999. Sequencing as a tool in yeast molecular taxonomy. Can J Microbiol 45:949-958.

276. Valles, B. S., R. P. Bedrinana, N. F. Tascon, A. Q. Simon, and R. R. Madrera. 2007. Yeast species associated with the spontaneous fermentation of cider. Food Microbiol 24:25-31.
277. Van der Aa Kuhle, A., and L. Jesperen. 1998. Detection and identification of wild yeasts in lager breweries. Int J Food Microbiol 43:205-213.
278. Van der Aa Kuhle, A., L. Jesperen, R. L. Glover, B. Diawara, and M. Jakobsen. 2001. Identification and characterization of Saccharomyces cerevisiae strains isolated from West African sorghum beer. Yeast 18:1069-79.
279. Van der Vossen, J. M., H. Rahaoui, M. W. C. M. De Nijs, and B. J. Hartog. 2003. PCR methods for tracing and detection of yeasts in the food chain, p. 123-138. In T. Boekhout and V. Robert (ed.), Yeats in food. Behr's Verlag, Hamburg.
280. Van der Walt, J. P. 1961. Brettanomyces custersinanus. Antonie Van Leeuwenhoek 27:332-336.
281. Vanderhaegen, B., S. Coghe, N. Vanbeneden, B. Van Lanschoot, B. Vanderhasselt, and G. Denderlinckx. 2002. Yeasts as postfermentation agents in beer. Brauwissenschaft 11/12:218-232.
282. Vaughan-Martini, A., and A. Martini. 1998. *Saccharomyces* Meyen ex Rees, p. 358-373. In C. P. Kurtzman and J. W. Fell (ed.), The yeasts, 4th ed. Elsevier, Amsterdam.
283. Verachert, H., and E. Dawoud. 1990. Yeast in mixed cultures. Louvain Brew Lett 3:15-40.
284. Verstrepen, K., P. J. Chambers, and I. S. Pretorius. 2006. The development of superior yeast strains for the food and beverage industries: challenges, opportunities and potential benefits, p. 399-444. In A. Querol and G. H. Fleet (ed.), Yeasts in Food and beverages. Springer Verlag, Berlin.
285. Vidal-Leira, M., H. Buckley, and N. Van Uden. 1979. Distribution of maximum temperature for growth among yeasts Mycologia 71:493-501.
286. Vogel, H. 2005. Pers. comm., Herstellungsverfahren Würzeagar, Würzegelatine, Freising, 14.02.2005.
287. Vogeser, G., and M. Dahmen. 2004. Improvement of the microbiological analysis by use of real-time PCR, World Brewing Congress, San Diego. CA, San Diego.
288. Warth, A. D. 1988. Effect of Benzoic Acid on Growth Yield of Yeasts Differing in Their Resistance to Preservatives. Appl Environ Microbiol 54:2091-2095.
289. Warth, A. D. 1989. Relationships between the resistance of yeasts to acetic, propanoic and benzoic acids and to methyl paraben and pH. Int J Food Microbiol 8:343-9.
290. Warth, A. D. 1985. Resistance of yeast species to benzoic and sorbis acids and sulphur dioxide. J Food Prot 48:564-569.
291. Wenning, M. 2004. Identifizierung von Mikroorganismen durch Fouriertransformierte Infrarot (FTIR)-Mikrospektroskopie Dissertation. TU München, Freising.

292. Wenning, M., H. Seiler, and S. Scherer. 2006. Identifizierung und Differenzierung von Hefen mit Fourier-transformierter Infrarot (FTIR) - Spektroskopie. Presented at the 3. Weihenstephaner Hefesymposium, Freising-Weihenstephan, 27.-28. Juni 2006.
293. Wenning, M., H. Seiler, and S. Scherer. 2002. Fourier-transform infrared microspectroscopy, a novel and rapid tool for identification of yeasts. Appl Environ Microbiol 68:4717-21.
294. White, T. J., T. Bruns, E. Lee, and J. Taylor. 1990. Amplification and direct sequencing of fungal ribosomal RNA genes for phylogenetics, p. 315-322. *In* M. A. Innis, D. H. Gelfand, J. J. Sninsky, and T. J. White (ed.), PCR protocols: a guide to methods and amplifications. Academic Press, San Diego.
295. Wold, K., A. Bleken, and T. Hage. 2005. Practical experiences on the use of of Taqman real-time PCR as a microbiological routine quality control method for fermenters at Ringnes brewery, Proc. 30th EBC Congr. Prague. Fachverlag Hans Carl [CD-ROM], Nürnberg.
296. Xufre, A., H. Albergaria, J. Inacio, I. Spencer-Martins, and F. Girio. 2006. Application of fluorescence in situ hybridisation (FISH) to the analysis of yeast population dynamics in winery and laboratory grape must fermentations. Int J Food Microbiol 108:376-84.
297. Yamada, Y., M. Matsuda, and K. Mikata. 1995. The phylogenetic relationships of Eeniella nana Smith, Batenburg-van der Vegte et Scheffers based on the partial sequences of 18S and 26S ribosomal RNAs (Candidaceae). J Ind Microbiol 14:456-60.
298. Yamagishi, H., and T. Ogata. 1999. Chromosomal structures of bottom fermenting yeasts. Syst Appl Microbiol 22:341-53.
299. Zaake, S. 1979. Nachweis und Bedeutung getränkeschädlicher Hefen. Brauwissenschaft 8:350-356.

8 Anhang

8.1 Informationen zu getränkeschädlichen Hefearten und verwandten Arten in alphabetischer Reihenfolge

8.1.1 *Brettanomyces/ Dekkera sp.* (*B. custersianus, B. naardenensis, B. nanus, D. anomala, D. bruxellensis*)

Dekkera ist eine Ascosporen-bildende Gattung und zugleich die teleomorphe Form der Gattung *Brettanomyces* (259). Diese Gattung umfasst fünf Arten, von denen *D. bruxellensis* und *D. anomala* typische Verderber von alkoholhaltigen und alkoholfreien Getränken sind (12, 15, 20, 167). Beide Arten werden aber auch in Mischstarterkulturen zur Bereitung von belgischen Lambic/ Geuze Bieren und Berliner Weiße gefunden und verursachen dort das typische essigsaure Aroma (72, 281, 283). *B. claussenii* ist nun unter *D. anomala* eingeordnet und die Arten *B. intermedius, lambicus, schanderlii* sind unter *D. bruxellensis* eingeordnet (93, 221). *D. anomala* wurde als die Hefeart beschrieben, die am häufigsten zusammen mit *S. cerevisiae* und *Z. bailii* für den Verderb alkoholfreier Getränke verantwortlich ist (60). Der Verderb durch *D. naardenensis* beschränkt sich im Regelfall auf alkoholfreie Getränke, wobei jedoch eine Wachstumsfähigkeit in Biermischgetränken bereits nachgewiesen wurde (60, 128, 144). VAN DER WALT beschrieb 1961 die Art *B. custersianus*, die als Schadorganismus aus afrikanischem Bantu Bier isoliert wurde (280). Die Stämme dieser Art, die bisher in der CBS-Stammsammlung hinterlegt sind, wurden ausschließlich aus Bantu Bier (CBS T4805, 4806, 5207, 5208) und von Oliven isoliert (CBS 8347) (221). VANDEREHAEGEN et al. berichteten, dass *B. custersianus* aus belgischen obergärigen Bieren isoliert wurde (281). Die Gattung *Eeniella* wurde mit einer einzigen Art *Eeniella nana* 1981 eingeführt. Aufgrund der nicht eindeutigen phylogenetischen Verhältnisse wurde vorgeschlagen, diese Gattung beizubehalten (297). Die aktuelle Bezeichnung für diese Hefeart ist *B. nanus* (CBS T1945, 1955, 1956) (221). Die drei Stämme, die in der CBS-Stammsammlung hinterlegt sind, wurden aus abgefülltem Bier isoliert (221). *B. custersianus, naardenensis* und *nanus* wurden bisher nicht aus einem Wein-Umfeld isoliert (113). *B./ D.* Arten können typische Getränkeveränderungen verursachen, wie Bodensatz, Trübung, Bildung von Fehlaromen (z. B. mäuselnd, Abfall aus Nagetier-Käfig, Nelke, gewürzartig, medizinisch, nasse Wolle, Zedernholz, Pferd, Bauernhof, Abwasser), Essigsäure, Ethylacetat, flüchtige Fettsäuren und flüchtige phenolische Verbindungen (46, 90, 93, 247). Die flüchtigen phenolischen Verbindungen wie z. B. 4-Vinylphenol und 4-Vinylguaiacol werden aus Hydroxy-Zimtsäuren wie z. B. Kumarsäure und Ferulasäure über eine enzymatische Decarboxylierungsreaktion gebildet (46, 93). Zudem sind *D. bruxellensis* und *D. anomala* in der Lage, 4-Vinylphenol und 4-Vinylguaiacol zu 4-Ethylphenol und 4-Ethylguaiacol zu reduzieren (46). Kaffeesäure und Sinapinsäure können ebenfalls als Ausgangssubstanzen für zwei analoge Reaktionsschritte dienen, werden aber in geringem Ausmaß umgesetzt (73, 113). *B. custersianus, naardenensis* und *nanus* können zwar in Anwesenheit von Hydroxyzimtsäuren wachsen, deren Fähigkeit, diese aufzunehmen und sie in die entsprechenden Vinyl- oder Ethyl-Verbindungen überzuführen, ist mit der Ausnahme der Sinapinsäure sehr gering (113). Der sensorische Eindruck von 4-Ethylphenol wird mit „rauchig, medizinisch" und der von 4-Ethylguaiacol mit „Nelke", „gewürzartig" beschrieben (93). Neben *B./ D.* Stämmen, die ein breites Spektrum an sensorischen Fehleindrücken verursachen, existieren auch Stämme, die als „sensorisch neutral" einzustufen sind und keine Fehlaromen produzieren (93). Theoretisch können *B./ D.* Hefen Vinyl-Phenole zu Ethyl-Phenolen reduzieren, die von anderen Mikroorganismen gebildet wurden. Es wurde bereits bestätigt, dass *D. bruxellensis* 4-Vinyl-Phenol als Precursor verwenden kann, um 4-Vinyl-Phenol in Abwesenheit von Kumarsäure zu produzieren (65). Es wird beschrieben, dass *D. bruxellensis* Stämme Schwefeldioxidkonzentrationen zwischen 10-50 mg/l tolerieren können (18). Alle fünf *B./ D.* Arten können zwei der drei Substanzen bilden, die für das „mäuselnde" Fehlaroma verantwortlich sind, nämlich 2-Ethyltetrahydropyridin und 2-Acetylhydropyridin (247). Es wird vermutet, dass *B./ D.* Hefen über infizierten Rückwein, schlechte Tank-, Schlauch- und Betriebshygiene oder über Frucht- bzw. Essigfliegen in den Weinbereitungsprozess gelangen (93). In Luftproben verschiedener Winzereien wurden ebenfalls *B./ D.* Hefen gefunden (51). Am häufigsten werden *B./ D.* Hefen in Bereichen der Winzerei gefunden, wo Holzfässer anwesend sind. *B./ D.* Hefen können das Disaccharid Cellobiose verwerten, das beim Rösten während der Fassherstellung (zum Biegen der Fassbögen) entsteht (31, 93). *D. bruxellensis* ist die dominierende Wein verderbende Art, produziert auch die höchsten Konzentrationen an flüchtigen Fehlsubstanzen und ist ebenfalls schädlich für Bier, Biermischgetränke und alkoholfreie Getränke (12, 19, 128, 259). Die Unterschiede der fünf B./ D. Arten sind in Tabelle 51 bezüglich ihrer Essigsäurebildung und bestimmter Wachstumseigenschaften dargestellt.

Tabelle 51: Zusammenfassung charakteristischer Wachstumseigenschaften der fünf Arten der Gattungen *Brettanomyces* und *Dekkera* (221)

Brettanomyces/ Dekkera Art	Essigsäure-Bildung	Wachstum auf Ethanol	Wachstum bei Cycloheximid-Anwesenheit [%]		Wachstums-Temperaturen [°C]				
			0,01	0,1	25	30	35	37	40
Brettanomyces custersianus	+	+	v	v	+	+	+	+	-
Brettanomyces naardenensis	+/s	+	+	+	+	+/-	-	-	-
Brettanomyces nanus	+	+/v/-	+	d/-	+	-	-	-	-
Dekkera anomala	+	+	+	+/d/-	+	+	+/-	+/-	-
Dekkera bruxellensis	+	+	+	+/d	+	+	+	+	+/-

+ = Bildung oder Wachstum, s = schwache Bildung, v = verspätetes Wachstum, - = kein Wachstum
+/d/- = Stämme mit Wachstum/ Stämme mit verspätetem Wachstum/ Stämme ohne Wachstum

Alle B./ D. Arten bilden Essigsäure und können in der Anwesenheit von 0,01% Cycloheximid wachsen (221). Sie können mit der Ausnahme von einigen *B. nanus* Stämmen auf Ethanol wachsen. Anhand der unterschiedlichen Temperaturmaxima sind Unterscheidungen zwischen Arten möglich. *D. bruxellensis* und *D. anomala* können relativ sicher durch ihre Laktose Verwertung unterschieden werden (93). Die meisten *D. anomala* Stämme assimilieren Laktose im Gegensatz zu *D. bruxellensis* (93). Alle B./ D. Arten sind gegenüber basischem Milieu empfindlich und können über einem pH-Wert von 8,0 nicht wachsen (60).

8.1.2 Candida sp. (*C. glabrata, C. intermedia, C. parapsilosis, C. sake, C. tropicalis*)

Zur Gattung *Candida* gehören Arten, die in der Diskussion stehen, pathogen oder opportunistisch pathogen zu sein. In diesem Zusammenhang ist *C. albicans* die Art, die am häufigsten für klinische Hefeinfektionen verantwortlich ist (102). Andere *Candida* Arten, wie *C. dubliniensis, C. famata, C. kefyr, C. krusei, C. glabrata, C. parapsilosis, C. tropicalis, C. guilliermondi* werden vermehrt aus klinischen Proben isoliert und stehen im Verdacht, Candidosen zu verursachen

(139, 170). *C. parapsilosis* ist mittlerweile die dritthäufigste Ursache für *C.* Blutstrominfektion in Nordamerika und bereits die zweithäufigste in Europa und weltweit (ohne Afrika) (163, 203). *C. tropicalis* tritt am zweithäufigsten in Lateinamerika und am vierthäufigsten weltweit (ohne Afrika) auf. *C. glabrata* tritt am dritthäufigsten weltweit (ohne Afrika) auf (203). Wie in den Tabellen 2, 3 und 5 zu entnehmen ist, spielen *C. glabrata*, *C. parapsilosis* und *C. tropicalis* sowohl in Spontanfermentationen als auch als getränkeschädliche Keime eine bedeutende Rolle. Der Verdacht bzw. Zusammenhang, dass getränkeschädliche *C.* Spezies (opportunistisch) pathogen sein können, fand in getränkemikrobiologischen Untersuchungen und der entsprechenden Literatur wenig Beachtung. *C. parapsilosis* ist eine anamorphe, nicht sporenbildende Schadhefe-Art. Es wurde vorgeschlagen, dass deren teleomorphe Form *Lodderomyces elongisporus* ist (259). Es wurde allerdings durch Vergleich der ribosomalen 18s DNA bestätigt, dass es sich um zwei verschiedene Spezies handelt (132). Deren Ähnlichkeiten können allerdings zu Missidentifizierungen von Isolaten aus verdorbenen Getränken führen. *C. parapsilosis* ist eine Hefeart, die opportunistisch auftritt, häufig isoliert wird, aber nur gelegentlich Schäden in Softdrinks verursacht (259). *C. parapsilosis* kann Glucose vergären und einige Stämme können Galaktose, Maltose, Saccharose, Trehalose und Melezitiose vergären (20). Zudem besitzt diese Hefeart lipolytische Aktivität (133, 206). *C. parapsilosis* wurde aus Tee-Bier, Wasser, sauren Gurken, Soft Drinks und Fruchtsäften isoliert (20). *C. parapsilosis* ist sehr nah verwandt mit den pathogenen Hefearten *C. tropicalis*, und *C. albicans*, die beide in Risikoklasse 2 eingestuft sind (6, 259). *C. tropicalis* wurde auch aus Softdrinks, Fruchtsäften und Abfüllanlagen isoliert (214, 259). *C. parapsilosis* und *C. tropicalis* sind bei Temperaturen über 37°C wachstumsfähig. *C. sake* ist eine multilateral sprossende, Pseudohyphen bildende Hefeart, die weiße, cremefarbene Kolonien bildet und sich asexuell reproduziert. Sie kann Glucose und Galaktose vergären und einige Stämme können Maltose, Saccharose und Trehalose vergären. *C. sake* wurde in Sake, Bier, Brauereigerätschaften, Trauben, Saft, Sauerkraut, Wasser, AfG gefunden (20). Zur Produktion von Aguardente, einem brasilianischem, alkoholischem Getränk, das aus einer spontan fermentierten Zuckerrohrmaische destilliert wird, werden Starterkulturen verwendet. Diese werden aus gärendem Zuckerrohrsaft oder dessen Mischung mit zerkleinertem Mais, mit gärenden Früchten oder Reis präpariert und beinhalten als Haupthefearten *C. sake* und *S. cerevisiae* (184). Die Besonderheit dieser *C. sake* Stämme ist, dass sie Killeraktivät gegenüber anderen Hefearten besitzen, die ebenfalls in der Starterkultur originär vorkommen (184). *C. glabrata* vergärt Glucose; einige Stämme können Trehalose vergären. *C. glabrata* wurde aus Insektenlarvenkot, Säugetieren, Vögeln, Bäckerhefe und Fruchtsaft isoliert (20). *C. intermedia* vermag Glucose, Galaktose, Melezitiose und Saccharose zu vergären und einige Stämme können Maltose, Trehalose, Cellobiose und Raffinose vergären. *C. intermedia* wurde aus Erde, Menschen, Meerwasser, Trauben und Bier isoliert (20).

8.1.3 *Debaryomyces hansenii* (anamorph *C. famata*)

Debaryomyces hansenii ist die teleomorphe Form von *C. famata* (60, 92). *Debaryomyces hansenii* verfügt über eine hohe Osmotoleranz (133, 206). Die a_w-Grenzwerte für Glucose, Fructose, Saccharose und NaCl liegen bei 0,84, 0,86, 0,81 und 0,84. *Debaryomyces hansenii* hat eine maximale Wachstumstemperatur von 32–37 °C (60). *Debaryomyces hansenii* vermag Schimmelwachstum auf Äpfeln, Zitrusfrüchten und Getreidekörnern zu unterdrücken (60). *Debaryomyces hansenii* Stämme können zudem pektinolytische Aktivität besitzen (60). Die lag-Phase von *Debaryomyces hansenii* in Erdbeersaft mit 15° Brix, pH 4,0 bei 30°C beträgt 3 h und die Generationszeit 0,8 h (60). *Debaryomyces hansenii* wurde in Fruchtsäften, Wein und Sorghum Bier gefunden (60). In Fruchtsäften mit Pfirsich-, Aprikosen- und Birnenanteil gehört sie zu den häufigst isolierten Hefearten (60). Zudem kommt *Debaryomyces hansenii* auf Äpfeln, Trauben, Zitrusfrüchten, tropischen Früchten, Gerste und Mais vor. Sie wurde auch aus Rohstoffen zur Herstellung von AfG isoliert, wie z. B. aus Sirupen, Melassen und Rohzucker (60). *Debaryomyces hansenii* ist eine der Haupt-Schadhefen für sauer konservierte Lebensmittel, wie z. B. Salatdressings und Mayonaise (60). Kontaminationen von Bäckerhefe, Milchprodukten und Fleischprodukten durch *Debaryomyces hansenii* wurden ebenfalls nachgewiesen (60). Nach DEAK und BEUCHAT ist *Debaryomyces hansenii* die Hefeart, die nach *S. cerevisiae* am häufigsten in Lebensmitteln vorkommt und am vierthäufigsten in Früchten und Getränken (siehe Tabelle 5) (60). Das Genom von *Debaryomyces hansenii* wurde sequenziert und mit dem Genom *S. cerevisiae* und anderen Hefen der Hemiascomyceten verglichen, um die evolutionäre Entwicklung der Hefegenome zu untersuchen (9, 34).

8.1.4 *Hanseniaspora uvarum* (anamorph *Kloeckera apiculata*)

Hanseniaspora uvarum gehört zu den gärfähigen Hefearten (133, 206). *H. uvarum* ist die teleomorphe Form von *Kloeckera apiculata* und wird zusammen mit *Metschinkowia sp.* in vielen Veröffentlichungen als die vorherrschende Hefeart auf reifen Trauben beschrieben (60, 89). Oft nimmt *H. uvarum* mehr als 60% der Gesamthefepopulation auf Trauben ein (64). Es gibt nur wenige Untersuchungen, bei denen *H. uvarum* nicht auf reifen Trauben gefunden wurde (89). *H. uvarum* wurde zudem von Äpfeln, Zitrusfrüchten, Kirschen, Pflaumen, Mais, Kakao, geweichter Gerste und aus Fruchtsäften, Soft Drinks, Most, Bier, Wein und Cider isoliert (60). Die anderen *Hanseniaspora* Arten (*H. guilliermondii, H. osmophila, H. valbyensis*) bevorzugen meist die gleichen Habitate, treten jedoch in unterschiedlichen Verteilungen in Erscheinung (60). Nach einer Re-Inokulation von *H. uvarum* auf intakte Früchte konnte pektinolytische Aktivität beobachtet werden (60). Wie Tabelle 2 und Tabelle 3 zu entnehmen ist, ist *H. uvarum* eine potentiell schädliche Schadhefe für AfG und eine indirekte Schadhefe für alkoholhaltige Getränke. Dies ist in ihrer Alkoholempfindlichkeit begründet (64, 259). So genannte apiculate Hefen wie *H. uvarum* werden während der Weingärung bei einem Ethanolgehalt von etwa 3–5 % v/v von *S. cerevisiae* überwachsen (64). Die Alkoholtoleranz ist von *H. uvarum* jedoch abhängig von der Gärtemperatur und vom Hefestamm (60). So konnte in Untersuchungen von GAO und FLEET ein *H. uvarum* Stamm bei 10, 15 und 20 °C einen Alkoholgehalt von 9,0 % v/v tolerieren, bei 30 °C nur 5,0 % v/v (96). Ein anderer Stamm hingegen tolerierte bei 10, 15 und 30 °C maximal 5,0 % v/v Ethanol und bei 20 °C bis zu 7 % v/v Ethanol (96). HEARD und FLEET und HOLLOWAY et al. konnten zeigen, dass wilde Hefen wie *H. uvarum* die gesamte Wein-Gärungsphase überleben können (114, 118). *H. sp.* spielen eine wichtige Rolle bei der Produktion von flüchtigen aromaaktiven Weinkomponenten (118). Die lag-Phase von *H. uvarum* in Erdbeersaft mit 15° Brix, pH 4,0 bei 30°C beträgt 3 h und die Generationszeit 0,9 h (60). *H. uvarum* wurde auch aus indigenem ghanaischem Bier mit der Bezeichnung Pito isoliert, das einen Ethanolgehalt von 1,5–3,5 % v/v besitzt (197). Eine Besonderheit dieses Getränkes ist, dass es häufig mit einem gewebten Gürtel, einem so genannten „Inoculation Belt" beimpft wird (197). BILINSKI et al. untersuchten 400 Hefestämme von 31 Gattungen auf antibakterielle Aktivität. Nur die beiden Arten *Kluyveromyces marxianus* und *H. uvarum* besaßen Aktivität gegen

Lactobacillus plantarum und *Bacillus cereus*. Gegen Gram-negative Bakterien war jedoch kein Effekt zu beobachten (28). *Hanseniaspora uvarum* gehört zu den zehn am häufigsten auftretenden Schadhefearten für Früchte und Getränke, wobei andere Lebensmittel von dieser Art kaum befallen werden (60).

8.1.5 *Issatchenkia orientalis* (anamorph *Candida krusei*)

Issatchenkia orientalis ist die teleomorphe Form von *Candida krusei* und ist gegen Konservierungsmittel resistent und vermag eine Kahmhaut an Flüssigkeitsoberflächen zu bilden (133, 206). Der auffällige Oberflächenfilm kann Gasblasen enthalten, da diese Hefeart gärfähig ist (259). *I. orientalis* ist gegen Sorbinsäure, Benzoesäure, Essigsäure, Ethanol und SO_2 resistent, aber in einem geringerem Ausmaß als *Z. bailii* (259, 289, 290). Zudem besitzt sie eine moderate Osmotoleranz gegenüber Zucker und Salz und ungewöhnlich hohe Resistenzen gegenüber Pasteurisationstemperaturen und extrem saure Umgebung (77, 205, 259). *I. orientalis* ist sehr weit verbreitet und wurde in verschiedenen Habitaten gefunden, wie z. B. Frischwasser, Früchte, Fruchtsäfte, Getreide, Sorghum Bier, Teepilz, fermentierte Getränke und Softdrinks (106, 177, 198, 221, 245, 253, 261). Ein möglicher Zugang für *I. orientalis*, in Produktionsstätten für alkoholfreie Getränke zu gelangen, ist die Fruchtfliege *Drosophila sp.*, mit der sie vergesellschaftet ist (259).

8.1.6 *Kazachstania exigua* (anamorph *Candida holmii*), *Kazachstania servazzii*, *Kazachstania unispora*

Kazachstania exigua ist die teleomorphe Form von *Candida (Torulopsis) holmii*, zu der sie 99,9 % 18s rDNA Homologie besitzt. Das Erscheinungsbild bei Getränkeverderb erinnert an *S. cerevisiae*, d.h. sie zeigt Gärfähigkeit und starkes Wachstum (206). *K. exigua* kann gegen moderat eingesetzte Konservierungsmittel resistent sein (133, 206). *K. exigua* ist in den Verderb von Fruchtsäften, karbonisierten alkoholfreien Getränken, nicht karbonisierten fruchtsafthaltigen Getränken und Bier verwickelt (221). Diese Hefeart ist nur moderat osmotolerant gegenüber Salz und Zucker und zeigt Resistenz gegenüber Sorbinsäure, Benzoesäure und Essigsäure (26, 205). Über 26S rDNA D1/D2 Sequenzierung konnte festgestellt werden, dass die Resistenzeigenschaften zwischen verschiedenen Stämmen extrem variieren. Einige Stämme besitzen Resistenzen gegenüber

500 ppm Sorbinsäure und 800 ppm Benzoesäure bei einen pH-Wert von 4,0 (259). Im Unterschied zu *S. cerevisiae* kann *K. exigua* nicht über 37 °C wachsen, hat eine geringere Ethanoltoleranz und eine hohe Toleranz gegenüber sauren Medien (20, 205, 206). Wie unter 3.1 bereits beschrieben, gehörten *K. exigua*, *servazzii* und *unispora* vorher zur Gattung *Saccharomyces* und dem *Saccharomyces sensu lato* Komplex. *K. servazzii* und *unispora* spielen als Getränkeschädlinge keine Rolle. Wie unter 5.3.1.2 ersichtlich, wurden für diese Hefearten dennoch spezifische Nachweissysteme innerhalb dieser Arbeit entwickelt. Aus dem ehemaligem *S. sensu lato* Komplex sollten neben den getränkeschädlichen Arten auch nicht-getränkeschädliche Hefearten bearbeitet werden, um diese ebenfalls eindeutig von getränkschädlichen Arten wie *K. exigua* differenzieren zu können. Erfahrungen bei der Etablierung von spezifischen Real-Time PCR Systemen können zudem genutzt werden, um sie später auf andere NS-FH (die ebenfalls vorher dem *S. sensu lato* Komplex angehörten) zu übertragen. Bei der Erstellung eines künstlichen neuronalen Netzes für die Auswertung der FT-IR-Spektroskopie wurden *K. unispora* und *servazzii* auch genutzt, um das Netz variabler zu gestalten und es für *S. sensu stricto* und ehemalige *S. sensu lato* Arten gleichzeitig nutzen zu können. *K. unispora* wurde bisher aus Sauerteig, verschiedenen Käsesorten und Kefyr isoliert (60). Das Genom von *K. servazzii* wird hauptsächlich für genetische Vergleichsstudien mit *Saccharomyces* Arten herangezogen, um z. B. evolutionäre Zusammenhänge nah verwandter Hefearten abzuleiten (34).

8.1.7 *Lachancea kluyveri*

Lachancea kluyveri ist gärfähig und kommt in Fruchtsäften, Fruchsaftkonzentraten, Softdrinks und Wein vor und weist ein geringeres Schadpotential als *S. cerevisiae* auf (13, 60). Die pektinolytische Aktivität von *L. kluyveri* konnte im Zusammenhang mit dem Erweichen von Oliven nachgewiesen werden (60). *L. kluyveri* ist zudem ein Teil der natürlichen Starterflora von Tesguino, einem indigenen fermentierten Maisgetränk aus Südamerika (252). *L. kluyveri* gehörte wie die oben aufgeführten *Kazachstania* Arten zum *S. sensu lato* Komplex und wird wie *K. servazzii* für genetische Vergleichsstudien mit *S.* Arten herangezogen (34, 147, 150, 189).

Anhang

8.1.8 Naumovia dairenensis

Naumovia dairenensis gehörte wie die oben aufgeführten Gattungen Kazachstania und Lachancea bis vor kurzem zum Saccharomyces sensu lato Komplex (150, 189). Diese Art spielt für den Verderb von Getränken keine Rolle. Dennoch wurden wie bei Kazachstania servazzii und unispora in dieser Arbeit spezifische Nachweismethoden entwickelt, um den ehemaligen S. sensu lato Komplex möglichst genau zu differenzieren und Fehlidentifikationen auszuschließen. Innerhalb dieser Gattung können die daraus gewonnenen Informationen genutzt werden, um Nachweissysteme für Arten wie z. B. Naumovia castelli, die im Verdacht steht, Getränke zu verderben, schnell zu entwickeln. N. dairenensis steht in Verbindung mit dem Verderb von sauer konservierten Lebensmitteln wie Salatdressing und Mayonaise und tritt in Mais-Silagen auf (60).

8.1.9 Pichia fermentans (anamorph Candida lambica)

Pichia fermentans ist eine typische getränkeschädliche Hefeart, die in Apfelsaft, Bier, Soft Drinks, Most, Wein gefunden wurde (60). Zudem wurde sie von Früchten und aus Kakao-Fermentationen isoliert und ist eine typische Schadhefe für Käse und verarbeitetes Fleisch (z. B. Hackfleisch) (60, 91, 92, 230). P. fermentans hat eine maximale Wachstumstemperatur zwischen 35 und 39 °C und ist die teleomorphe Form von C. lambica (60, 279). Karottenextrakt inhibiert das Wachstum von P. fermentans. Es ist wahrscheinlich, dass unpolare Komponenten, wie z. B. freie Fettsäuren dafür verantwortlich sind (60).

8.1.10 Pichia membranifaciens (anamorph Candida valida)

Pichia membranifaciens und ihre anamorphe Form Candida valida sind weit verbreitet und kommen auf Früchten, Mais und in Fruchtsäften, Sorghum Bier, Bier, Palmwein, Wein, Zuckermelasse vor (14, 135, 180, 183, 198, 200). P. membranifaciens ist gegen Konservierungsmittel resistent und vermag eine Kahmhaut an Flüssigkeitsoberflächen zu bilden (133, 206). Die typische Kahmhefe wächst unter aeroben Bedingungen sehr schnell (20). Als Atmungshefe spielt sie als Getränkeschädling karbonisierter Getränke eine untergeordnete Rolle. In stillen Getränken mit großer Flüssigkeitsoberfläche ist ein leichtes Wachstum an der Oberfläche möglich (13). P. membranifaciens kann gekühlte Getränke verderben, da sie die Eigenschaft besitzt, bei niedrigen Temperaturen wachsen zu können (109). Die maximale Wachstumstemperatur liegt zwischen 32 °C und 37 °C (285). Diese Hefeart ist gegenüber trockener Hitze sensitiv, jedoch hitzeresistenter als andere Hefearten wie z. B. *S. cerevisiae* (27, 241). *P. membranifaciens* ist gegenüber Salz, SO_2, Sorbinsäure, Benzoesäure und Essigsäure resistent (81, 207, 259). Insekten wie z. B. Fruchtfliegen können als Vektoren zur Übertragung von *P. membranifaciens* in Getränkeproduktionsprozesse fungieren (259)

8.1.11 *Pichia guilliermondii* (anamorph *Candida guilliermondii*)

Pichia guilliermondii ist eine typische getränkeschädliche Hefeart, die in Fruchtsäften, Softdrinks, Cider, Sorghum Bier und Wein vorkommt (60). *P. guilliermondii* tritt auch in sauer konservierten, leicht Salz haltigen Lebensmitteln, in Wurstwaren, Meeresfrüchten und in Backwaren auf (60). *P. guilliermondii* vermag Schimmelwachstum auf Äpfeln, Zitrusfrüchten und Getreidekörnern zu unterdrücken (60).

8.1.12 *Saccharomyces sensu stricto sp.* (*bayanus, cariocanus, cerevisiae, kudriavzevii, mikatae, paradoxus, pastorianus*)

Unter 3.1 wurde bereits erläutert, dass die Taxonomie der Gruppe der *Saccharomyces* Hefen in den letzten 20 Jahren diskutiert wurde, Änderungen unterlag und zum jetzigen Zeitpunkt sieben Spezies den *S. sensu stricto* Komplex bilden (150, 152, 217). *S. bayanus*, *S. cerevisiae* und *S. pastorianus* sind die hauptverantwortlichen Schadhefearten im Softdrink Bereich, wobei *S. cerevisiae* der mit Abstand am häufigsten vorkommende Schädling bei stillen und karbonisierten alkoholfreien Getränken ist (13, 259). *S. cariocanus* wurde bisher nur aus Fruchtfliegen (*Drosophila sp.*) und Pulque, einem mexikanischen fermentierten Agavengetränk, isoliert (221). *S. mikatae* und *S. kudriavzevii* wurde bisher nur aus Umweltproben, wie z. B. aus teilweise verrotteten Blättern isoliert (221). Von den drei Hefearten *S. cariocanus*, *S. mikatae*, *S. kudriavzevii*, die als letzte dem *S. sensu stricto* Komplex zugeordnet wurden, stammt mit der Ausnahme des *S. cariocanus* Stammes CBS 5313, der aus Pulque isoliert wurde, kein Stamm aus Getränken und Lebensmitteln (221, 259). Die in Stammsammlungen verfügbaren *S. paradoxus* Stämme sind meist Umweltproben und wurden aus Eichenexsudat, Eichenzellsaft, Baumrinde und Erde isoliert (162, 221). Stämme mit größerer

Relevanz für Getränke wurden von Traubenoberflächen, aus verdorbener Mayonaise und aus Fruchtfliegen isoliert (162, 220, 221). Bisher sind keine *S. paradoxus* Stämme in Stammsammlungen erhältlich, die direkt aus verdorbenen Getränken stammen (221). *S. paradoxus* und *S. cerevisiae* sind sehr nah verwandt und oft sympatrisch (169). MACLEAN et al. zeigten, dass zwischen *S. paradoxus* und *S. cerevisiae* eine interspezifische Hybridbildung durch Paarung der Ascosporen beider Spezies weniger häufig vorkommt, als man anhand statistischer Vorhersagen erwarten würde. Dies wäre die erste Bestätigung einer reproduktiven, präzygotischen Isolation zweier sehr nah verwandter Hefearten (169). *S. cerevisiae* ist ein domestizierter Organismus, der durch seine intensive Kultivierung in den Fermentationsindustriezweigen (siehe 1 und 3.2.2.1) weit verbreitet ist (259). Demzufolge konnte sie auch aus verschiedensten Getränken und Rohstoffen isoliert werden und wird am häufigsten von allen Hefearten in Produkten mit niedrigem a_w-Wert und niedrigem pH-Wert gefunden (20, 60). In Betrieben, in denen Bier und alkoholfreie Getränke hergestellt werden, sind die betriebseigenen Brauereihefen die Hefen, die am häufigsten den Verderb der alkoholfreien Getränke verursachen (179). Mögliche andere Quellen einer AfG-Infektion mit *S. cerevisiae* sind hauptsächlich schlecht gereinigte Flaschen und Insekten als Vektoren (157, 179) BACK und ANTHES stellten fest, dass 65 % der untersuchten verdorbenen Proben alkoholfreier Getränke mit *S. cerevisiae* (obergärige Brauereihefe) und *S. pastorianus* (untergärige Brauereihefe) kontaminiert waren (15). Betriebe, die nur alkoholfreie Getränke herstellen und abfüllen, weisen weitaus geringere Werte an vermehrungsfähigen Hefen auf als Betriebe, die Bier und Limonaden auf derselben Anlage abfüllen (179). Die Brauereihefen haben mit durchschnittlich 5 Tagen bei 6–20 °C, eine sehr geringe Adaptionszeit an das Medium Limonade. Bei einer massiven Infektion von 4000 Zellen pro ml mit der untergärigen Brauereihefe *S. pastorianus* sinkt die Adaptionszeit bei 20°C sogar auf 2 Tage. Bei fruchtsafthaltigen, kohlendioxidhaltigen AfG sind Generationszeiten der adaptierten Bierhefen von 8 Stunden anzunehmen (179). Bei einer Ausgangsmenge von 10 Zellen/ml (Brauereihefe) wäre dann nach 5 Tagen ein kritischer durch Gärgeschmack und bei klaren Getränken durch Trübung gekennzeichneter Wert von 100000 Zellen/ml erreicht (179). Interessanterweise zeigten Untersuchungen der Schadhefeflora der irakischen AfG-Industrie, dass *S. cerevisiae* und *S. pastorianus* nicht als Schadhefen anwesend waren (234).

Der Grund hierfür könnte die Abwesenheit von Brauereien in dieser Region sein (259). Unter optimalen Wachstumsbedingungen können haploide *S. cerevisiae* Stämme eine Verdopplungsrate von 75 Minuten und diploide/aneuploide/polyploide Stämme von 120 Minuten haben (259). Der charakteristische Verderb durch *S. cerevisiae* zeichnet sich durch Bombagen- und Ethanolbildung aus (259). *S. cerevisiae* verwertet die in AfG typisch vorkommenden Zucker Glucose, Fructose und Saccharose und kann sich in den meisten Getränkesorten vermehren. Ein typisches fruchtiges Gäraroma wird hervorgerufen, für welches aromaintensive Gärungsnebenprodukte wie Diacetyl, 2,3-Pentandion, Acetaldehyd, Esterverbindungen und höhere Alkohole verantwortlich sind (13). Durch die Bildung des Gärungsproduktes Ethanol besteht die Gefahr des Übersteigens des Ethanolanteils über 0,5 % v/v, so dass das AfG nicht mehr verkehrsfähig ist (13). Die Anwesenheit von *S. cerevisiae* Ascosporen steigert in starkem Ausmaß die Hitzeresistenz (213). *S. cerevisiae* besitzt gegenüber Zucker und Salz moderate Osmotoleranz und ihr Vitaminbedarf ist stammabhängig (20, 55, 206). *S. cerevisiae* ist gärkräftig und manche Stämme sind resistent gegen Konservierungsmittel (133, 206). Während die meisten Stämme eine mäßige Resistenz gegenüber Sorbinsäure und Benzoesäure aufweisen, besitzen atypische Stämme eine signifikante Konservierungsstoffresistenz und somit höheres Schadpotential (205). Die pektinolytische Aktivität einiger *S. cerevisiae* Stämme kann zu einer Ausklärung und Bodensatzbildung in fruchthaltigen AfG führen. Die *S. cerevisiae* Stämme, die in alkoholfreien Getränken als Kontaminanten auftreten, unterscheiden sich zu den Brauereihefestämmen durch ihre sehr hohe Säuretoleranz, ihre geringe Empfindlichkeit gegenüber sauren Desinfektionsmitteln und ihre z. T. geringere Fähigkeit, Maltose zu vergären (13). Verschleppte obergärige Bierhefen, die auch zur Art *S. cerevisiae* gehören, können auch als Verderbniserreger in AfG und Biermischgetränken vorkommen (13, 128). *S. pastorianus* Stämme, die in AfG als Schadhefen auftreten, weisen meist dieselben Merkmale auf wie untergärige Brauereihefen, sind jedoch oft säuretoleranter (13). TIMKE et al. konnten nachweisen, dass *S. cerevisiae* Stämme, die aus dem Flaschenabfüllbereich von Brauereien isoliert wurden, keine Neigung zur Biofilm-Bildung hatten (266). Die *S. cerevisiae* Stämme der gleichen Studie besaßen hohes Schadpotential für Bier (266).

8.1.13 Schizosaccharomyces pombe

Sch. pombe wird nur gelegentlich in Soft Drinks gefunden. Dies liegt wahrscheinlich an dem unregelmäßigen Vorkommen dieser Hefeart (259). Sch. pombe ist gärkräftig, resistent gegen Konservierungsmittel, und osmotolerant (55, 133, 206). Sch. pombe wurde bisher aus/von afrikanischen Bieren, Brauereihefe, Äpfeln, Apfelsaft, Trauben, Traubensäften, Traubensaft, Weinen, Palmweinen, Rohrzuckermelasse (zur Rumproduktion), Arak-Produktionsprozess, Cachaça-Maische, Saft-Konzentraten und Softdrinks isoliert (20, 221, 244, 259). Sch. pombe ist gegenüber Zuckern osmotoleranter als gegenüber Salz. Sie ist wie S. cerevisiae Crabtree positiv und benötigt zum Wachstum B-Vitamine und Adenin (20, 60). Sie ist gegenüber den Konservierungsstoffen Sulfit, Benzoesäure und Essigsäure resistent (206, 288, 289). Gegenüber Sorbinsäure ist die Resistenz schwächer ausgeprägt (259). Sch. pombe ist im Vergleich zu anderen Hefearten sehr hitzeresistent und zeigt bei 37 °C starkes Wachstum (206). Sch. Arten sind gegenüber Basischem Milieu empfindlich und können über einem pH-Wert von 8,0 nicht wachsen (60). Sch. pombe wächst mit einer gewöhnlichen Verdopplungsrate von etwa 4 Stunden relativ langsam. Dies kann sich in einem verzögerten Getränkeverderb auswirken. Trotz des langsamen Wachstums ist sie gärkräftig und vermag aus Sulfit H_2S Fehlaromen zu bilden. Verursacht Sch. pombe eine Schädigung von Softdrinks, sind die Infektionsquellen häufig Zuckersirupe und Fruchtsaftkonzentrate (259).

8.1.14 Torulaspora delbrueckii (anamorph Candida colliculosa)

Torulaspora delbrueckii kommt als Schädling in AfG vor, ist aber nicht so gärkräftig wie S. cerevisiae (13). Nach JAMES und STRATFORD kommt diese Hefeart häufig in Softdrink Fabriken vor und ist gegen moderate Konservierungsstoffkonzentrationen resistent (134). Sie ist nah verwandt mit T. microellipsoides und osmotolerant (133). Die a_w-Grenzwerte eines T. delbrueckii Stammes, der aus süßer Bohnenpaste isoliert wurde, liegen für Glucose, Fructose, Saccharose und NaCl bei 0,86, 0,89, 0,87 und 0,90 (60). T. delbrueckii wurde bisher von Äpfeln, Grapefruit, Trauben, tropischen Früchten und aus Rohzucker, Zuckermelasse, Fruchtsaftkonzentraten, Softdrinks, Most, Bier und Wein isoliert (14, 60). Bei der AfG-Herstellung wird T. delbrueckii häufig auf Rohstoffen und Produktionsequipment gefunden, jedoch anschließend nur selten im fertig abgefüllten Getränk

(60). Zudem kann *T. delbrueckii* als Schadhefe in Bäckerei- und Milchprodukten vorkommen (60). Lysinagar weist im Gegensatz zu Lin's Wild Yeast Agar *T. delbrueckii* nach (60). Wie in 3.3.3 beschrieben, werden beide Nährmedien in Brauereien eingesetzt. Auf CHROMagar Candida, einem in der Medizin eingesetztem Nährmedium, wächst *T. delbrueckii* gelb mit grauem Rand (58). Nach DEAK und BEUCHAT ist *T. delbrueckii* die Hefeart, die am dritthäufigsten in Früchten und Getränken (siehe Tabelle 5) vorkommt (60). Bei der Herstellung des mexikanischen, indigenen fermentierten Getränk Pulque kommt *T. delbrueckii* in der natürlichen Starterflora vor (197)

8.1.15 *Torulaspora microellipsoides* (früher *Zygosaccharomyces microellipsoides*)

Torulaspora microellipsoides tritt in AfG auf und ist weniger schädlich als *S. cerevisiae* (13). Nach JAMES und STRATFORD kommt diese Hefeart häufig in Softdrink Fabriken vor und ist resistent gegen moderate Konservierungsstoffkonzentrationen (133). Die aktuellen praktizierten Konservierungsstoffkonzentrationen sind ausreichend, um diese Hefeart daran zu hindern, Produktschäden zu verursachen. Werden jedoch in Zukunft die Konservierungsstoffkonzentrationen reduziert, besteht die Gefahr, dass diese Art ernst zu nehmende Produktschäden verursacht (133).

8.1.16 *Wickerhamomyces anomalus* (früher *Pichia anomala*, anamorph *Candida pelliculosa*)

Wickerhamomyces anomalus ist in der Getränkeindustrie weit verbreitet. Sie kommt häufig in Fruchtsäften, Fruchtsaftkonzentrat, Pürees, Fruchtmark, Fruchtzubereitungen vor und ist zudem eine Schadhefe in verschiedenen Prozessschritten bei der Herstellung alkoholischer Getränke. Sie verursacht meist einen intensiven lösungsmittelartigen Geruch (Ethylacetat, Amylacetat) (13). In karbonisierten Getränken kann sich die gärschwache Hefe nicht oder nur geringfügig vermehren. In stillen Getränken (Säfte, Nektars, Fruchtsaftgetränke) findet gutes Wachstum statt, wobei gravierende Geschmacks- und Geruchsfehler entstehen können (13). *W. anomalus* wächst auf 50 %-Glucose-Agar, teilweise auch auf 60 %-Glucose-Agar und ist somit osmotolerant. Diese Art kann verschiedene Alkohole, organische Säuren sowie Stärke verwerten (13). *W. anomalus* hat eine maximale Wachstumstemperatur zwischen 35 und 37 °C (60). Die lag-Phase von *W. anomalus* in Erdbeersaft mit 15 °Brix, pH 4,0 bei 30 °C beträgt 3 h und die Generationszeit 1,3 h. In Malzextrakt-Bouillon mit pH 3,5 bei 30 °C beträgt die Generationszeit von *W. anomalus* 2,0 h (60). *W. anomalus* ist die dominierende Hefeart bei der Biofilm-Kolonisierung von Stahloberflächen in Bierabfüllanlagen (257). TIMKE et al. konnten ebenfalls *W. anomalus* Stämme aus dem Abfüllbereich von Brauereien isolieren und die Fähigkeit der Biofilmbildung bestätigen (266). *W. anomalus* vermag Schimmelwachstum auf Äpfeln, Zitrusfrüchten und Getreidekörnern zu unterdrücken (60). LAITILA et al. konnten dies bestätigen, indem sie einen aus Malz isolierten *W. anomalus* Stamm auf Inhibitionseffekte gegen *Fusarium* Arten untersuchten, welche im Verdacht stehen, Gushing zu verursachen (159). Dieser *W. anomalus* Stamm (VTT C-04565) zeigte die höchste antagonistische Aktivität von 12 isolierten Hefestämmen gegen Schimmelpilze der Feld und Lagerflora (159).

8.1.17 Zygosaccharomyces bailii

Zygosaccharomyces bailii gehört wie *Z. bisporus*, *Z. lentus*, *Z. rouxii* und *Sch. pombe* zu den osmophilen Hefen die unter einem a_w-Wert von 0,85 wachsen können, welcher einer Glucoselösung mit 60 % m/m entspricht (20, 259). *Z. bailii* vermag sogar bei einem a_w-Wert von 0,8 bei 25 °C zu wachsen (206). Bei der Herstellung alkoholfreier Getränke werden häufig als Ausgangsstoffe hoch zuckerhaltige Sirupe verwendet, die für die genannten osmotoleranten Hefen anfällig sind (259). *Z. baillii* ist die häufigste und gefährlichste Hefe in Fruchtkonzentraten. Am häufigsten wird sie in Citruskonzentraten oder konzentriertem Apfelsaft (bis 73 °Brix) nachgewiesen (13). Das Schädigungspotential von *Z. bailii* wird dadurch verstärkt, dass diese Hefeart gärkräftig und resistent gegen Konservierungsmittel ist (133, 206). Diese Hefeart weist besondere Resistenzeigenschaften gegen schwach saure Konservierungsmittel, wie Essig-, Benzoe-, Propion- und Sorbinsäure auf. Einige Zellen von *Z. bailii* können sich als so genannte „Superzellen" entwickeln und können in Medien mit doppelter Sorbinsäure-Konzentration wachsen (im Vergleich zur Resistenzgrenze „normaler" *Z. bailii* Zellen) (249). Hochresistente *Z. bailii* Stämme, die über den zulässigen europäischen Konservierungsstoffgrenzen (300 mg/l) für alkoholfreie Getränke noch wachsen können, werden häufig isoliert (133). *Z. bailii* besitzt die Fähigkeit, sich bei niedrigen Konservierungsstoff-Konzentrationen anzupassen, um später bei höheren Konzentrationen wachsen zu können (133). Zusätzliche Eigenschaften stärken das Schadpotential von Z. bailii: A) Starke Glucose-Gärfähigkeit; B) Ausgehend von einer Kontamination durch eine einzelne Zelle pro Verpackungseinheit kann das darauf folgende Wachstum Produktschäden herbeiführen; C) Trotz erheblichen Druckes und der Anwesenheit von Konservierungsmitteln kann Z. bailii Glucose vergären; D) Fructose wird bevorzugt vor Glucose und somit erhöht sich die die Wachstumsgeschwindigkeit, wenn Fructose mehr als 1 % der Produktrezeptur ausmacht (76, 133).

8.1.18 *Zygosaccharomyces rouxii* (anamorph *Candida mogii*)

Ähnlich wie Z. bailii ist Z. rouxii gärkräftig und resistent gegen Konservierungsmittel (133). Zudem hat Z. rouxii die höchste bekannte Osmotoleranz aller Hefearten. Nur der Schimmelpilz *Xeromyces bisporus* ist noch osmotoleranter (206). Z. rouxii vermag bei einem a_w-Wert von 0,62 in Fructose und bei einem a_w-Wert von 0,65 in Saccharose/Glycerin zu wachsen (265). Demzufolge verdirbt Z. rouxii hoch zuckerhaltige Produkte wie Rohzucker, Zuckersirupe, Saftkonzentrate (20, 265). Die Resistenz gegen Konservierungsstoffe ist nicht so stark ausgeprägt wie bei Z. bailii. Nach Z. bailii ist Z. rouxii die Schadhefeart innerhalb der Gattung *Zygosaccharomyces*, die am zweithäufigsten für Verderb verantwortlich ist (206).

8.1.19 *Zygosaccharomyces sp.* (*Z. bisporus*, *Z. lentus*, *Z. mellis*)

Vergleiche der rDNA zeigten, dass Z. bisporus sehr nah verwandt mit Z. bailii ist (131). Folglich teilt diese Art viele der Eigenschaften von Z. bailii und eine eindeutige Identifizierung anhand physiologischer Methoden ist schwierig (133). Z. bisporus ist ebenfalls osmotolerant und resistent gegen Konservierungsstoffe. Es wurde festgestellt, dass Z. bisporus eine geringfügig höhere Osmotoleranz aufweist als Z. bailii, jedoch über eine geringere Konservierungsstoffresistenz verfügt (133, 265). Obwohl Z. bisporus sehr große Ähnlichkeit mit Z. bailii besitzt, ist diese Spezies viel weniger verbreitet und stellt nicht die gleiche Bedrohung wie Z. bailii dar (20). Z. lentus wurde 1999 von STEELS et al. beschrieben (250). Sie unterscheidet sich von Z. bailii und Z. bisporus hauptsächlich durch das langsame Wachstum unter aeroben Bedingungen und der Wachstumshemmung bei Anwesenheit von 1 % Essigsäure. Z. lentus kann ebenfalls bei der An-

Anhang

wesenheit von schwach sauren Konservierungsmitteln und Dimethyldicarbonat (DMDC, Velcorin, E242) wachsen und ist osmotolerant (250). Dimethyldicarbonat ist ein sehr häufig eingesetztes Kaltentkeimungsmittel in der Getränkeindustrie. Im Gegensatz zu *Z. bailii* und *Z. bisporus* vermag *Z. lentus* bei niedrigen Temperaturen (z. B. 4 °C) zu wachsen. Diese Eigenschaft lässt vermuten, dass die *Z. lentus* in Zukunft als wahre Bedrohung für gekühlte Getränke betrachtet werden kann (250). *Z. mellis* wird oft mit *Z. rouxii* verwechselt und ist als Schadhefe in Honig bekannt. Für den Verderb von Getränken spielt diese Art eine untergeordnete Rolle (133).

8.1.20 *Zygotorulspora florentinus* (früher *Zygosaccharomyces florentinus*)

Zygotorulspora florentinus ist gärkräftig, wächst in Fruchtsäften und Limonaden, tritt jedoch wesentlich seltener auf als *S. cerevisiae*. Das Wachstum ist im Vergleich zu *S. cerevisiae* langsamer und die Auswirkung in Getränken ist meist nicht gravierend. Diese Hefeart ist äußerst tolerant gegenüber Cycloheximid (Actidion) (13).

8.2 Übersicht zu brauereirelevanten Selektivmedien

8.2.1 Medien mit Hemmstoffkomponenten

<u>Kristallviolettmedium (KV):</u> Dieses Medium unterdrückt das Wachstum von Brauereikulturhefen und NSFH. Somit soll es ermöglichen, SFH zu detektieren. HAIKARA und ENARI zeigten, dass ein großer Teil der SFH auf Kristallviolett ebenfalls empfindlich ist (111, 135). SEIDEL kam zu einem ähnlichen Ergebnis, dass mehrere Stämme von *S. cerevisiae* Fremdhefen und *S. cerevisiae* Weinhefen nicht auf Kristallviolettmedium wuchsen (242). Ein Nachteil dieses Mediums ist, dass eine Verdünnung der Probe zwingend notwendig ist, da sich sonst ein Rasen von Kulturhefen bilden kann (12, 242).

<u>Kupfersulfatmedium, Taylor-Marsh-Medium (TM), YM+ $CUSO_4$:</u> Das Kupfersulfatmedium nach Lin lässt wie Lysinagar nur ein Wachstum von NSFH zu (135). Es ist Lysinagar im Wirkspektrum ähnlich. TAYLOR und MARSH erniedrigten die Kupferkonzentration und konnten somit einen Großteil der SFH detektieren (263). Vergleiche von Lysinagar und Kupfersulfatagar wurden 2002 von

SALEK angestellt (229). Dabei stellte SALEK die Vorteile von Kupfersulfatmedium so dar, dass auch *S. c. var. diastaticus*, andere *S. cerevisiae*-FH und *Candida sp.* im Gegensatz zu Lysinagar nachgewiesen wurden (229). BENDIAK stellt 1991 die Lücken im SFH-Nachweis mit verringerter Kupfersulfatkonzentration dar, bewertete jedoch die modifizierten Kupfersulfatmedien (YM+$CUSO_4$) als beste Medien für einen gleichzeitigen Nachweis von SFH und NSFH (24). Das TM-Medium und das modifizierte YM+$CUSO_4$ Medium sind leicht herzustellen, die untersuchte Unfiltratprobe benötigt keinen Waschvorgang, und es werden auch *S. cerevisiae var. diastaticus* Stämme erfasst (24, 36, 135). BRANDL entwickelte Nachweisschemen für den Fremdhefenachweis in obergärigen und untergärigen Brauereien, wobei der Einsatz von YM+$CUSO_4$ v. a. für den Unfiltratbereich sinnvoll ist (36). BRANDL bestätigte, dass mit YM+$CUSO_4$ ein Nachweis von *S. c. var. diastaticus* und *K. exigua* (früher *S. exiguus*) möglich ist. Die *S. bayanus* und *S. pastorianus* Typstämme konnten jedoch nicht nachgewiesen werden (36).

Schwarz Differentialmedium (SDM): Die Substanz Fuchsinsulfit ist diesem Medium beigefügt und ist Grund für die Selektivität. Es erfasst viele NSFH und einige SFH, weist jedoch starke Nachweislücken auf (243). SEIDEL stellte fest, dass z. B. *S. bayanus* und *K. exigua* Stämme nicht auf SDM nachgewiesen wurden (243).

Lin's Wild Yeast Medium (LWYM): Lin verbindet die selektiven Eigenschaften des SDM und des Kristallviolettmediums, d. h. Fuchsinsulfit und Kristallviolett werden gleichzeitig als Hemmstoffe eingesetzt (222). RÖCKEN und MARG zeigen die Detektionslücken von LWYM (222). Einzelne Stämme verschiedener SFH (*S. bayanus, S. pastorianus, S. cerevisiae*) und NSFH (*C. sp., D. hansenii, K. exigua, Kluyveromyces sp., P. membranifaciens, P. sp., R. rubra, Torulopsis sp., Sch. pombe, Z. bailii, Z. bisporus, Z. rouxii, W. sp.*) konnten nicht detektiert werden (222).

8.2.2 Medien mit spezifischem Nährstoffbedarf

Lysinagar: Lysinagar wird als Medium zum NSFH-Nachweis empfohlen und ist bis jetzt häufig in der brauereimikrobiologischen Praxis anzutreffen. Lysinagar weist fast alle NSFH nach, manche wachsen jedoch nur mäßig (242). Die Spezifität für NSFH wurde von RÖCKEN und MARG bestätigt (222). Nachteile sind eine aufwendige Herstellung und eine erforderliche Waschung der Probe, um keine weiteren Stickstoffquellen zu verschleppen (222).

CLEN-Medium: CLEN Medium ist eine erweiterte Form des Lysinagars. Neben Lysin sind dem Medium die drei zusätzlichen Stickstoffquellen Cadaverin-Di-Hydrogenchlorid, Ethylendiamin, Kaliumnitrat beigefügt. Der Nachweis einiger NSFH ist im Vergleich zu Lysinagar durch die zusätzlichen Stickstoffquellen verbessert. Zwei internationale Ringstudien belegen, dass CLEN-Medium zum NSFH Nachweis geeignet ist (3, 4). Es treten die gleichen Nachteile wie beim Lysinagar auf.

Pantothenatagar: Für OG ist im Gegensatz zu den UG Panthotensäure essentiell (12). Diese fehlt diesem Nährboden. Somit sollen UG in einer OG nachgewiesen werden können. RÖCKEN konnte dies bestätigen, jedoch wuchsen auch einige *S. cerevisiae* Stämme (222). Dieser Nährboden weist auch viele SFH und NSFH Arten nach. RÖCKEN und MARG empfehlen, diesen Nährboden für obergärige Brauereien zu verwenden, falls nur mit einem Nährboden gearbeitet werden soll (222). Es muss allerdings vorher überprüft werden, ob die obergärige Betriebshefe wirklich kein Wachstum zeigt. Nachteilig ist, dass die Probe vorher gewaschen werden muss, um keine Pantothensäure zu verschleppen und die relativ lange 5-tägige Bebrütungszeit (12, 222).

Melibiose-Assay: Zur Herstellung von Melibiose-Agar wird zu Hefeextrakt auf Stickstoffbasis Melibiose als alleinige Kohlenstoffquelle beigefügt. UG kann diese Kohlenstoffquelle im Gegensatz zu OG verwerten, so sollte auch nur UG auf dem Melibiose-Agar wachsen (12). In einer Studie konnten UG und OG Kulturhefen mittels Melibiose-Agar nicht eindeutig unterschieden werden (5). In Ringversuchen zeigten einige UG Stämme kein Wachstum oder nur sehr schwaches Wachstum, das bis zu zwei Wochen dauerte (5). In dieser Studie wurde die Bebrütung bei 37 °C zur Unterscheidung von ober- und untergärigen Hefen als einfacher und aussagekräftiger beurteilt (5). Weitere Nachteile des Melibiosetests sind der notwendige Waschvorgang der Probe (wegen möglicher Verschleppung von Kohlenstoffquellen) und die schwierige Auswertung, da obergärige Hefen als Minikolonien wachsen (5, 12).

Anhang

XMACS-Medium: XMACS Medium besteht aus Hefestickstoffbasis ohne Aminosäuren und den fünf Kohlenstoffquellen Xylose, Mannit, Adonit, Cellobiose und Sorbit. Brauereihefen können diese Kohlenstoffquellen theoretisch nicht verwerten (56). Die meisten NSFH und SFH können diese jedoch theoretisch verwerten. 14 von 23 (=61 %) NSFH-Stämmen und 10 von 18 (=56 %) SFH-Stämmen wuchsen auf XMACS-Medium in einer Untersuchung von DE ANGELO und SIEBERT (56). XMACS-Medium hatte mit 61 % die gleiche Nachweiseffizienz von NSFH-Stämmen wie Lysinagar. Kupfersulfat-Medium zeigt in der gleichen Studie, mit 91% für NSFH-Stämme und 67 % für SFH-Stämme, bessere Nachweiseffizienzen als XMACS-Medium (56). Bemerkenswert ist, dass XMACS Medium einzelne SFH-Stämme detektieren konnte, die das Kupfersulfat Medium und die 37 °C Bebrütungsmethode nicht kultivieren konnten (56). Nachteile sind die aufwendige Herstellung und die schwierige Auswertung, da Brauereikulturhefen in Minikolonien bis zu 1mm wachsen können (56).

8.2.3 Medium mit Farbdifferenzierung

Wallerstein-Nutrient-Medium (WLN): WLN–Agar soll es ermöglichen, Fremdhefen in einer OG zu detektieren. OG haben ein dunkelgrünes Erscheinungsbild (da sie den Medienbestandteil Bromkresolgrün nicht reduzieren können), andere Hefearten haben die Farben weiß, hellgrün und andere Grüntöne (112). Dieses Medium hat den Nachteil, dass auch andere *S. cerevisiae*-FH ein dunkelgrünes Erscheinungsbild zeigen (112). Die Farbunterscheidung ist nur von sehr geübtem Personal durchführbar (112).

MBH-Medium: Das MBH Medium hat das Ziel, bierschädliche Hefen aus dem Filtratbereich nachzuweisen (74). Es ist ein Universalmedium auf der Basis von alkoholfreiem Bier, das den Indikator Bromphenolblau beinhaltet und zudem anaerob bebrütet wird. Im Vergleich zu einer universellen aeroben Anreicherung auf YM- oder Würzeagar für Filtratproben, hat MBH-Medium den Vorteil, dass nicht gärfähige Hefen durch die anaerobe Bebrütung zunächst nicht detektiert werden (74). Wird das Medium aerob nachbebrütet und es tritt Hefewachstum auf, liegt ein nicht-bierschädlicher Hefestamm vor. Somit können indirekte Schadhefen von direkten bierschädlichen Schadhefen unterschieden werden. Die Färbung durch

Bromphenolblau bringt noch Zusatzinformationen. Färbt sich der Agar durch Säuerung gelb, liegen wahrscheinlich *Dekkera sp.* vor, die Essigsäure produzieren. Bierschädliche Hefen, insbesondere SFH färben den Agar nicht oder schwach, d.h. er bleibt grün oder färbt sich leicht gelblich. Nicht-bierschädliche Hefen färben den Agar blau (74).

8.2.4 Medium mit spezifischer Bebrütungseigenschaft

<u>Würze oder YM bei 37 °C:</u> Die Temperatur 37 °C liegt über dem Wachstumsoptimum von UG. OG wachsen allerdings bei dieser Temperatur; somit ist eine Differenzierung zwischen OG und UG Kulturhefen möglich (5, 12). Es werden viele SFH und NSFH nachgewiesen, jedoch konnte RÖCKEN Nachweislücken des 37 °C–Agars für viele SFH- und NSFH-Stämme feststellen (224). Ein großer Vorteil dieser Bebrütungsmethode ist, dass OG in UG sicher können nachgewiesen werden können. Deswegen wird diese Methode mit Würze von BACK empfohlen, um UG auf Fremdhefereinheit zu untersuchen (10). Weitere Vorteile sind die leichte Herstellung, die einfache Handhabung und die kurze Dauer des Nachweises (24–48 h). Unter Berücksichtigung des Nachweisspektrums und der genannten Vorteile bewertete Röcken die 37 °C Methode als „sehr guten" Fremdhefenachweis für untergärige Brauereien (224)

<u>MBH-Medium:</u> siehe 8.2.3

8.3 Ergebnisse der Identifizierungen von Hefe-Praxisisolaten aus dem Umfeld der Brauerei- und Getränkeindustrie

In Tabelle 52 sind die Identifizierungsergebnisse von Hefepraxisisolate (PI) aus dem Umfeld der Brauerei- und Getränkeindustrie mit Isolierungsort bzw. – medium aufgelistet. Die Hefestämme sind unter der Stammnummer in der BTII Kryobanksammlung gesichert. Die Bedeutungen der Abkürzungen der Stammnummern sind im Abkürzungsverzeichnis aufgeschlüsselt.

Tabelle 52: Ergebnisse der Identifizierungen von Hefe-Praxisisolaten aus dem Umfeld der Brauerei- und Getränkeindustrie innerhalb des Zeitraums von 2005-2008

Hefeart	Stammnummer BTII K	Isolierungsort/ -medium	Identifizierungsart/ Anwendung
Candida bituminiphila	PI BB 5	Brauwasser	SEQ 26S
Candida boidinii	PI BB 2	Bier nach Filter	SEQ 26S
	PI BB 3	Flaschenbier (Alkoholfreies)	SEQ 26S

Anhang

Hefeart	Stammnummer BTII K	Isolierungsort/ -medium	Identifizierungsart/ Anwendung
	Pl BB 136	Bier nach Filter	SEQ 26S
	Pl BB 138	Bier in 5l-Fass	FTIR
	Pl BB 144	Flaschenbier	FTIR
	Pl BB 147	Flaschenbier	FTIR
	Pl BB 149	Flaschenbier	FTIR
	Pl BB 184	Bier in 5l-Fass	SEQ 26S
Candida inconspicua	Pl BB 62	Flaschenbier	SEQ 26S
	Pl BB 64	Flaschenbier	FTIR
	Pl BB 72	Flaschenbier	SEQ 26S
Candida intermedia	Pl BB 7	Brauwasser	SEQ 26S, Real-Time PCR
	Pl BB 192	Flaschenbier	SEQ 26S
Candida mesenterica	Pl BB 71	alkoholfreies Getränk	SEQ 26S
Candida norvegica	Pl BB 86	Brauwasser	SEQ 26S
Candida oleophila	Pl BB 8	Brauwasser	SEQ 26S
Candida parapsilosis	Pl BB 9	Flaschenbier (Helles)	SEQ 26S, Real-Time PCR
	Pl BB 118	Flaschenbier	SEQ 26S, Real-Time PCR
Candida pararugosa	Pl BB 4	Bier nach Filter	SEQ 26S
	Pl BB 119	Flaschenbier	SEQ 26S
Candida picinguabensis	Pl BB 188	Brauwasser	SEQ 26S
Candida pseudolambica	Pl BB 18	Flaschenbier	SEQ 26S
Candida sake	Pl BB 52	Bier nach Filter	SEQ 26S, Real-Time PCR
	Pl BB 53	Brauwasser	SEQ 26S, Real-Time PCR
	Pl BB 54	Fassbier (Helles)	SEQ 26S, Real-Time PCR
	Pl BB 55	Brauwasser	SEQ 26S, Real-Time PCR
	Pl BB 110	Bier nach Filter	SEQ 26S
	Pl BB 114	Flaschenbier	SEQ 26S
	Pl BB 115	Brauwasser	SEQ 26S
	Pl BB 116	Flaschenbier	SEQ 26S
	Pl BB 117	Flaschenbier	SEQ 26S
	Pl BB 150	Flaschenbier	SEQ 26S
	Pl BB 172	Flaschenbier	SEQ 26S
	Pl BB 191	Flaschenbier	SEQ 26S
Candida sophiae-reginae	Pl BB 6	Flaschenbier	SEQ 26S
Candida sorbophila	Pl BB 77	Hygieneprobe	SEQ 26S
Candida sp. (identisch mit CBS 9453)	Pl BB 108	Bier nach Filter	SEQ 26S
(identisch mit CBS 5303)	Pl BB 109	Bier nach Filter	SEQ 26S
(identisch mit CBS 5303)	Pl BB 111	Bier nach Filter	SEQ 26S
(identisch mit CBS 9453)	Pl BB 113	Flaschenbier	SEQ 26S
Claviaspora lustinaniae	Pl BB 10	Bier nach Filter	SEQ 26S
Cryptococcus albidosimililis	Pl BB 11	Bier in 5l-Fass	SEQ 26S
Cryptococcus albidus	Pl BB 12	Flaschenbier	SEQ 26S
	Pl BB 75	Hygieneprobe	SEQ 26S
Cryptococcus flavescens	Pl BA 19	unbekannt	SEQ 26S
Cryptococcus saitoi	Pl BB 154	Hygieneprobe	SEQ 26S
Debaryomyces hansenii	Pl BB 14	Flaschenbier (Vollbier)	SEQ 26S
	Pl BB 63	Flaschenbier	Real-Time PCR
	Pl BB 126	Unfiltrat	SEQ 26S
	Pl BB 151	Flaschenbier (Helles)	Real-Time PCR
Dekkera anomala	Pl BA 1-7	unbekannt	SEQ 26S, Real-Time PCR
Dekkera bruxellensis	Pl BB 92	unbekannt	SEQ 26S
	Pl BB 164	Flaschenbier	SEQ 26S
	Pl BB 165	Flaschenbier	FTIR
	Pl BA 8-12	unbekannt	Real-Time PCR
Filobasidium floriforme/ Filobasidium elegans/ Cryptococcus magnus	Pl BB 16	Brauwasser	SEQ 26S
	Pl BB 17	Bier nach Filter (Pils)	SEQ 26S
	Pl BB 78	Hygieneprobe	SEQ 26S
	Pl BB 97	unbekannt	SEQ 26S
Hanseniaspora guilliermondi	Pl W 3	Starterkultur Bananenwein	SEQ 26S, SEQ ITS1-5,8S-ITS2
Hanseniaspora uvarum	Pl W 1	Starterkultur Bananenwein	SEQ 26S, SEQ ITS1-5,8S-ITS2 Real-Time PCR
	Pl W 2	Starterkultur Bananenwein	SEQ 26S, SEQ ITS1-5,8S-ITS2 Real-Time PCR
Issatchenkia occidentalis	Pl BB 76	Hygieneprobe	SEQ 26S
Issatchenkia orientalis	Pl BB 178	Flaschenbier	SEQ 26S, Real-Time PCR
	Pl S 1	Starterkultur Satho	SEQ 26S
Kregervanrija delftensis	Pl BB 122	Flaschenbier	SEQ 26S
Kregervanrija fluxuum	Pl BB 29	unbekannt	SEQ 26S

Anhang

Hefeart	Stammnummer BTII K	Isolierungsort/ -medium	Identifizierungsart/ Anwendung
Lindnera fabianii (früher Pichia fabianii)	PI BB 23	KV-Agar	SEQ 26S
Pichia fermentans	PI BB 83	Brauwasser	SEQ 26S
Pichia guilliermondi	PI BB 13	Flaschenbier	SEQ 26S
	PI BB 27	Flaschenbier (Helles)	SEQ 26S
	PI BB 28	Brauwasser	SEQ 26S
	PI BB 59	Hygieneprobe (Gärkeller)	SEQ 26S
	PI BB 60	Flaschenbier	Real-Time PCR
	PI BB 61	Flaschenbier	FTIR
	PI BB 73	Brauwasser	SEQ 26S
	PI BB 82	Brauwasser	SEQ 26S
	PI BB 88	Brauwasser	SEQ 26S
	PI BB 89	Brauwasser	SEQ 26S
	PI BB 101	Hygieneprobe	SEQ 26S
	PI BB 102	Hygieneprobe	SEQ 26S
	PI BB 103	Hygieneprobe	SEQ 26S
	PI BB 123	Flaschenbier	SEQ 26S, Real-Time PCR
	PI BB 179	Flaschenbier	SEQ 26S, Real-Time PCR
	PI BA 16, 17, 21	unbekannt	SEQ 26S
Pichia mandshurica (früher Pichia galeiformis)	PI BB 26	Flaschenbier (Weizenbier)	SEQ 26S
	PI BB 186	Flaschenbier	SEQ 26S
Pichia membranifaciens	PI BB 25	Hygieneprobe	SEQ 26S, Real-Time PCR
	PI BB 30	Flaschenbier (Helles)	SEQ 26S, Real-Time PCR
	PI BB 31	Flaschenbier (Pils)	SEQ 26S, Real-Time PCR
	PI BB 32	Flaschenbier (Pils)	SEQ 26S, Real-Time PCR
	PI BB 57	Fassbier (Schankbier)	SEQ 26S, Real-Time PCR
	PI BB 58	Flaschenbier (Helles)	SEQ 26S, Real-Time PCR
	PI BB 65	Flaschenbier (Helles, Export)	SEQ 26S
	PI BB 66	Flaschenbier	FTIR
	PI BB 98	unbekannt	SEQ 26S
	PI BB 99	unbekannt	SEQ 26S
	PI BB 100	unbekannt	SEQ 26S
	PI BB 130	unbekannt	SEQ 26S
	PI BB 131	unbekannt	SEQ 26S
	PI BB 141	Flaschenbier	SEQ 26S
	PI BB 142	Flaschenbier	FTIR
	PI BB 153	Hygieneprobe	SEQ 26S
	PI BB 187	Brauwasser	SEQ 26S, Real-Time PCR
	PI BA 18	unbekannt	Real-Time PCR
Pichia norvegensis	PI BB 161	Hygieneprobe	SEQ 26S
	PI BB 162	Hygieneprobe	FTIR
	PI BB 163	Hygieneprobe	FTIR
Rhodotorula mucilaginosa	PI BB 33	Flaschenbier	SEQ 26S
	PI BB 79	Hygieneprobe	SEQ 26S
	PI BB 80	Hygieneprobe	SEQ 26S
	PI BB 155	Flaschenbier	SEQ 26S
	PI BB 156	Flaschenbier	FTIR
	PI BB 189	Flaschenbier	SEQ 26S
	PI BB 190	Flaschenbier	SEQ 26S
Rhodotorula sloffiae	PI BB 152	Hygieneprobe	SEQ 26S
S. bayanus	PI BA 50	unbekannt	SEQ 26S SEQ ITS1-5,8S-ITS2 Real-Time PCR
S. bayanus/ S.pastorianus	PI BB 95	unbekannt	SEQ 26S, SEQ ITS1-5,8S-ITS2 Real-Time PCR
	PI BB 96	unbekannt	SEQ 26S, SEQ ITS1-5,8S-ITS2 Real-Time PCR, FTIR-KNN
	PI BA 19-22	unbekannt	Real-Time PCR, FTIR-KNN
S. cerevisiae	PI BB 19	KV-Agar	SEQ 26S, Real-Time PCR
	PI BB 34	Hygieneprobe	Real-Time PCR, FTIR-KNN
	PI BB 38	Flaschenbier	Real-Time PCR
	PI BB 39	KV-Agar	Real-Time PCR
	PI BB 41	KV-Agar	Real-Time PCR
	PI BB 43	Flaschenbier (Pils)	Real-Time PCR
	PI BB 44	Flaschenbier (Helles)	Real-Time PCR
	PI BB 74	Brauwasser	Real-Time PCR
	PI BB 106	Hefeherführung	Real-Time PCR, FTIR-KNN
	PI BB 134	Apfelschorle	Real-Time PCR
	PI W 4	Starterkultur Bananenwein	Real-Time PCR
	PI W 5	Starterkultur Bananenwein	Real-Time PCR

Anhang

Hefeart	Stammnummer BTII K	Isolierungsort/ -medium	Identifizierungsart/ Anwendung
	Pi C 1	Starterkultur Chicha	Real-Time PCR
	Pi C 2	Starterkultur Chicha	Real-Time PCR
	Pi W 6	Starterkultur Bananenwein	Real-Time PCR
	Pi S2	Starterkultur Satho	Real-Time PCR
	Pi S3	Starterkultur Satho	Real-Time PCR
	Pi BA 23-29	unbekannt	Real-Time PCR, FTIR-KNN
	Pi BA 51-108	unbekannt	Real-Time PCR, FTIR-KNN
S. cerevisiae var. diastaticus	Pi BB 105	Flasche BMG (Radler)	Real-Time PCR, FTIR-KNN
	Pi BB 121	Flaschenbier	Real-Time PCR, FTIR-KNN
	Pi BB 124	Flaschenbier	Real-Time PCR, FTIR-KNN
	Pi BB 125	Flaschenbier	Real-Time PCR
	Pi BB 133	Flaschenbier (Bier aus China)	Real-Time PCR
	Pi BB 159	Flaschenbier (Pils)	Real-Time PCR
	Pi BB 182	Limonade (Orange)	Real-Time PCR
	Pi BB 183	Flaschenbier (Pils)	FTIR
	Pi BA 31-48	Unbekannt	Real-Time PCR, FTIR-KNN
	Pi BA 109-125	Unbekannt	Real-Time PCR, FTIR-KNN
S. pastorianus (untergärige Kulturhefen)	Pi BB 35	Hygieneprobe	Real-Time PCR
	Pi BB 36	Hygieneprobe	Real-Time PCR
	Pi BB 37	Hygieneprobe	Real-Time PCR
	Pi BB 40	KV-Agar	Real-Time PCR
	Pi BB 42	KV-Agar	Real-Time PCR
	Pi BB 45	Flaschenbier	Real-Time PCR
	Pi BB 46	Flaschenbier (Helles)	Real-Time PCR
	Pi BB 56	Hygieneprobe (Spülwasser Gärtank)	Real-Time PCR
	Pi BB 81	Brauwasser	Real-Time PCR
	Pi BB 84	Brauwasser	Real-Time PCR
	Pi BB 85	Brauwasser	FTIR
	Pi BB 93	unbekannt	FTIR
	Pi BB 94	unbekannt	Real-Time PCR
	Pi BB 107	Hefeherführung (untergärig)	Real-Time PCR, FTIR-KNN
	Pi BB 112	Flaschenbier	Real-Time PCR, FTIR-KNN
	Pi BB 135	Flaschenbier (Pils)	Real-Time PCR
	Pi BB 148	Flaschenbier	FTIR
	Pi BB 160	Konzentrat (Sirup)	Real-Time PCR
	Pi BB 168	Flaschenbier (Helles)	Real-Time PCR
	Pi BA 23-28	unbekannt	Real-Time PCR, FTIR-KNN
	Pi BA 126-145	unbekannt	Real-Time PCR, FTIR-KNN
S. kudriavzevii	Pi BA 49	unbekannt	Real-Time PCR, SEQ 26S, SEQ ITS1-5,8S-ITS2 SEQ IGS2, FTIR-KNN
Saccharomycopsis fibuligera	Pi S 4-13	Starterkultur Satho	SEQ 26S
	Pi S 15	Starterkultur Satho	SEQ 26S
Saccharomycopsis malanga	Pi S 14	Starterkultur Satho	SEQ 26S
Schizosaccharomyces pombe	Pi BB 132	Flaschenbier (Bier aus China)	SEQ 26S
Sporidiobolus salmonicolor	Pi BB 47	Brauwasser	SEQ 26S
	Pi BB 87	Brauwasser	SEQ 26S
Torulaspora delbrueckii	Pi BB 48	Flaschenbier (Helles, Export)	SEQ 26S, Real-Time PCR
	Pi BB 70	Flaschenbier (Pils)	SEQ 26S, Real-Time PCR
	Pi BB 158	Flaschenbier (Pils)	Real-Time PCR
	Pi BB 170	Flaschenbier (Pils)	FTIR
Trichosporon coremiiforme	Pi BB 49	Flaschenbier	SEQ 26S
Wickerhamomyces anomalus (früher Pichia anomala)	Pi BB 21	Fassbier (Helles)	Real-Time PCR
	Pi BB 22	Flaschenbier	Real-Time PCR
	Pi BB 24	Flaschenbier (Helles)	Real-Time PCR
	Pi BB 69	Flaschenbier	Real-Time PCR
	Pi BB 90	Flaschenbier	SEQ 26S
	Pi BB 91	Flaschenbier	SEQ 26S
	Pi BB 104	Flaschenbier	SEQ 26S
	Pi BB 120	Flaschenbier	SEQ 26S
	Pi BB 127	Bier nach Filter	SEQ 26S
	Pi BB 128	Bier nach Filter	SEQ 26S
	Pi BB 137	Bier in 5l-Fass	Real-Time PCR
	Pi BB 145	Flaschenbier	Real-Time PCR
	Pi BB 157	Flaschenbier (Pils)	Real-Time PCR
	Pi BB 166	Flaschenbier	Real-Time PCR
	Pi BB 167	Flaschenbier	FTIR
	Pi BB 169	Flaschenbier (Pils)	FTIR
	Pi BB 171	Flaschenbier (Pils)	FTIR

Anhang

Hefeart	Stammnummer BTII K	Isolierungsort/ -medium	Identifizierungsart/ Anwendung
	PI BB 180	Flaschenbier	Real-Time PCR
	PI BB 181	Flaschenbier	Real-Time PCR
	PI BA 13-15	unbekannt	Real-Time PCR
Williopsis californica	PI BB 139	Limonade	SEQ 26S
	PI BB 143	Flaschenbier	FTIR
	PI BB 146	Flaschenbier	FTIR
	PI BB 185	Bier in 5l-Fass	SEQ 26S
Yarrowia lipolytica	PI BB 50	Röstmalz	SEQ 26S
	PI BB 51	Brauwasser	SEQ 26S

8.4 Hefestämme zur Ermittlung der Spezifität und der Relativen Richtigkeit

Tabelle 53: Hefestämme zur Ermitlung der Spezifität und der Relativen Richtigkeit

Hefeart	Stammsammlung, -nummer
Brettanomyces custersianus	DSM 70736
Brettanomyces naardenensis	DSM 70743
Candida boidinii	DSM 70026T
Candida intermedia	CBS 573T
Candida parapsilosis	DSM 5784T
Candida sake	BTII K 1-B-3
Candida vini	BTII K 2-G-7
Cryptococcus albidus	CBS 155T
Cryptococcus laurentii	CBS 139T
Debaryomyces hansenii	DSM 70244
Dekkera anomala	DSM 70727
Dekkera bruxellensis	CBS 4914
Hanseniaspora uvarum	CBS 314T
Issatchenkia occidentalis	CBS 6888
Issatchenkia orientalis	DSM 3433T
Kazachstania exigua	CBS 6388
Kazachstania servazzii	WSYC/G 2521
Kazachstania unispora	CBS 398T
Kluyveromyces marxianus	CBS 712
Lachancea kluyveri	CBS 3082T
Naumovia dairenensis	CBS 421
Pichia fermentans	CBS 187T
Pichia guilliermondii	CBS 2030T
Pichia membranifaciens	CBS 107
Rhodotorula glutinis	DSM 70398
S. bayanus	DSM 70411
S. bayanus/ pastorianus	CBS 2440
S. cariocanus	CBS 7995
S. cerevisiae (obergärige Kulturhefen)	Weizenbierhefen: W 68, 175 Altbierhefen: W 148
S. cerevisiae	DSM 70451
S. cerevisiae var. diastaticus	DSM 70487
S. kudriavzevii	CBS 8840
S. mikatae	CBS 8839
S. paradoxus	CBS 1464
S. pastorianus (untergärige Kulturhefen)	Untergärige flockulierende Bierhefen (Bruchhefen): W 34/70, 34/78, 128, 206
S. pastorianus	DSM 6580NT
Saccharomycodes ludwigii	BTII K 10-E-8
Schizosaccharomyces pombe	CBS 356
Torulaspora delbrueckii	CBS 1146T
Wickerhamomyces anomalus	CBS 5759T
Zygosaccharomyces bailii	CBS 680T
Zygosaccharomyces bisporus	WYSC 285
Zygosaccharomyces rouxii	CBS 441

Anhang

8.5 Ergebnistabellen von YM-Medien mit Hefehemmstoffen

Tabelle 54: Wachstum brauereirelevanter Hefen auf YM-Agar + Eugenol (450, 465 ppm) und YM + Ferulasäure (600, 1000 ppm) nach 7 Tagen bei 28° C Bebrütungstemperatur (aerob)

Hefestamm	Eugenol		Ferulasäure	
	450 ppm	465 ppm	600 ppm	1000 ppm
S. pastorianus UG				
S. pastorianus W 34/70	+	+	+	-
S. pastorianus W 34/78	+	+	+	-
S. pastorianus W 44	+	+	+	-
S. pastorianus W 66	+	+	+	-
S. pastorianus W 66/70	n. a.	+	n. a.	n. a.
S. pastorianus W 71	n. a.	+	n. a.	n. a.
S. pastorianus W 194	n. a.	+	n. a.	n. a.
S. cerevisiae OG				
S. cerevisiae W 68	+	-	+	-
S. cerevisiae W 127	n. a.	-	n. a.	n. a.
S. cerevisiae W 148	+	+	+	-
S. cerevisiae W 175	+	-	+	-
S. cerevisiae W 177	n. a.	+	n. a.	n. a.
S. cerevisiae W 184	n. a.	n. a.	+	-
S. cerevisiae W 210	n. a.	w	n. a.	n. a.
S. cerevisiae Fremdhefen				
S. cerevisiae BTII 3-C-3	n. a.	n. a.	+	+
S. cerevisiae BTII 3-C-3	n. a.	n. a.	+	+
S. cerevisiae CBS 8803	+	-	n. a.	n. a.
S. cerevisiae DSM 70451	+	-	+	+
S. cerevisiae CBS 1464	n. a.	+	n. a.	n. a.
S. c. var. diastaticus BTII 3-H-4	+	-	n. a.	n. a.
S. c. var. diastaticus BT II K 1-H-7	+	+	+	+
S. c. var. diastaticus DSM 70487	+	-	n. a.	n. a.
S. c. var. diastaticus BT II K 3-D-2	+	+	+	+
S. sensu stricto Fremdhefen				
S. bayanus DSM 70411	+	-	n. a.	n. a.
S. bayanus DSM 70412T	+	-	+	-
S. bayanus DSM 70508	n. a.	n. a.	+	-
S. bayanus DSM 70547	n. a.	-	n. a.	n. a.
S. bayanus BTII K 1-C-3	+	+	+	-
S. pastorianus DSM 6580NT	w	+	+	+
S. pastorianus DSM 6581	n. a.	-	n. a.	n. a.
Nicht-*Saccharomyces* Fremdhefen				
B. naardenensis DSM 70743	n. a.	-	n. a.	n. a.
C. boidinii DSM 70026T	n. a.	-	n. a.	n. a.
C. sake BTII K 1-B-3	n. a.	-	n. a.	n. a.
C. tropicalis CBS 2317	+	-	n. a.	n. a.
Cryptococcus albidus CBS 155T	n. a.	-	n. a.	n. a.
Debaryomyces hansenii CBS 117	n. a.	-	n. a.	n. a.
D. bruxellensis BTII K 3-C-5	+	+	+	-
D. bruxellensis BTII K 3-B-6	n. a.	+	n. a.	n. a.
K. exigua BTII K 2-G-7	n. a.	-	n. a.	n. a.
L. kluyveri CBS 3082T	n. a.	-	+	+
N. castelli BTII K 3-I-1	n. a.	w	n. a.	n. a.
W. anomalus CBS 5759T	n. a.	-	n. a.	n. a.
P. membranaefaciens CBS 107	+	-	+	+
Rhodutorula glutinis DSM 70398	n. a.	-	n. a.	n. a.
Sch. pombe CBS 356	n. a.	-	n. a.	n. a.
T. delbrueckii CBS 1146T	n. a.	-	n. a.	n. a.

Anhang

Z. bailii CBS 1097	n. a.	-	n. a.	n. a.
Z. bisporus WYSC 285	n. a.	-	n. a.	n. a.
Z. rouxii CBS 441	n. a.	-	n. a.	n. a.

Tabelle 55: Wachstum brauereirelevanter Hefen auf YM-Agar + Zimtsäure (400, 500 ppm) und YM + Linalool (1000, 3000 ppm) nach 7 Tagen bei 28° C Bebrütungstemperatur (aerob)

Hefestamm	Zimtsäure		Linalool	
	400 ppm	500 ppm	1000 ppm	3000 ppm
S. pastorianus UG				
S. pastorianus W 34/70	+	w	+	-
S. pastorianus W 34/78	+	+	+	-
S. pastorianus W 44	w	w	+	+
S. pastorianus W 66	w	w	+	w
S. pastorianus W 66/70	w	-	+	-
S. pastorianus W 71	+	w	+	+
S. pastorianus W 194	w	-	+	+
S. cerevisiae OG				
S. cerevisiae W 68	w	w	+	+
S. cerevisiae W 127	+	w	+	+
S. cerevisiae W 148	+	+	+	+
S. cerevisiae W 175	+	+	+	w
S. cerevisiae W 177	+	+	+	+
S. cerevisiae W 210	+	w	+	+
S. cerevisiae Fremdhefen				
S. cerevisiae CBS 8803	+	+	+	-
S. cerevisiae DSM 70451	+	+	+	-
S. cerevisiae CBS 1464	n. a.	n. a.	+	-
S. c. var. diastaticus BTII 3-H-4	+	+	+	-
S. c. var. diastaticus BT II K 1-H-7	+	+	+	w
S. c. var. diastaticus DSM 70487	+	+	+	-
S. c. var. diastaticus BT II K 3-D-2	+	+	+	-
S. sensu stricto Fremdhefen				
S. bayanus DSM 70411	+	+	+	+
S. bayanus DSM 70412T	+	-	+	-
S. bayanus DSM 70508	+	-	n. a.	n. a.
S. bayanus DSM 70547	n. a.	n. a.	+	-
S. bayanus BTII K 1-C-3	w	-	+	-
S. pastorianus DSM 6580NT	-	-	+	+
S. pastorianus DSM 6581	n. a.	n. a.	+	-
Nicht-*Saccharomyces* Fremdhefen				
B. naardenensis DSM 70743	n. a.	n. a.	+	-
C. boidinii DSM 70026T	n. a.	n. a.	+	-
C. sake BTII K 1-B-3	-	-	+	-
C. tropicalis CBS 2317	+	w	+	w
Cryptococcus albidus CBS 155T	n. a.	n. a.	+	-
Debaryomyces hansenii CBS 117	n. a.	n. a.	+	-
D. bruxellensis BTII K 3-C-5	w	w	+	-
D. bruxellensis BTII K 3-B-6	w	w	+	+
K. exigua BTII K 2-G-7	n. a.	n. a.	+	-
L. kluyveri CBS 3082T	+	w	+	-
N. castelli BTII K 3-I-1	+	w	+	-
W. anomalus CBS 5759T	n. a.	n. a.	+	+
P. membranaefaciens CBS 107	+	+	+	+
Rhodutorula glutinis DSM 70398	n. a.	n. a.	+	-
Sch. pombe CBS 356	+	w	+	w
T. delbrueckii CBS 1146T	n. a.	n. a.	+	-
Z. bailii CBS 1097	+	+	+	-

Anhang

Z. bisporus WYSC 285	n. a.	n. a.	+	-
Z. rouxii CBS 441	n. a.	n. a.	+	-

Tabelle 56: Wachstum brauereirelevanter Hefen auf YM-Agar + Nystatin (15000, 30000, 60000, 80000, 125000 U/l) nach 7 Tagen bei 28° C Bebrütungstemperatur (aerob)

Hefestamm	YM + Nystatin				
	15000 U/l	30000 U/l	60000 U/l	80000 U/l	125000 U/l
S. pastorianus UG					
S. pastorianus W 34/70	+	w	-	-	-
S. pastorianus W 34/78	+	-	-	-	-
S. pastorianus W 44	+	w	-	-	-
S. pastorianus W 66	+	-	-	-	-
S. pastorianus W 66/70	+	-	-	-	-
S. pastorianus W 71	+	-	-	-	-
S. pastorianus W 194	+	-	-	-	-
S. cerevisiae OG					
S. cerevisiae W 68	+	-	-	-	-
S. cerevisiae W 127	+	-	-	-	-
S. cerevisiae W 148	+	-	-	-	-
S. cerevisiae W 175	+	+	-	-	-
S. cerevisiae W 177	+	-	-	-	-
S. cerevisiae W 210	+	-	-	-	-
S. cerevisiae Fremdhefen					
S. cerevisiae CBS 8803	+	-	-	-	-
S. cerevisiae DSM 70424	+	-	-	-	-
S. cerevisiae DSM 70451	-	-	-	-	-
S. cerevisiae CBS 1464	+	-	-	-	-
S. c. var. diastaticus BTII 3-H-4	+	-	-	-	-
S. c. var. diastaticus BT II K 1-H-7	+	+	-	-	-
S.c. var. diastaticus DSM 70487	w	w	-	-	-
S. c. var. diastaticus BT II K 3-D-2	+	+	-	-	-
S. sensu stricto Fremdhefen					
S. bayanus DSM 70412T	+	-	-	-	-
S. bayanus DSM 70508	+	-	-	-	-
S. bayanus DSM 70547	+	-	-	-	-
S. bayanus BTII K 1-C-3	w	-	-	-	-
S. pastorianus DSM 6580NT	+	-	-	-	-
S. pastorianus DSM 6581	-	-	-	-	-
Nicht-*Saccharomyces* Fremdhefen					
B. naardenensis DSM 70743	+	-	-	-	-
C. boidinii DSM 70026T	+	+	-	-	-
C. sake BTII K 1-B-3	+	+	+	+	-
C. tropicalis CBS 2317	+	+	-	-	-
Cryptococcus albidus CBS 155T	+	-	-	-	-
D. bruxellensis BTII K 3-C-5	+	-	-	-	-
D. bruxellensis BTII K 3-B-6	+	w	-	-	-
Debaryomyces hansenii CBS 117	+	w	-	-	-
N. castelli BTII K 3-I-1	+	+	-	-	-
K. exigua BTII K 2-G-7	+	+	-	-	-
L. kluyveri CBS 3082T	+	-	-	-	-
W. anomalus CBS 5759T	+	-	-	-	-
P. membranaefaciens CBS 107	+	w	-	-	-

Anhang

Rhodutorula glutinis DSM 70398	+	+	-	-	-
Sch. pombe CBS 356	+	-	-	-	-
T. delbrueckii CBS 1146T	+	-	-	-	-
Z. bailii CBS 1097	+	w	w	-	-
Z. bisporus WYSC 285	+	w	-	-	-
Z. rouxii CBS 441	+	-	-	-	-

Tabelle 57: Wachstum brauereirelevanter Hefen auf YM-Agar + Chitosan (1,0, 2,0, 2,5, 3,0, 3,5, 4,0 g/l) nach 7 Tagen bei 28° C Bebrütungstemperatur (aerob)

Hefestamm	YM-Agar + Chitosan, pH 6,2						YM-Bouillon + Chitosan, pH 6,2
	1,0 g/l	2,0 g/l	2,5 g/l	3,0 g/l	3,5 g/l	4,0 g/l	2,5; 3,0; 3,5 g/l
S. pastorianus UG							
S. pastorianus W 34/70	+	+	-	-	-	-	-
S. pastorianus W 34/78	+	+	-	-	-	-	-
S. pastorianus W 44	+	+	-	-	-	-	-
S. pastorianus W 66	+	+	-	-	-	-	-
S. cerevisiae OG							
S. cerevisiae W 68	+	+	-	-	-	-	-
S. cerevisiae W 148	+	+	+	+	-	-	-
S. cerevisiae W 175	+	+	-	-	-	-	-
S. cerevisiae W 184	+	+	+	-	-	-	-
S. cerevisiae Fremdhefen							
S. cerevisiae BTII 3-C-3	+	+	+	+	-	-	-
S. cerevisiae BTII 3-B-4	+	+	+	+	+	-	-
S. cerevisiae DSM 70451	+	+	-	-	-	-	-
S. c. var. diastaticus BT II K 3-D-2	+	+	+	+	+	-	-
S. c. var. diastaticus BT II K 1-H-7	+	+	-	-	-	-	-
S. c. var. diastaticus BT II K 1-B-8	+	+	+	+	+	-	-
S. c. var. diastaticus BT II 3-H-4	+	+	+	+	-	-	-
S. c. var. diastaticus BT II K 2-F-1	+	+	+	+	+	-	-
S. c. var. diastaticus BT II K 2-A-7	+	+	+	+	-	-	-
S. sensu stricto Fremdhefen							
S. bayanus DSM 70411	+	+	-	-	-	-	-
S. bayanus DSM 70508	+	+	-	-	-	-	-
S. bayanus BTII K 1-C-3	+	+	-	-	-	-	-
S. pastorianus DSM 6580NT	+	+	-	-	-	-	-
Nicht-Saccharomyces Fremdhefen							
C. tropicalis CBS 2317	-	-	-	-	-	-	-
D. bruxellensis CBS 2797	+	-	-	-	-	-	-
L. kluyveri CBS 3082T	+	+	+	-	-	-	-
P. membranaefaciens CBS 107	+	+	+	+	+	-	-
Sch. pombe CBS 356	-	-	-	-	-	-	-
Z. bailii CBS 1097	-	-	-	-	-	-	-

Anhang

8.6 Sequenzpolymorphismen der ITS1-5,8S-ITS2 rDNA der *S. sensu stricto* Arten

Tabelle 58: Polymorphismen der ITS1- und ITS2-rDNA-Sequenzen ausgewähler Hefestämme des *S. sensu stricto* Komlpexes bezogen auf *S. cerevisiae* CBS 1782 ermittelt durch Sequenz-Alignment (CLUSTALW-Alignment Funktion)

Hefestammsequenz	GenBank accession nos. ITS1-rDNA	GenBank accession nos. ITS2-rDNA	ITS1-rDNA Polymorphismen								
S. cerevisiae CBS 1782	Z75721	Z75722	TTTTT	A	A	GA	A	A	C	C	
S. paradoxus CBS 432	AJ229059	AJ229059	-----	G	A	GA	A	A	T	C	
S. cariocanus CBS 8841	AJ271809	AJ271810	-----	A	A	GA	A	A	T	C	
S. kudriavzevii CBS 8840	AJ271805	AJ271806	-----	A	G	GA	T	G	C	C	
S. mikatae CBS 8839	AJ271807	AJ271808	-----	A	A	--	A	A	T	G	
S. bayanus CBS 380	Z75717	Z75718	TTTTT	A	G	GA	A	A	C	C	
S. pastorianus CBS 1538	Z75731	Z75731	TTTTT	A	G	GA	A	A	C	C	
Basenpaarnummer *S. cerevisiae* CBS 1782	Z75721	Z75722	35-39	49	54	58, 59	76	97	99	100	
Hefestammsequenz			ITS1-rDNA Polymorphismen								
S. cerevisiae CBS 1782	A	T	G	GAT	G	C	T	T	TT	C	
S. paradoxus CBS 432	T	T	G	GAT	G	C	A	T	TT	C	
S. cariocanus CBS 8841	T	T	A	GAT	G	C	A	T	TT	C	
S. kudriavzevii CBS 8840	A	C	A	GAT	C	G	T	C	TC	T	
S. mikatae CBS 8839	A	T	A	GAT	G	G	T	T	CT	T	
S. bayanus CBS 380	A	C	A	--C	C	G	T	T	TT	T	
S. pastorianus CBS 1538	A	C	A	--C	C	G	T	T	TT	T	
Basenpaarnummer *S. cerevisiae* CBS 1782	130	137	163	170-172	177	180	182	184	197, 198	233	
Hefestammsequenz	ITS1-rDNA Polymorphismen					ITS2-rDNA Polymorphismen					
S. cerevisiae CBS 1782	TC	CAT	GG	C	T	TTT	A	G	G	G	
S. paradoxus CBS 432	TC	CAT	AG	T	T	T--	G	G	G	G	
S. cariocanus CBS 8841	TC	CAT	AG	T	T	T--	G	G	G	G	
S. kudriavzevii CBS 8840	TC	CTG	GA	T	T	T--	G	G	G	A	
S. mikatae CBS 8839	TC	CTT	GA	T	T	---	G	G	A	G	
S. bayanus CBS 380	CT	T-T	A-	T	C	T--	G	A	G	G	
S. pastorianus CBS 1538	CT	T-T	A-	T	C	T--	G	A	G	G	
Basenpaarnummer *S. cerevisiae* CBS 1782	237,238	259-261	273-274	306	39	85-87	171	186	196	225	

8.7 Evaluierungsergebnisse des Real-Time PCR Screenings für getränkerelevante Hefen für das untersuchte Stammset

Tabelle 59: Qualitative Einzelergebnisse (des Real-Time PCR Screenings für getränkerelevante Hefen) der untersuchten Mikroorganismenstämme

Mikroorganismen	Art/ Stamm	SGH Ergebnis
Hefen	All Stämme, die in Tabelle 53 aufgelistet sind	+
Schimmelpilze	Alternaria alternata var. tenius DSMZ 62006	+
	Aspergillus niger CBS 101698	+
	Botrytis cinerea DSMZ 877	+
	Byssochlamys fulva CBS 132.33	+
	Byssochlamys nivea CBS 136.59	-
	Eupenicillium lapidosum CBS 343.48	-
	Fusarium graminearum DSMZ 4527	-
	Mucor plumbeus CBS 111.07	-
	Neosartorya fischeri CBS 582.90	+
	Paecilomyces variotii CBS 284.48	+
	Penicillium expansum DSMZ 62841	-
	Talaromyces flavus CBS 437.62	+
Bakterien	Lactobacillus brevis DSMZ 20054	-
	Lactobacillus buchneri DSMZ 20057	-
	Lactobacillus casei DSMZ 20011T	-
	Lactobacillus coryniformis spp. torquens DSMZ 20004	-
	Lactobacillus collinoides DSMZ 20515	-
	Lactobacillus gasseri DSMZ 20343T	-
	Lactobacillus lindneri DSMZ 20690	-
	Lactobacillus perolens BTII BS291	-
	Lactobacillus plantarum BTII BS285	-
	Lactococcus lactis spp. lactis DSMZ 20481T	-
	Megassphera cerevisiae BTII BS46	-
	Pectinatus frisingensis BTII BS42	-

Anhang

8.8 Evaluierungsergebnisse der Real-Time PCR Identifizierungssysteme für Nicht-*Saccharomyces* Arten

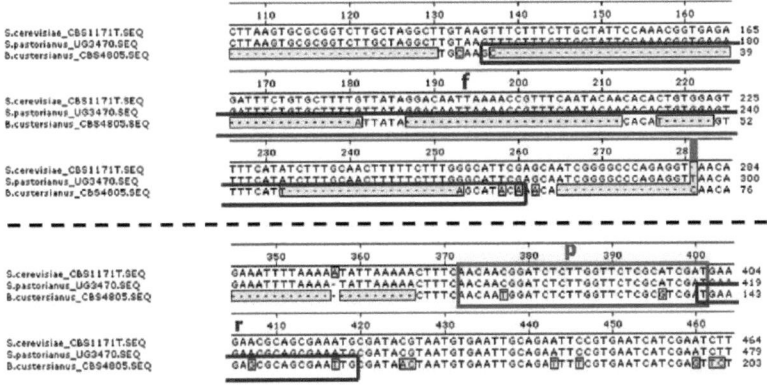

Abbildung 58: Primer- und Sondendesign des Real-Time PCR Identifizierungssystemes für *B. custersianus*

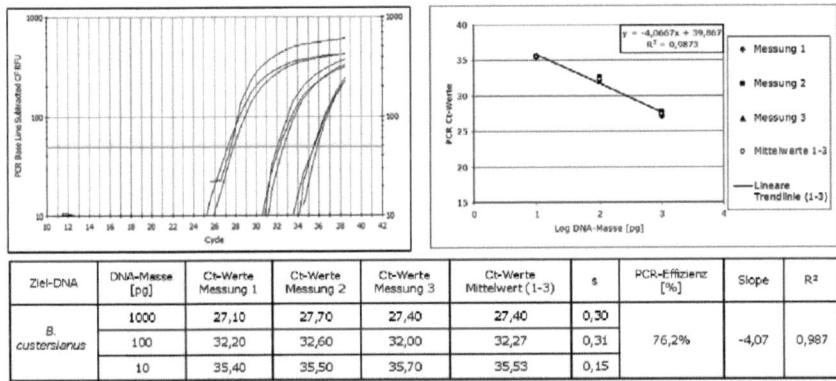

Ziel-DNA	DNA-Masse [pg]	Ct-Werte Messung 1	Ct-Werte Messung 2	Ct-Werte Messung 3	Ct-Werte Mittelwert (1-3)	s	PCR-Effizienz [%]	Slope	R^2
B. custersianus	1000	27,10	27,70	27,40	27,40	0,30	76,2%	-4,07	0,987
	100	32,20	32,60	32,00	32,27	0,31			
	10	35,40	35,50	35,70	35,53	0,15			

Abbildung 59: Ermittlung der PCR-Effizienz des Real-Time PCR Identifizierungssystemes für *B. custersianus*

Anhang

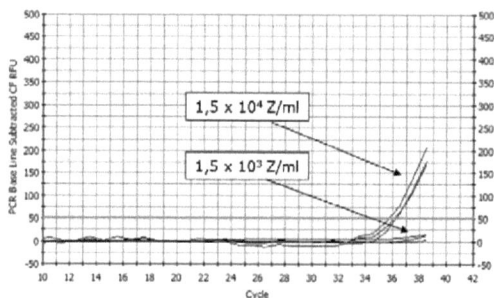

Abbildung 60: Ermittlung der Nachweisgrenze des Real-Time PCR Identifizierungssystemes für *B. custersianus*

Tabelle 60: Ermittlung der Sensitivität, der Spezifität und der relativen Richtigkeit des Real-Time PCR Identifizierungssystemes für *B. custersianus*

	Anzahl Hefestämme (*B.custersianus*)	Anzahl Hefestämme (Nicht-*B.custersianus*)
	1	48
erwartetes Ergebnis	positiv	negativ
richtiges Ergebnis	1	48
falsches Ergebnis	0	0
Relative Richtigkeit	Sensitivität	Spezifität
100 %	100 %	100%

```
                           230       240       250       260       270    f     28
S.cerevisiae_CBS1171T.SEQ  TTTTCATATCTTTGCAACTTTTTCTTTGGGCATTCGAGCAATCGGGGCCCAGAGGT AAC 283
S.pastorianus_UG3470.SEQ   TTTTCATATCTTTGCAACTTTTCT TG   ATTC  G  AT   G  CC   GG T AC 299
B.naardenensis_CBS6042.SEQ TT C C T GCACAC T AACT TT AC  SCT G C TT CG    AATCGA        AG T A T 268

                           290       300       310       320       330       340
S.cerevisiae_CBS1171T.SEQ  AAACACAAACAATTTTATCTATTCATTAAATTTTTGTCAAAAACAAGAATTTTCGTAACT 343
S.pastorianus_UG3470.SEQ   A ACACAAACAATTTTATCTATTCATTAAATTTTTGTCAAAAACAAGAATTTTCGTAACT 359
B.naardenensis_CBS6042.SEQ   AC TTT  CA TTTT T  ACG T C CA AAA AAACAG T  AAAT C A A    TTT A T GTC 325

                           350       360       370       380     P 390       400
S.cerevisiae_CBS1171T.SEQ  GGAAATTTTAAAATATTAAAAACTTTCAA AACGGATCTCTTGGTTCTCGCATCGAT A 403
S.pastorianus_UG3470.SEQ   GGAAATTTTAAAA TATTAAAAACTTTCAA AACGGATCTCTTGGTTCTCGCATCGA    410
B.naardenensis_CBS6042.SEQ G AAATT A AAAAA  T T AAAACTTTCAA AACGGATCTCTTGGTTCTCGCATCGA T A 383

                          r  410       420       430       440       450       460
S.cerevisiae_CBS1171T.SEQ  AGAACGCAGCGAAATGCGATACGTAATGTGAATTGCAGAATTCCGTGAATCATCGAATCT 463
S.pastorianus_UG3470.SEQ   A A CGCAGC AA  TG GATACGTAATGTGAATTGCAGAATT CCGTGAATCATCGAATCT 478
B.naardenensis_CBS6042.SEQ AGA CGCAGCGAA TG  GAT A GTAATGTGAATTGCAGA TT  CGTGAATCATCGA T C 443
```

Abbildung 61: Primer- und Sondendesign des Real-Time PCR Identifizierungssystemes für *B. naardenensis*

Anhang

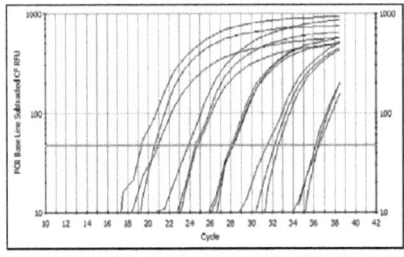 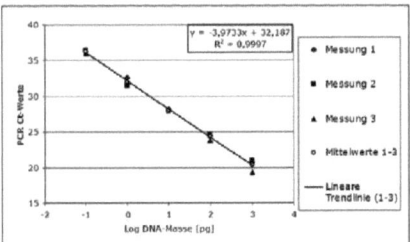

Ziel-DNA	DNA-Masse [pg]	Ct-Werte Messung 1	Ct-Werte Messung 2	Ct-Werte Messung 3	Ct-Werte Mittelwert (1-3)	s	PCR-Effizienz [%]	Slope	R^2
B. naardenensis	1000	20,60	20,90	19,30	20,27	0,85	78,5%	-3,97	0,999
	100	24,50	24,70	23,80	24,33	0,47			
	10	28,20	28,00	28,20	28,13	0,12			
	1	32,60	31,50	32,10	32,07	0,55			
	0,1	36,30	36,50	36,00	36,27	0,25			

Abbildung 62: Ermittlung der PCR-Effizienz des Real-Time PCR Identifizierungssystemes für B. naardenensis

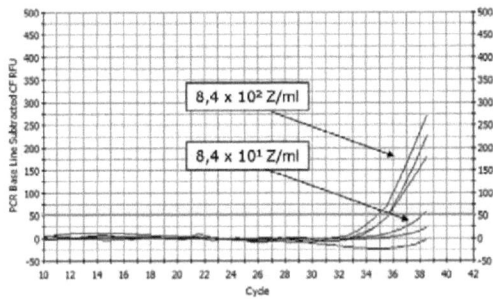

Abbildung 63: Ermittlung der Nachweisgrenze des Real-Time PCR Identifizierungssystemes für B. naardenensis

Tabelle 61: Ermittlung der Sensitivität, der Spezifität und der relativen Richtigkeit des Real-Time PCR Identifizierungssystemes für B. naardenensis

	Anzahl Hefestämme (B.naardenensis)	Anzahl Hefestämme (Nicht-B.naardenensis)
	1	48
erwartetes Ergebnis	positiv	negativ
richtiges Ergebnis	1	48
falsches Ergebnis	0	0
Relative Richtigkeit	Sensitivität	Spezifität
100 %	100 %	100%

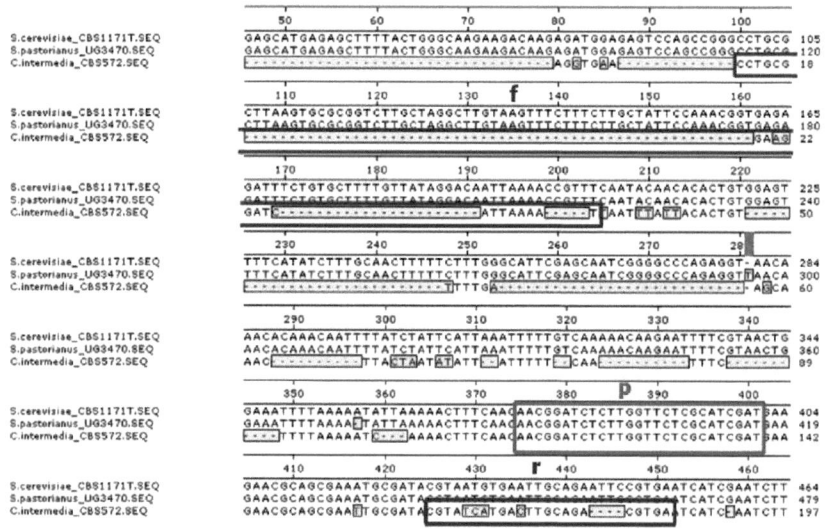

Abbildung 64: Primer- und Sondendesign des Real-Time PCR Identifizierungssystemes für *C. intermedia*

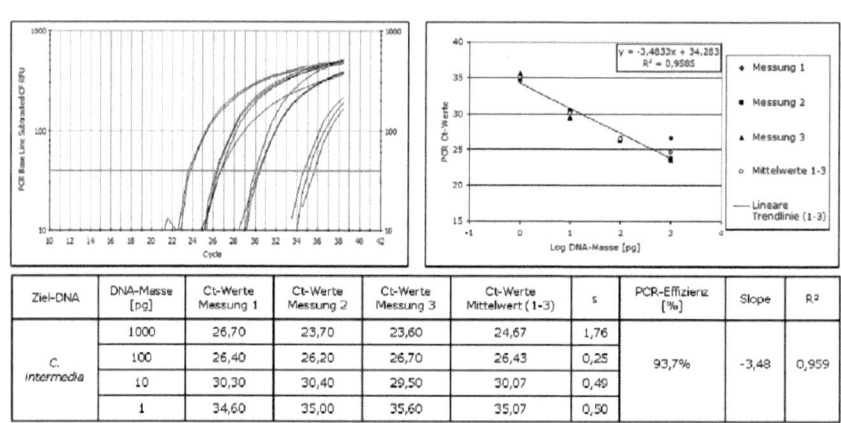

Ziel-DNA	DNA-Masse [pg]	Ct-Werte Messung 1	Ct-Werte Messung 2	Ct-Werte Messung 3	Ct-Werte Mittelwert (1-3)	s	PCR-Effizienz [%]	Slope	R^2
C. intermedia	1000	26,70	23,70	23,60	24,67	1,76	93,7%	-3,48	0,959
	100	26,40	26,20	26,70	26,43	0,25			
	10	30,30	30,40	29,50	30,07	0,49			
	1	34,60	35,00	35,60	35,07	0,50			

Abbildung 65: Ermittlung der PCR-Effizienz des Real-Time PCR Identifizierungssystemes für *C. intermedia*

Anhang

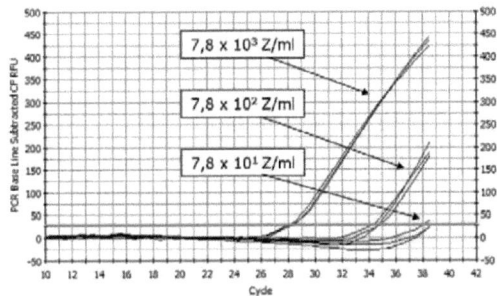

Abbildung 66: Ermittlung der Nachweisgrenze des Real-Time PCR Identifizierungssystemes für *C. intermedia*

Tabelle 62: Ermittlung der Sensitivität, der Spezifität und der relativen Richtigkeit des Real-Time PCR Identifizierungssystemes für *C. intermedia*

	Anzahl Hefestämme (*C. intermedia*)	Anzahl Hefestämme (Nicht-*C. intermedia*)
	11	48
erwartetes Ergebnis	positiv	negativ
richtiges Ergebnis	11	48
falsches Ergebnis	0	0
Relative Richtigkeit	Sensitivität	Spezifität
100 %	100 %	100%

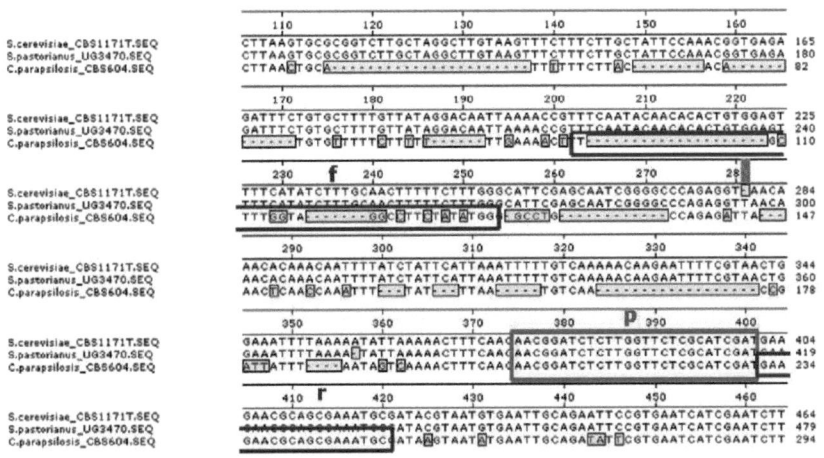

Abbildung 67: Primer- und Sondendesign des Real-Time PCR Identifizierungssystemes für *C. parapsilosis*

Anhang

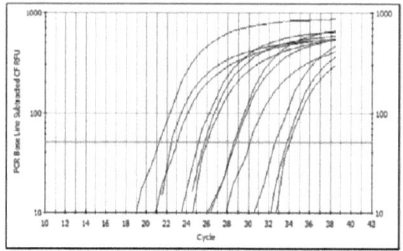 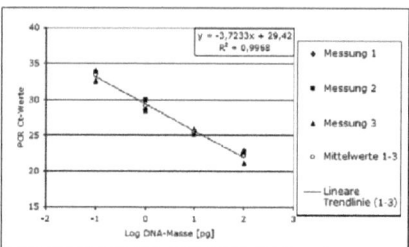

Ziel-DNA	DNA-Masse [pg]	Ct-Werte Messung 1	Ct-Werte Messung 2	Ct-Werte Messung 3	Ct-Werte Mittelwert (1-3)	s	PCR-Effizienz [%]	Slope	R²
C. parapsilosis	100	22,90	22,40	21,20	22,17	0,87	85,6%	-3,72	0,997
	10	25,70	25,10	25,90	25,57	0,42			
	1	28,70	30,00	28,60	29,10	0,78			
	0,1	33,90	33,70	32,60	33,40	0,70			

Abbildung 68: Ermittlung der PCR-Effizienz des Real-Time PCR Identifizierungssystemes für C. parapsilosis

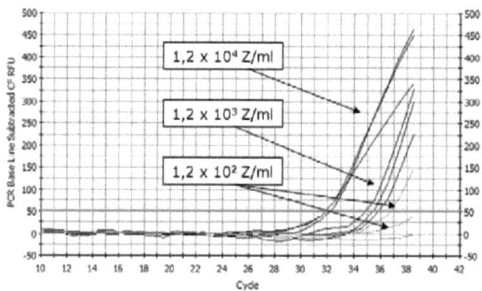

Abbildung 69: Ermittlung der Nachweisgrenze des Real-Time PCR Identifizierungssystemes für C. parapsilosis

Tabelle 63: Ermittlung der Sensitivität, der Spezifität und der relativen Richtigkeit des Real-Time PCR Identifizierungssystemes für C. parapsilosis

	Anzahl Hefestämme (C. parapsilosis)	Anzahl Hefestämme (Nicht-C. parapsilosis)
	10	48
erwartetes Ergebnis	positiv	negativ
richtiges Ergebnis	10	48
falsches Ergebnis	0	0
Relative Richtigkeit	Sensitivität	Spezifität
100 %	100 %	100%

Anhang

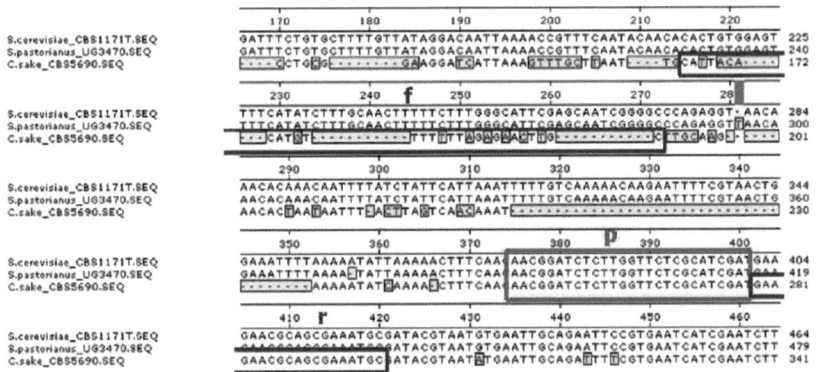

Abbildung 70: Primer- und Sondendesign des Real-Time PCR Identifizierungssystemes für *C. sake*

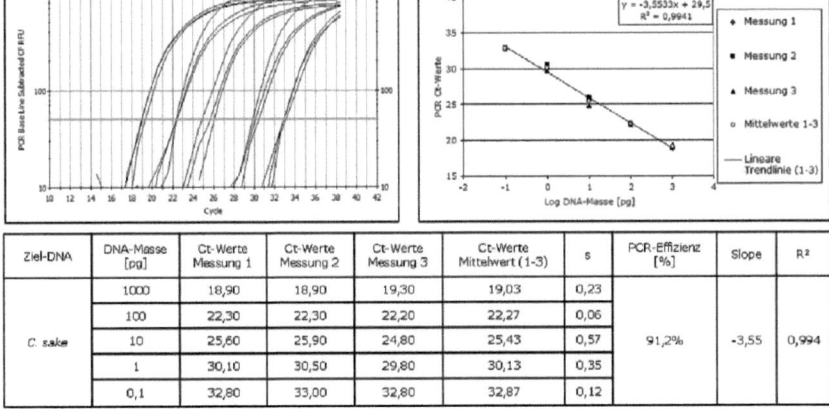

Abbildung 71: Ermittlung der PCR-Effizienz des Real-Time PCR Identifizierungssystemes für *C. sake*

Anhang

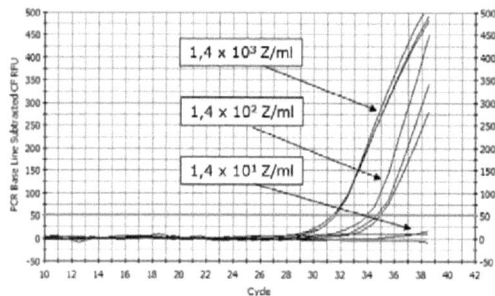

Abbildung 72: Ermittlung der Nachweisgrenze des Real-Time PCR Identifizierungssystemes für *C. sake*

Tabelle 64: Ermittlung der Sensitivität, der Spezifität und der relativen Richtigkeit des Real-Time PCR Identifizierungssystemes für *C. sake*

	Anzahl Hefestämme (*C. sake*)	Anzahl Hefestämme (Nicht-*C. sake*)
	5	48
erwartetes Ergebnis	positiv	negativ
richtiges Ergebnis	5	48
falsches Ergebnis	0	0
Relative Richtigkeit	Sensitivität	Spezifität
100 %	100 %	100%

```
                        170       180       190       200       210    f  220
S.cerevisiae_CBS1171T.SEQ  GATTTCTGTGCTTTTGTTATAGGACAATTAAAACCGTTTCAATACAACACACTGTGGAGT  225
S.pastorianus_UG3470.SEQ   GATTTCTGTGCTTTTGTTATAGGACAATTAAAACCGTTTCAATACAACACACTGTGGAGT  240
D.hansenii_CBS767.SEQ      AGTTT---TGCTTTTGGTCT--GGACTAC-GAAATAGTTTGGGC----CAC----GAGGT  146

                        230       240       250       260       270       280
S.cerevisiae_CBS1171T.SEQ  TTTCATATCTTTGCAACTTTTCTTTGGGCATTCGAGCAATCGGGGCCCAGAGGTCAACA   284
S.pastorianus_UG3470.SEQ   TTTCATATCTTTGCAACTTTTCTTTGGGCATTCGAGCAATCGGGGCCCAGAGGTTAACA  300
D.hansenii_CBS767.SEQ      TTACCGAACTC---AACTTC--------AATATTTA-----------------TATTG  176

                        290       300       310       320       330       340
S.cerevisiae_CBS1171T.SEQ  AACACAAACAATTTTATCTATTCATTAAATTTTTGTCAAAAACAAGAATTTTCGTAACTG  344
S.pastorianus_UG3470.SEQ   AACACAAACAATTTTATCTATTCATTAAATTTTTGTCAAAAACAAGAATTTTCGTAACTG  360
D.hansenii_CBS767.SEQ      AAT---------TGTTATATAT---TTAA----TTGTCAA---------TTTGTTGATTC  210

                        350       360       370       380    P  390       400
S.cerevisiae_CBS1171T.SEQ  GAAATTTAAAAATATTAAAAACTTTCAACAACGGATCTCTTGGTTCTCGCATCGATGAA  404
S.pastorianus_UG3470.SEQ   GAAATTTTAAAATTATTAAAAACTTTCAACAACGGATCTCTTGGTTCTCGCATCGATGAA  419
D.hansenii_CBS767.SEQ      GAAATTCAAAAATCTTAAAACTTTCAACAACGGATCTCTTGGTTCTCGCATCGATGAA   269

                        410   r   420       430       440       450       460
S.cerevisiae_CBS1171T.SEQ  GAACGCAGCGAAATGCGATACGTAATGTGAATTGCAGAATTCCGTGAATCATCGAATCTT  464
S.pastorianus_UG3470.SEQ   GAACGCAGCGAAATGCGATACGTAATGTGAATTGCAGAATTCCGTGAATCATCGAATCTT  479
D.hansenii_CBS767.SEQ      GAACGCAGCGAAATGCGATAGTAATGTGAATTGCAGATTTCGTGAATCATCGAATCTT  329
```

Abbildung 73: Primer- und Sondendesign des Real-Time PCR Identifizierungssystemes für *Debaryomyces hansenii*

Anhang

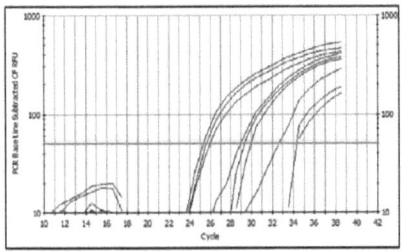 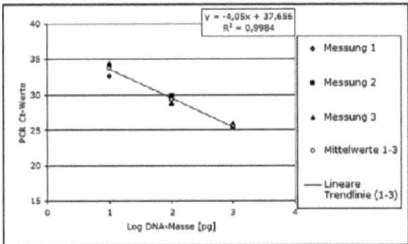

Ziel-DNA	DNA-Masse [pg]	Ct-Werte Messung 1	Ct-Werte Messung 2	Ct-Werte Messung 3	Ct-Werte Mittelwert (1-3)	s	PCR-Effizienz [%]	Slope	R^2
	1000	25,30	25,60	25,90	25,60	0,30			
D. hansenii	100	29,30	29,90	28,90	29,37	0,50	76,6%	-4,05	0,998
	10	32,60	34,10	34,40	33,70	0,96			

Abbildung 74: Ermittlung der PCR-Effizienz des Real-Time PCR Identifizierungssystemes für *Debaryomyces hansenii*

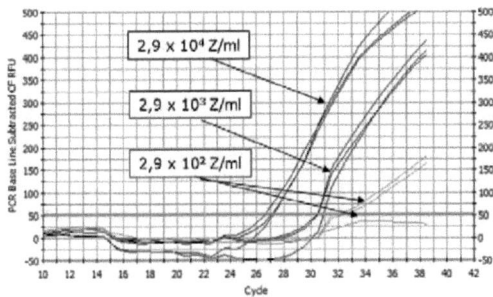

Abbildung 75: Ermittlung der Nachweisgrenze des Real-Time PCR Identifizierungssystemes für *Debaryomyces hansenii*

Tabelle 65: Ermittlung der Sensitivität, der Spezifität und der relativen Richtigkeit des Real-Time PCR Identifizierungssystemes für *Debaryomyces hansenii*

	Anzahl Hefestämme (*D. hansenii*)	Anzahl Hefestämme (Nicht- *D. hansenii*)
	6	48
erwartetes Ergebnis	positiv	negativ
richtiges Ergebnis	6	48
falsches Ergebnis	0	0
Relative Richtigkeit	Sensitivität	Spezifität
100 %	100 %	100%

Anhang

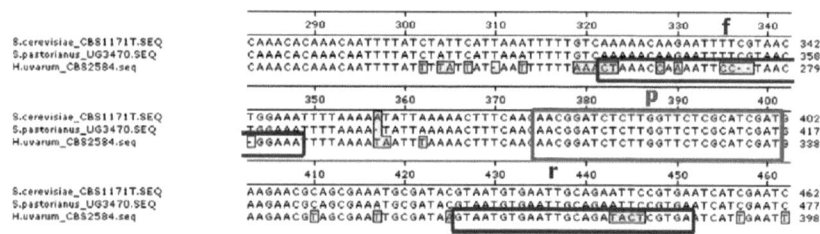

Abbildung 76: Primer- und Sondendesign des Real-Time PCR Identifizierungssystemes für *H. uvarum*

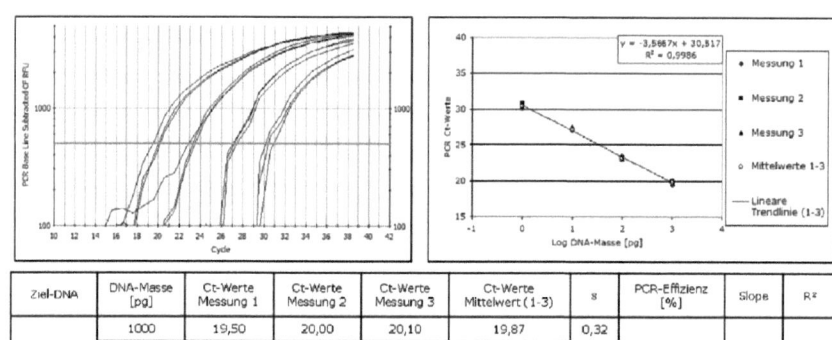

Abbildung 77: Ermittlung der PCR-Effizienz des Real-Time PCR Identifizierungssystemes für *H. uvarum*

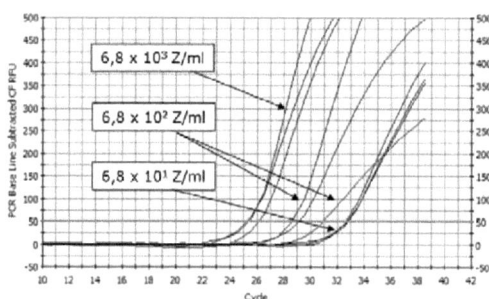

Abbildung 78: Ermittlung der Nachweisgrenze des Real-Time PCR Identifizierungssystemes für *H. uvarum*

228

Anhang

Tabelle 66: Ermittlung der Sensitivität, der Spezifität und der relativen Richtigkeit des Real-Time PCR Identifizierungssystemes für *H. uvarum*

	Anzahl Hefestämme (*H. uvarum*)	Anzahl Hefestämme (Nicht-*H. uvarum*)
	10	48
erwartetes Ergebnis	positiv	negativ
richtiges Ergebnis	10	48
falsches Ergebnis	0	0
Relative Richtigkeit	Sensitivität	Spezifität
100 %	100 %	100%

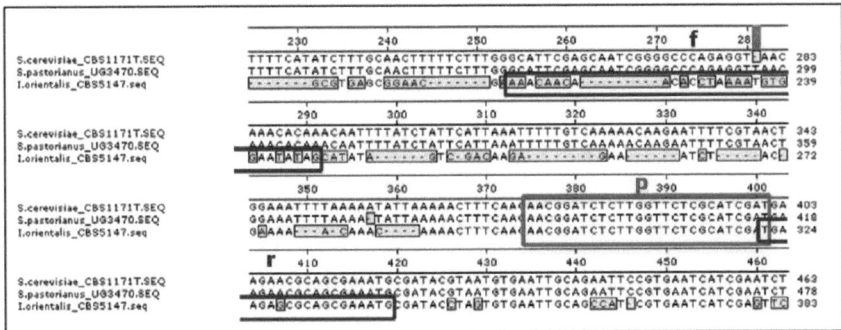

Abbildung 79: Primer- und Sondendesign des Real-Time PCR Identifizierungssystemes für *I. orientalis*

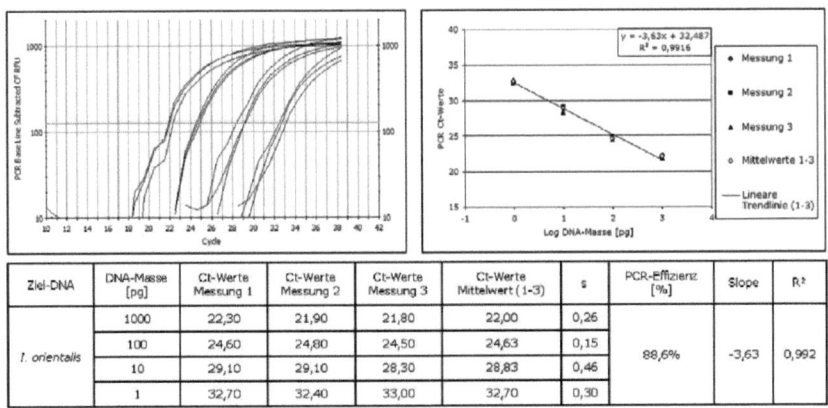

Ziel-DNA	DNA-Masse [pg]	Ct-Werte Messung 1	Ct-Werte Messung 2	Ct-Werte Messung 3	Ct-Werte Mittelwert (1-3)	s	PCR-Effizienz [%]	Slope	R^2
I. orientalis	1000	22,30	21,90	21,80	22,00	0,26	88,6%	-3,63	0,992
	100	24,60	24,80	24,50	24,63	0,15			
	10	29,10	29,10	28,30	28,83	0,46			
	1	32,70	32,40	33,00	32,70	0,30			

Abbildung 80: Ermittlung der PCR-Effizienz des Real-Time PCR Identifizierungssystemes für *I. orientalis*

Anhang

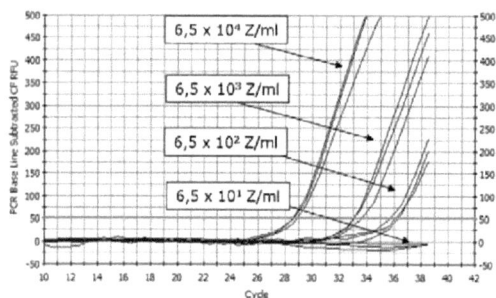

Abbildung 81: Ermittlung der Nachweisgrenze des Real-Time PCR Identifizierungssystemes für *I. orientalis*

Tabelle 67: Ermittlung der Sensitivität, der Spezifität und der relativen Richtigkeit des Real-Time PCR Identifizierungssystemes für *I. orientalis*

	Anzahl Hefestämme (*I. orientalis*)	Anzahl Hefestämme (Nicht-*I. orientalis*)
	9	48
erwartetes Ergebnis	positiv	negativ
richtiges Ergebnis	9	48
falsches Ergebnis	0	0
Relative Richtigkeit	Sensitivität	Spezifität
100 %	100 %	100%

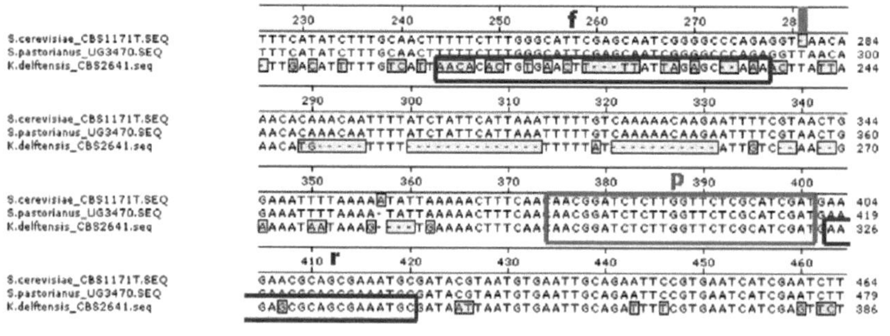

Abbildung 82: Primer- und Sondendesign des Real-Time PCR Identifizierungssystemes für *Kregervanrija delftensis*

Anhang

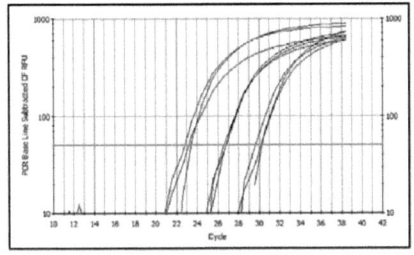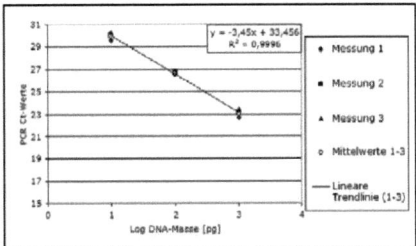

Ziel-DNA	DNA-Masse [pg]	Ct-Werte Messung 1	Ct-Werte Messung 2	Ct-Werte Messung 3	Ct-Werte Mittelwert (1-3)	s	PCR-Effizienz [%]	Slope	R²
Kregervanrija delftensis	1000	22,70	23,10	23,40	23,07	0,35	94,9%	-3,45	0,999
	100	26,50	26,70	26,70	26,63	0,12			
	10	29,60	30,10	30,20	29,97	0,32			

Abbildung 83: Ermittlung der PCR-Effizienz des Real-Time PCR Identifizierungssystemes für *Kregervanrija delftensis*

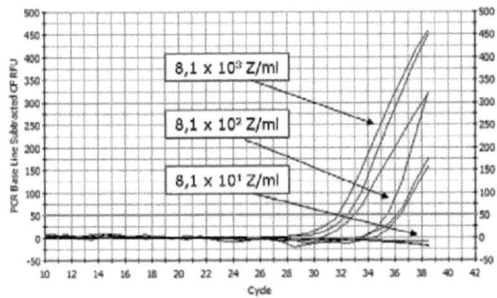

Abbildung 84: Ermittlung der Nachweisgrenze des Real-Time PCR Identifizierungssystemes für *Kregervanrija delftensis*

Tabelle 68: Ermittlung der Sensitivität, der Spezifität und der relativen Richtigkeit des Real-Time PCR Identifizierungssystemes für *Kregervanrija delftensis*

	Anzahl Hefestämme (*K. delftensis*)	Anzahl Hefestämme (Nicht- *K. delftensis*)
	1	49
erwartetes Ergebnis	positiv	negativ
richtiges Ergebnis	1	49
falsches Ergebnis	0	0
Relative Richtigkeit	Sensitivität	Spezifität
100 %	100 %	100%

Anhang

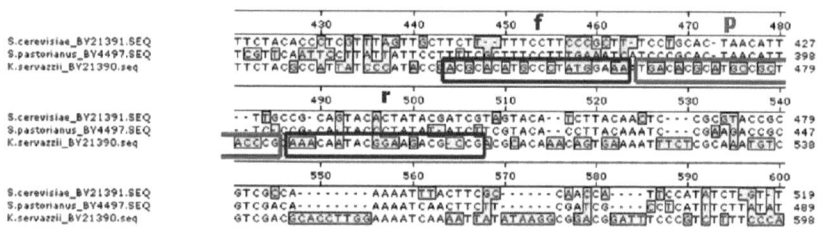

Abbildung 85: Primer- und Sondendesign des Real-Time PCR Identifizierungssystemes für *K. servazzii*

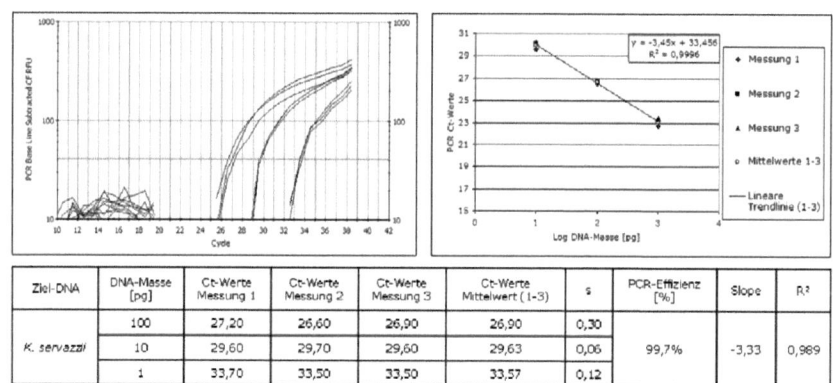

Abbildung 86: Ermittlung der PCR-Effizienz des Real-Time PCR Identifizierungssystemes für *K. servazzii*

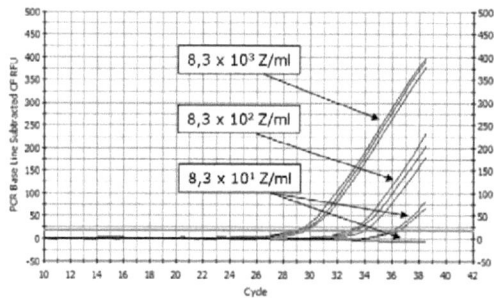

Abbildung 87: Ermittlung der Nachweisgrenze des Real-Time PCR Identifizierungssystemes für *K. servazzii*

Anhang

Tabelle 69: Ermittlung der Sensitivität, der Spezifität und der relativen Richtigkeit des Real-Time PCR Identifizierungssystemes für *K. servazzii*

	Anzahl Hefestämme (*K. servazzii*)	Anzahl Hefestämme (Nicht- *K. servazzii*)
	3	48
erwartetes Ergebnis	positiv	negativ
richtiges Ergebnis	3	48
falsches Ergebnis	0	0
Relative Richtigkeit	Sensitivität	Spezifität
100 %	100 %	100%

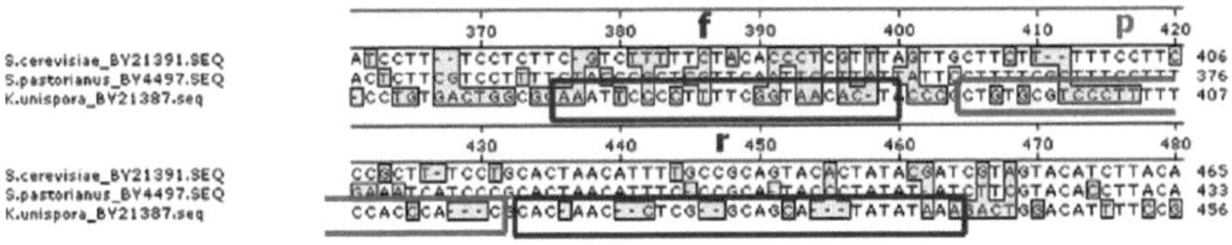

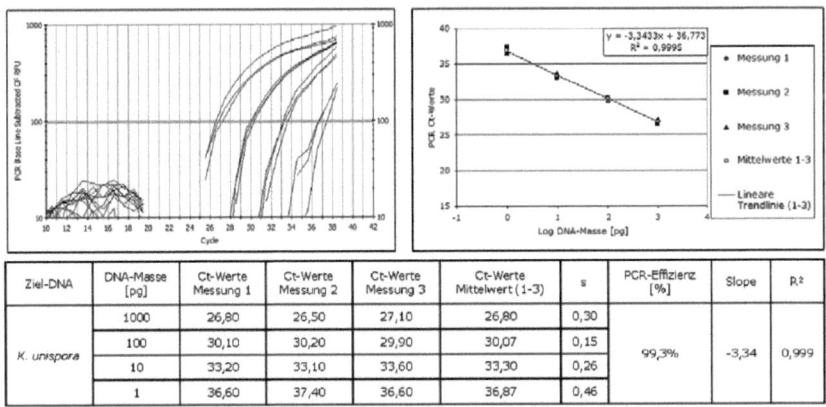

Abbildung 88: Primer- und Sondendesign des Real-Time PCR Identifizierungssystemes für *K. unispora*

Ziel-DNA	DNA-Masse [pg]	Ct-Werte Messung 1	Ct-Werte Messung 2	Ct-Werte Messung 3	Ct-Werte Mittelwert (1-3)	s	PCR-Effizienz [%]	Slope	R^2
K. unispora	1000	26,80	26,50	27,10	26,80	0,30	99,3%	-3,34	0,999
	100	30,10	30,20	29,90	30,07	0,15			
	10	33,20	33,10	33,60	33,30	0,26			
	1	36,60	37,40	36,60	36,87	0,46			

Abbildung 89: Ermittlung der PCR-Effizienz des Real-Time PCR Identifizierungssystemes für *K. unispora*

Anhang

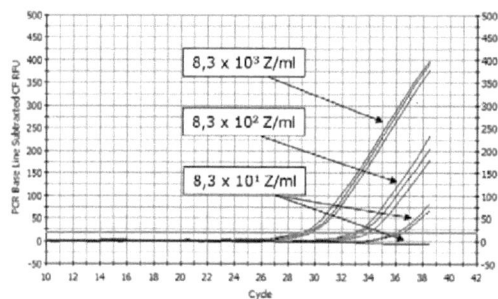

Abbildung 90: Ermittlung der Nachweisgrenze des Real-Time PCR Identifizierungssystemes für *K. unispora*

Tabelle 70: Ermittlung der Sensitivität, der Spezifität und der relativen Richtigkeit des Real-Time PCR Identifizierungssystemes für *K. unispora*

	Anzahl Hefestämme (*K. servazzii*)	Anzahl Hefestämme (Nicht- *K. servazzii*)
	3	48
erwartetes Ergebnis	positiv	negativ
richtiges Ergebnis	3	48
falsches Ergebnis	0	0
Relative Richtigkeit	Sensitivität	Spezifität
100 %	100 %	100%

```
                            110       120       130       140       150       160
S.cerevisiae_CBS1171T.SEQ   CTTAAGTGCGCGGTCTTGCTAGGCTTGTAAGTTTCTTTCTTGCTATTCCAAACGGTGAGA  165
S.pastorianus_UG3470.SEQ    CTTAAGTGCGCGGTCTTGCTAGGCTTGTAAGTTTCTTTCTTGCTATTCCAAACGGTGAGA  180
L.kluyveri_CBS3082.SEQ      CTTAAGTGCGCGG-C---------------------------------GACGGTG----   68

                            170       180   f   190       200       210       220
S.cerevisiae_CBS1171T.SEQ   GATTTCTGTGCTTTTGTTATAGGACAATTAAAACCGTTTCAATACAACACACTGTGGAGT  225
S.pastorianus_UG3470.SEQ    GATTTCTGTGCTTTTGTTATAGGACAATTAAAACCGTTTCAATACAACACACTGTGGAGT  240
L.kluyveri_CBS3082.SEQ      -----CT----TTGTGTTA----ACGGTTGT--CGGTTTCTACACAGCACACTGTGGAGT  112

                            230       240       250       260       270       280
S.cerevisiae_CBS1171T.SEQ   TTTCATATCTTTGCAACTTTTTCTTTGGGCATTCGAGCAATCGGGGCCCAGAGGTTAACA  284
S.pastorianus_UG3470.SEQ    TTTCATATCTTTGCAACTTTTTCTTTGGGCATTCGAGCAATCGGGGCCCAGAGGTTAACA  300
L.kluyveri_CBS3082.SEQ      TTTTTCTACTTTGCTACTTTTTCTTTGGGC-----GCAA-----GCCCAGAGGATACAA  161

                            290       300       310       320       330       340
S.cerevisiae_CBS1171T.SEQ   AACACAAACAATTTTATCTATTCATTAAATTTTTGTCAAAAACAAGAATTTTCGTAACTG  344
S.pastorianus_UG3470.SEQ    AACACAAACAATTTTATCTATTCATTAAATTTTTGTCAAAAACAAGAATTTTCGTAACTG  360
L.kluyveri_CBS3082.SEQ      AACACAAACAATTTTTCATGTT-----ATTTTAGTCAAGAA-----ATTTTCATTTTAA  211

                            350       360       370       380   p   390       400
S.cerevisiae_CBS1171T.SEQ   GAAATTTTAAAATATTAAAAACTTTCAAGAACGGATCTCTTGGTTCTCGCATCGATGAA  404
S.pastorianus_UG3470.SEQ    GAAATTTTAAAATTATTAAAAACTTTCAAGAACGGATCTCTTGGTTCTCGCATCGATGAA  419
L.kluyveri_CBS3082.SEQ      GAAATT----AAAATATTGAAAACTTTCAAGAACGGATCTCTTGGTTCTCGCATCGATGAA  268

                          r 410       420       430       440       450       460
S.cerevisiae_CBS1171T.SEQ   GAACGCAGCGAAATGCGATACGTAATGTGAATTGCAGAATTCCGTGAATCATCGAATCTT  464
S.pastorianus_UG3470.SEQ    ----------------ATACGTAATGTGAATTGCAGAATTCCGTGAATCATCGAATCTT  479
L.kluyveri_CBS3082.SEQ      GAACGCAGCGAAATGCGATACGTATTGTGAATTGCAGATTTCGTGAATCATCGAATCTT  328
```

Abbildung 91: Primer- und Sondendesign des Real-Time PCR Identifizierungssystemes für *L. kluyveri*

Anhang

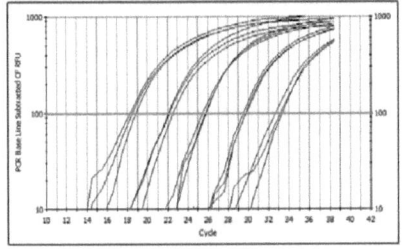 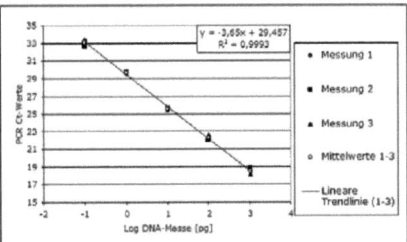

Ziel-DNA	DNA-Masse [pg]	Ct-Werte Messung 1	Ct-Werte Messung 2	Ct-Werte Messung 3	Ct-Werte Mittelwert (1-3)	s	PCR-Effizienz [%]	Slope	R²
L. kluyveri	1000	18,50	18,80	18,20	18,50	0,30	87,9%	-3,65	0,999
	100	22,10	22,00	22,60	22,23	0,32			
	10	25,40	25,70	25,70	25,60	0,17			
	1	29,50	29,70	29,80	29,67	0,15			
	0,1	33,30	32,60	33,20	33,03	0,38			

Abbildung 92: Ermittlung der PCR-Effizienz des Real-Time PCR Identifizierungssystemes für *L. kluyveri*

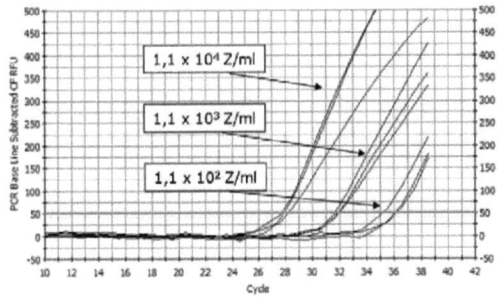

Abbildung 93: Ermittlung der Nachweisgrenze des Real-Time PCR Identifizierungssystemes für *L. kluyveri*

Tabelle 71: Ermittlung der Sensitivität, der Spezifität und der relativen Richtigkeit des Real-Time PCR Identifizierungssystemes für *L. kluyveri*

	Anzahl Hefestämme (*L. kluyveri*)	Anzahl Hefestämme (Nicht-*L. kluyveri*)
	2	48
erwartetes Ergebnis	positiv	negativ
richtiges Ergebnis	2	48
falsches Ergebnis	0	0
Relative Richtigkeit	Sensitivität	Spezifität
100 %	100 %	100%

Anhang

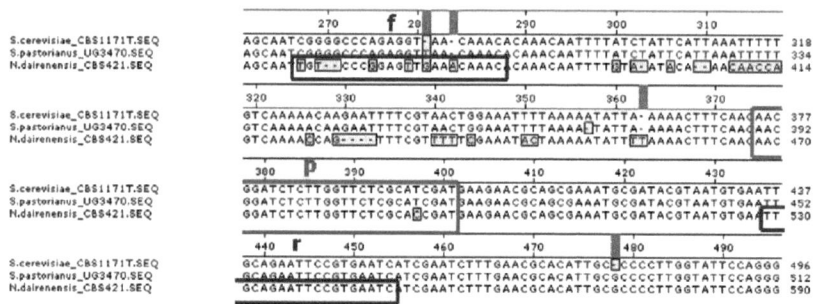

Abbildung 94: Primer- und Sondendesign des Real-Time PCR Identifizierungssystemes für *N. dairenensis*

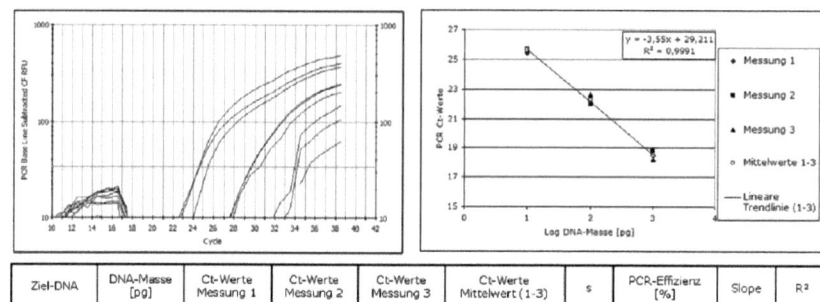

Ziel-DNA	DNA-Masse [pg]	Ct-Werte Messung 1	Ct-Werte Messung 2	Ct-Werte Messung 3	Ct-Werte Mittelwert (1-3)	s	PCR-Effizienz [%]	Slope	R²
N. dairenensis	1000	18,50	18,80	18,20	18,50	0,30	91,3%	-3,55	0,999
	100	22,10	22,00	22,60	22,23	0,32			
	10	25,40	25,70	25,70	25,60	0,17			

Abbildung 95: Ermittlung der PCR-Effizienz des Real-Time PCR Identifizierungssystemes für *N. dairenensis*

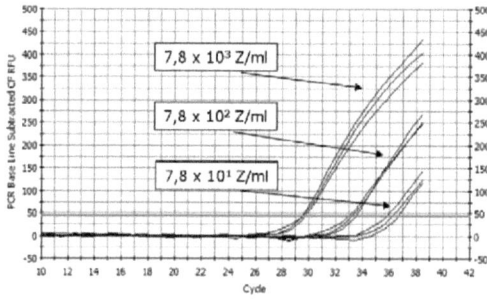

Abbildung 96: Ermittlung der Nachweisgrenze des Real-Time PCR Identifizierungssystemes für *N. dairenensis*

Anhang

Tabelle 72: Ermittlung der Sensitivität, der Spezifität und der relativen Richtigkeit des Real-Time PCR Identifizierungssystemes für *N. dairenensis*

	Anzahl Hefestämme (*N. dairenensis*)	Anzahl Hefestämme (Nicht-*N. dairenensis*)
	1	48
erwartetes Ergebnis	positiv	negativ
richtiges Ergebnis	1	48
falsches Ergebnis	0	0
Relative Richtigkeit	Sensitivität	Spezifität
100 %	100 %	100%

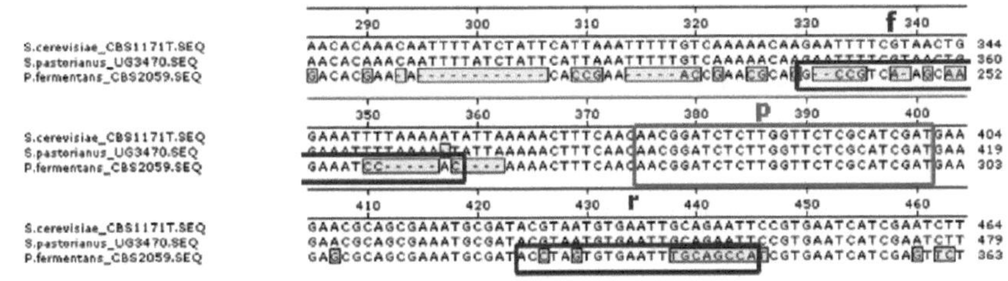

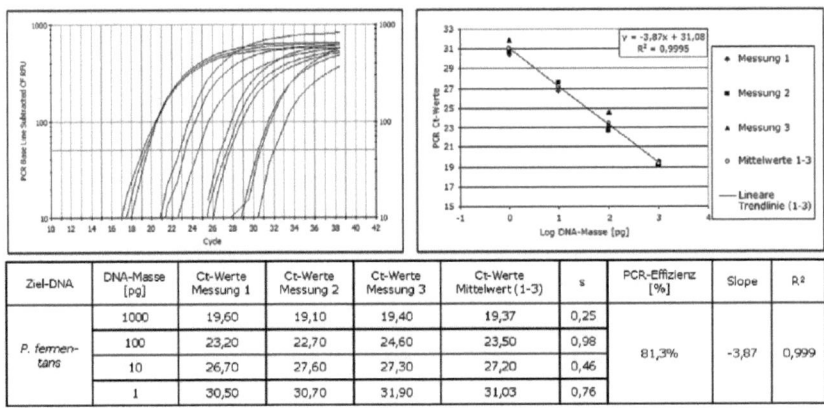

Abbildung 97: Primer- und Sondendesign des Real-Time PCR Identifizierungssystemes für *P. fermentans*

Ziel-DNA	DNA-Masse [pg]	Ct-Werte Messung 1	Ct-Werte Messung 2	Ct-Werte Messung 3	Ct-Werte Mittelwert (1-3)	s	PCR-Effizienz [%]	Slope	R²
P. fermentans	1000	19,60	19,10	19,40	19,37	0,25	81,3%	-3,87	0,999
	100	23,20	22,70	24,60	23,50	0,98			
	10	26,70	27,60	27,30	27,20	0,46			
	1	30,50	30,70	31,90	31,03	0,76			

Abbildung 98: Ermittlung der PCR-Effizienz des Real-Time PCR Identifizierungssystemes für *P. fermentans*

Anhang

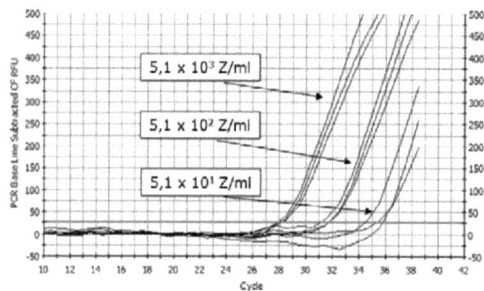

Abbildung 99: Ermittlung der Nachweisgrenze des Real-Time PCR Identifizierungssystemes für *P. fermentans*

Tabelle 73: Ermittlung der Sensitivität, der Spezifität und der relativen Richtigkeit des Real-Time PCR Identifizierungssystemes für *P. fermentans*

	Anzahl Hefestämme (*P. fermentans*)	Anzahl Hefestämme (Nicht-*P. fermentans*)
	11	48
erwartetes Ergebnis	positiv	negativ
richtiges Ergebnis	11	48
falsches Ergebnis	0	0
Relative Richtigkeit	Sensitivität	Spezifität
100 %	100 %	100%

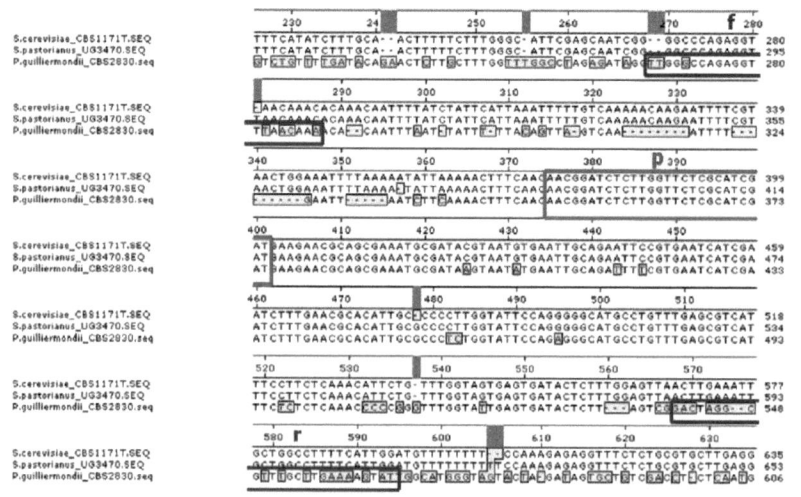

Abbildung 100: Primer- und Sondendesign des Real-Time PCR Identifizierungssystemes für *P. guilliermondii*

Anhang

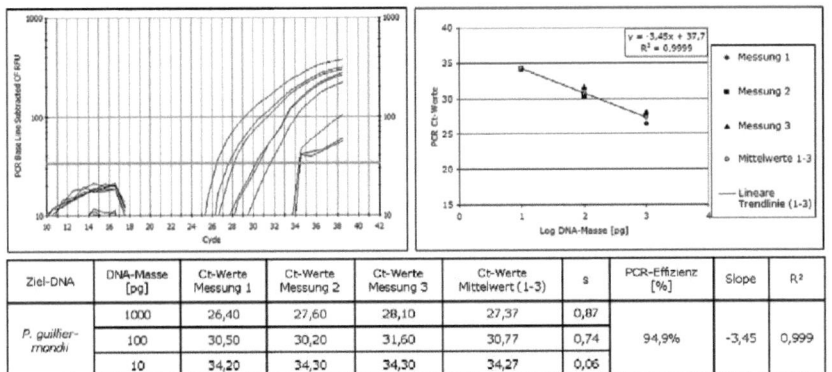

Ziel-DNA	DNA-Masse [pg]	Ct-Werte Messung 1	Ct-Werte Messung 2	Ct-Werte Messung 3	Ct-Werte Mittelwert (1-3)	s	PCR-Effizienz [%]	Slope	R^2
P. guilliermondii	1000	26,40	27,60	28,10	27,37	0,87	94,9%	-3,45	0,999
	100	30,50	30,20	31,60	30,77	0,74			
	10	34,20	34,30	34,30	34,27	0,06			

Abbildung 101: Ermittlung der PCR-Effizienz des Real-Time PCR Identifizierungssystemes für *P. guilliermondii*

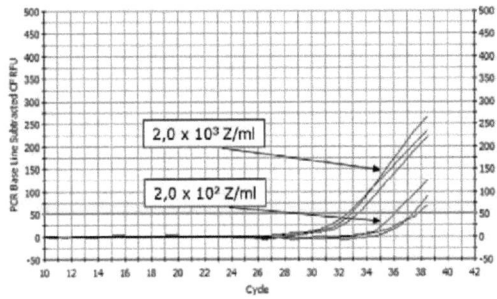

Abbildung 102: Ermittlung der Nachweisgrenze des Real-Time PCR Identifizierungssystemes für *P. guilliermondii*

Tabelle 74: Ermittlung der Sensitivität, der Spezifität und der relativen Richtigkeit des Real-Time PCR Identifizierungssystemes für *P. guilliermondii*

	Anzahl Hefestämme (*P. guilliermondii*)	Anzahl Hefestämme (Nicht-*P. guilliermondii*)
	10	48
erwartetes Ergebnis	positiv	negativ
richtiges Ergebnis	10	48
falsches Ergebnis	0	0
Relative Richtigkeit	Sensitivität	Spezifität
100 %	100 %	100%

Anhang

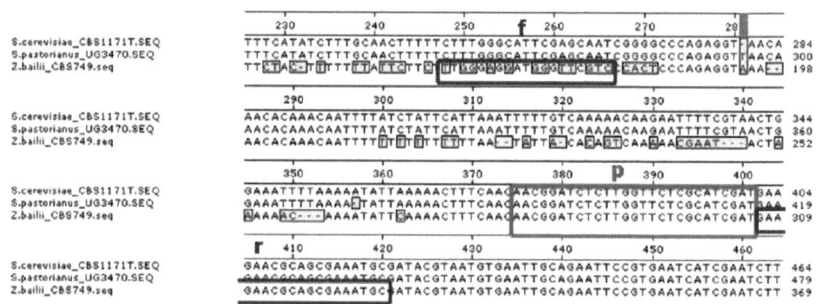

Abbildung 103: Primer- und Sondendesign des Real-Time PCR Identifizierungssystemes für *Z. bailii*

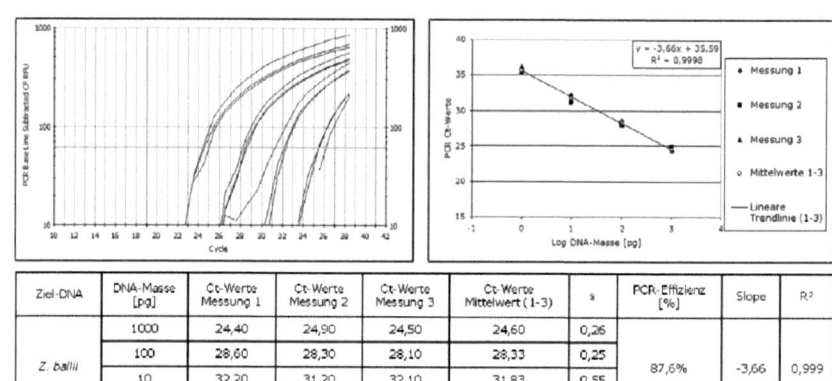

Abbildung 104: Ermittlung der PCR-Effizienz des Real-Time PCR Identifizierungssystemes für *Z. bailii*

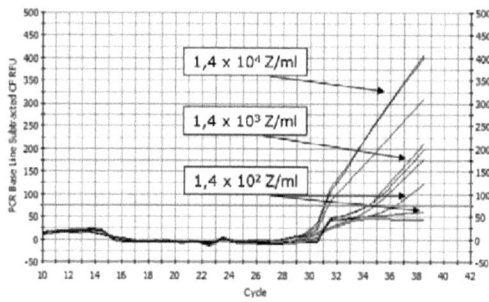

Abbildung 105: Ermittlung der Nachweisgrenze des Real-Time PCR Identifizierungssystemes für *Z. bailii*

Anhang

Tabelle 75: Ermittlung der Sensitivität, der Spezifität und der relativen Richtigkeit des Real-Time PCR Identifizierungssystemes für *Z. bailii*

	Anzahl Hefestämme (*Z. bailii*)	Anzahl Hefestämme (Nicht- *Z. bailii*)
	11	48
erwartetes Ergebnis	positiv	negativ
richtiges Ergebnis	11	48
falsches Ergebnis	0	0
Relative Richtigkeit	Sensitivität	Spezifität
100 %	100 %	100%

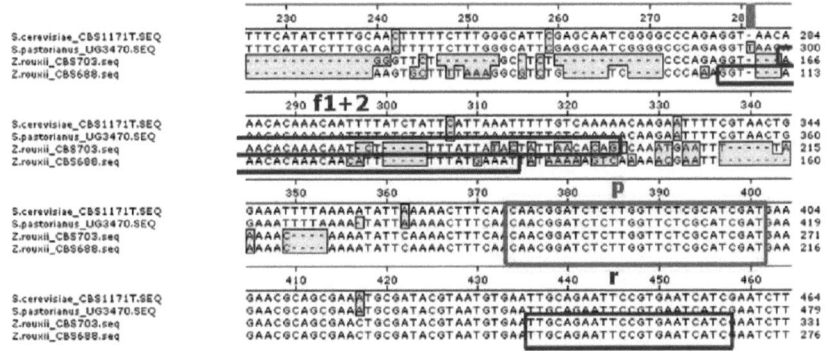

Abbildung 106: Primer- und Sondendesign des Real-Time PCR Identifizierungssystemes für *Z. rouxii*

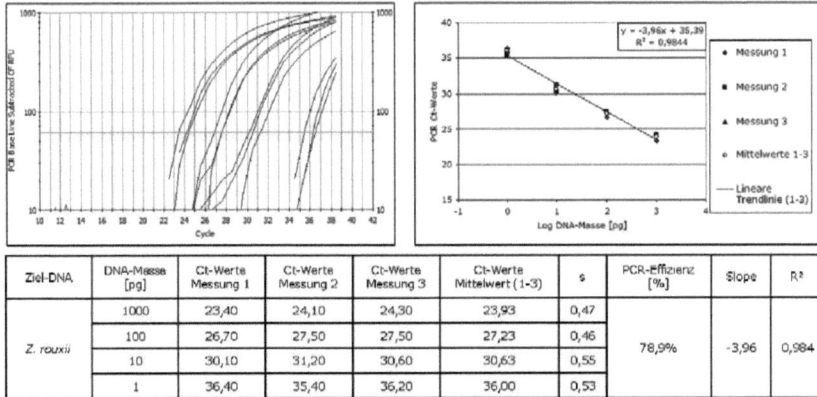

Abbildung 107: Ermittlung der PCR-Effizienz des Real-Time PCR Identifizierungssystemes für *Z. rouxii*

241

Anhang

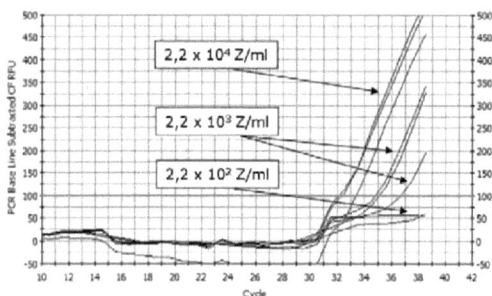

Abbildung 108: Ermittlung der Nachweisgrenze des Real-Time PCR Identifizierungssystemes für *Z. rouxii*

Tabelle 76: Ermittlung der Sensitivität, der Spezifität und der relativen Richtigkeit des Real-Time PCR Identifizierungssystemes für *Z. rouxii*

	Anzahl Hefestämme (*Z. rouxii*)	Anzahl Hefestämme (Nicht-*Z. rouxii*)
	13	48
erwartetes Ergebnis	positiv	negativ
richtiges Ergebnis	13	48
falsches Ergebnis	0	0
Relative Richtigkeit	Sensitivität	Spezifität
100 %	100 %	100%

Anhang

8.9 Evaluierungsergebnisse der Real-Time PCR Identifizierungssysteme für *Saccharomyces sensu stricto* Arten

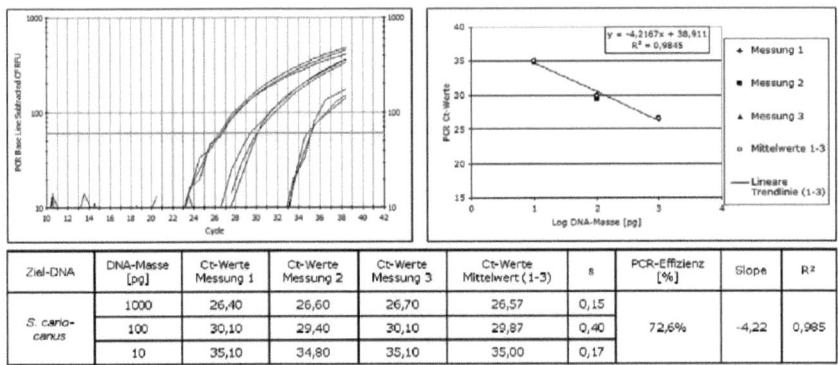

Ziel-DNA	DNA-Masse [pg]	Ct-Werte Messung 1	Ct-Werte Messung 2	Ct-Werte Messung 3	Ct-Werte Mittelwert (1-3)	s	PCR-Effizienz [%]	Slope	R²
S. cariocanus	1000	26,40	26,60	26,70	26,57	0,15	72,6%	-4,22	0,985
	100	30,10	29,40	30,10	29,87	0,40			
	10	35,10	34,80	35,10	35,00	0,17			

Abbildung 109: Ermittlung der PCR-Effizienz des Real-Time PCR Identifizierungssystemes für *S. cariocanus*

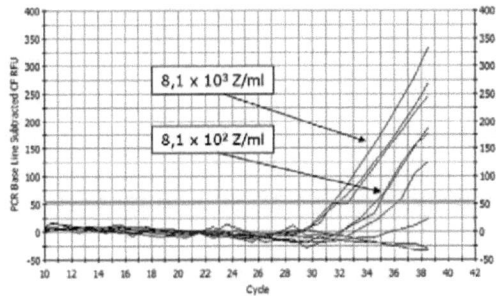

Abbildung 110: Ermittlung der Nachweisgrenze des Real-Time PCR Identifizierungssystemes für *S. cariocanus*

Tabelle 77: Ermittlung der Sensitivität, der Spezifität und der relativen Richtigkeit des Real-Time PCR Identifizierungssystemes für *S. cariocanus*

	Anzahl Hefestämme (*S. cariocanus*)	Anzahl Hefestämme (Nicht- *S. cariocanus*)
	3	48
erwartetes Ergebnis	positiv	negativ
richtiges Ergebnis	2	48
falsches Ergebnis	1	0
Relative Richtigkeit	Sensitivität	Spezifität
98,0 %	66,7 %	100%

Anhang

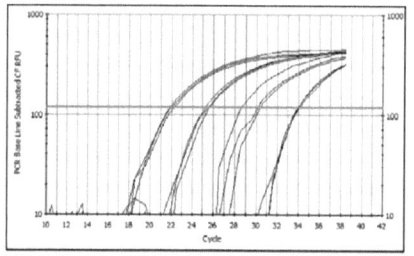 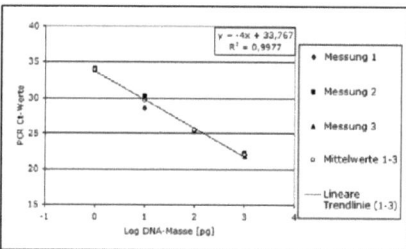

Ziel-DNA	DNA-Masse [pg]	Ct-Werte Messung 1	Ct-Werte Messung 2	Ct-Werte Messung 3	Ct-Werte Mittelwert (1-3)	s	PCR-Effizienz [%]	Slope	R²
S. mikatae	1000	22,00	22,20	21,80	22,00	0,20	77,8%	-4,00	0,998
	100	25,60	25,20	25,60	25,47	0,23			
	10	28,60	30,30	30,10	29,67	0,93			
	1	33,90	34,00	33,90	33,93	0,06			

Abbildung 111: Ermittlung der PCR-Effizienz des Real-Time PCR Identifizierungssystemes für S. mikatae

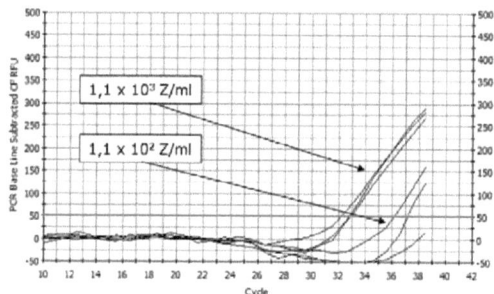

Abbildung 112: Ermittlung der Nachweisgrenze des Real-Time PCR Identifizierungssystemes für S. mikatae

Tabelle 78: Ermittlung der Sensitivität, der Spezifität und der relativen Richtigkeit des Real-Time PCR Identifizierungssystemes für S. mikatae

	Anzahl Hefestämme (S. mikatae)	Anzahl Hefestämme (Nicht-S. mikatae)
	1	48
erwartetes Ergebnis	positiv	negativ
richtiges Ergebnis	1	48
falsches Ergebnis	0	0
Relative Richtigkeit	Sensitivität	Spezifität
100 %	100 %	100%

Anhang

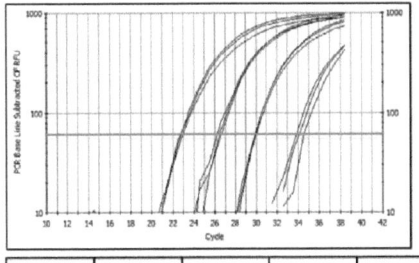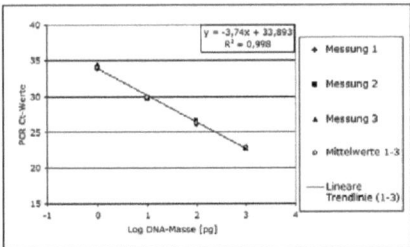

Ziel-DNA	DNA-Masse [pg]	Ct-Werte Messung 1	Ct-Werte Messung 2	Ct-Werte Messung 3	Ct-Werte Mittelwert (1-3)	s	PCR-Effizienz [%]	Slope	R^2
S. paradoxus	1000	22,90	22,70	22,80	22,80	0,10	85,1%	-3,74	0,999
	100	26,10	26,60	26,40	26,37	0,25			
	10	29,80	29,90	29,90	29,87	0,06			
	1	33,80	34,00	34,50	34,10	0,36			

Abbildung 113: Ermittlung der PCR-Effizienz des Real-Time PCR Identifizierungssystemes für *S. paradoxus*

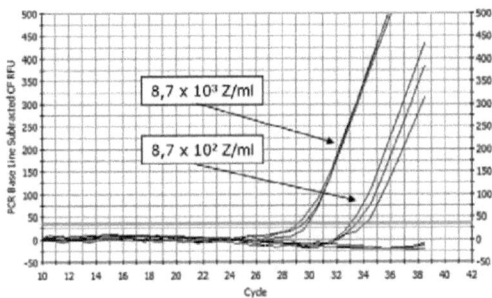

Abbildung 114: Ermittlung der Nachweisgrenze des Real-Time PCR Identifizierungssystemes für *S. paradoxus*

Tabelle 79: Ermittlung der Sensitivität, der Spezifität und der relativen Richtigkeit des Real-Time PCR Identifizierungssystemes für *S. paradoxus*

	Anzahl Hefestämme (*S. paradoxus*)	Anzahl Hefestämme (Nicht-*S. paradoxus*)
	6	48
erwartetes Ergebnis	positiv	negativ
richtiges Ergebnis	6	48
falsches Ergebnis	0	0
Relative Richtigkeit	Sensitivität	Spezifität
100 %	100 %	100%

Anhang

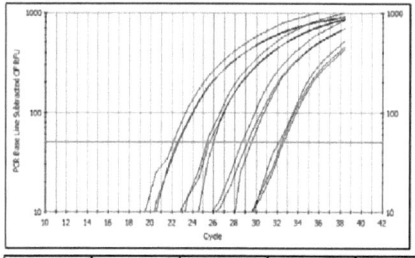 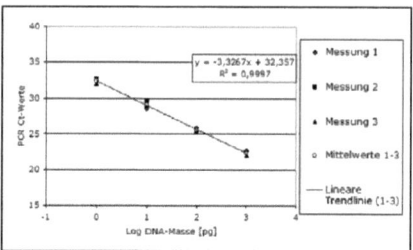

Ziel-DNA	DNA-Masse [pg]	Ct-Werte Messung 1	Ct-Werte Messung 2	Ct-Werte Messung 3	Ct-Werte Mittelwert (1-3)	s	PCR-Effizienz [%]	Slope	R^2
S. kudriavzevii	1000	22,70	22,50	22,10	22,43	0,31	99,8%	-3,33	0,999
	100	25,90	25,30	25,60	25,60	0,30			
	10	28,60	29,50	29,10	29,07	0,45			
	1	32,40	32,60	32,10	32,37	0,25			

Abbildung 115: Ermittlung der PCR-Effizienz des Real-Time PCR Identifizierungssystemes für *S. kudriavzevii*

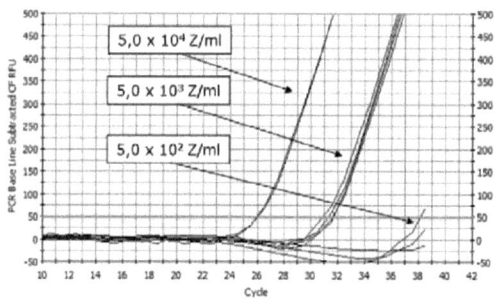

Abbildung 116: Ermittlung der Nachweisgrenze des Real-Time PCR Identifizierungssystemes für *S. kudriavzevii*

Tabelle 80: Ermittlung der Sensitivität, der Spezifität und der relativen Richtigkeit des Real-Time PCR Identifizierungssystemes für *S. kudriavzevii*

	Anzahl Hefestämme (*S. kudriavzevii*)	Anzahl Hefestämme (Nicht-*S. kudriavzevii*)
	2	48
erwartetes Ergebnis	positiv	negativ
richtiges Ergebnis	2	48
falsches Ergebnis	0	0
Relative Richtigkeit	Sensitivität	Spezifität
100 %	100 %	100%

Anhang

8.10 Evaluierungsergebnisse der Real-Time PCR Systeme zur Unterscheidung der industriell eingesetzten Hefearten *Saccharomyces cerevisiae* und *Saccharomyces pastorianus*

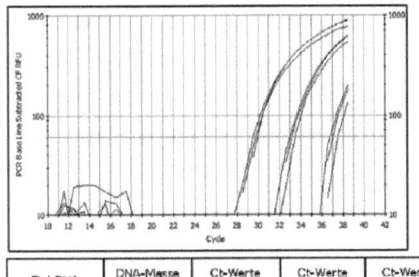
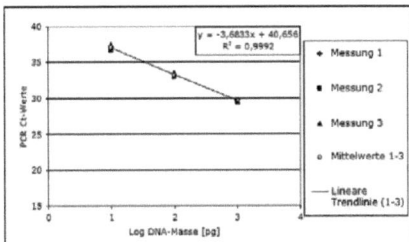

Ziel-DNA	DNA-Masse [pg]	Ct-Werte Messung 1	Ct-Werte Messung 2	Ct-Werte Messung 3	Ct-Werte Mittelwert (1-3)	s	PCR-Effizienz [%]	Slope	R^2
S. cerevisiae (OG) W68	1000	29,80	29,70	29,50	29,67	0,15	86,9%	-3,68	0,999
	100	33,10	32,90	33,50	33,17	0,31			
	10	36,90	36,70	37,50	37,03	0,42			

Abbildung 117: Ermittlung der PCR-Effizienz des Real-Time PCR-Systemes Sc-GRC3

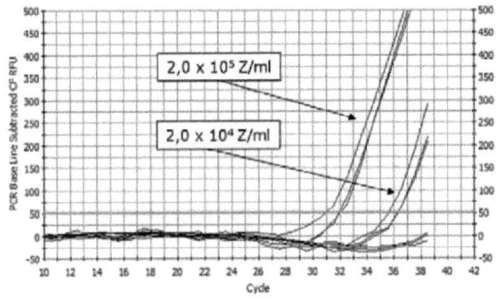

Abbildung 118: Ermittlung der Nachweisgrenze des Real-Time PCR-Systemes Sc-GRC3

Anhang

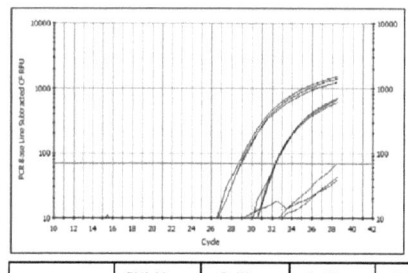 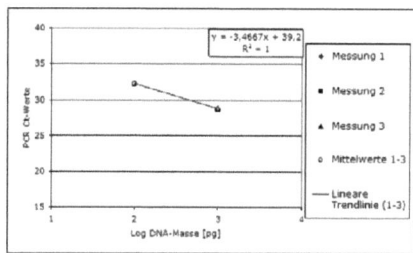

Ziel-DNA	DNA-Masse [pg]	Ct-Werte Messung 1	Ct-Werte Messung 2	Ct-Werte Messung 3	Ct-Werte Mittelwert (1-3)	s	PCR-Effizienz [%]	Slope	R²
S. pastorianus (UG) W34/70	1000	28,80	28,70	28,90	28,80	0,10	94,3%	-3,47	1,0
	100	32,30	32,20	32,30	32,27	0,05			

Abbildung 119: Ermittlung der PCR-Effizienz des Real-Time PCR-Systemes UG-LRE1

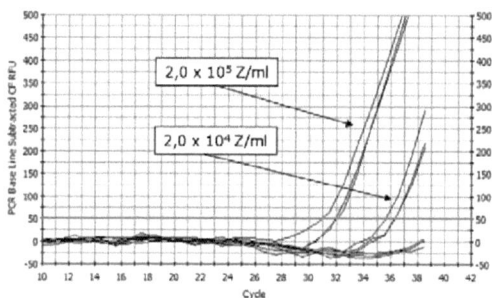

Abbildung 120: Ermittlung der Nachweisgrenze des Real-Time PCR-Systemes UG-LRE1

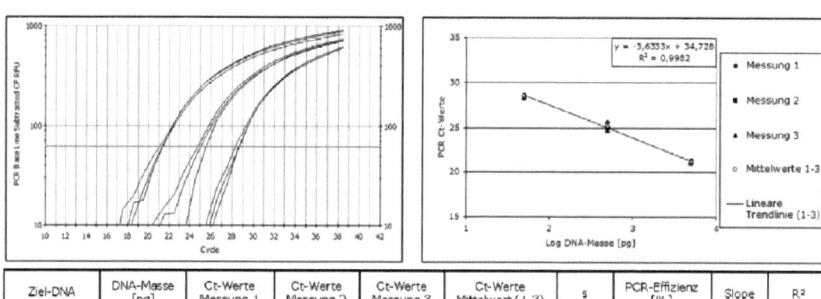

Ziel-DNA	DNA-Masse [pg]	Ct-Werte Messung 1	Ct-Werte Messung 2	Ct-Werte Messung 3	Ct-Werte Mittelwert (1-3)	s	PCR-Effizienz [%]	Slope	R²
S. cerevisiae (OG) W68	5000	21,30	21,00	21,30	21,20	0,17	88,5%	-3,63	0,998
	500	25,60	25,00	24,70	25,10	0,46			
	50	28,60	28,20	28,60	28,47	0,23			

Abbildung 121: Ermittlung der PCR-Effizienz des Real-Time PCR-Systemes OG-COXII

Anhang

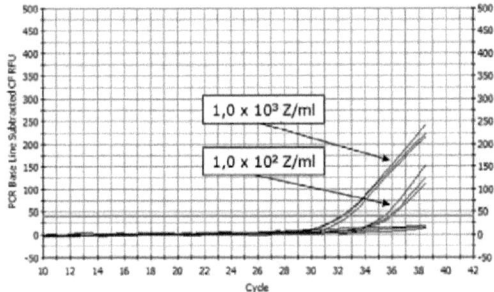

Abbildung 122: Ermittlung der Nachweisgrenze des Real-Time PCR-Systemes OG-COXII

8.11 PCR-DHPLC IGS2-314-Profile industriellgenutzter Hefen

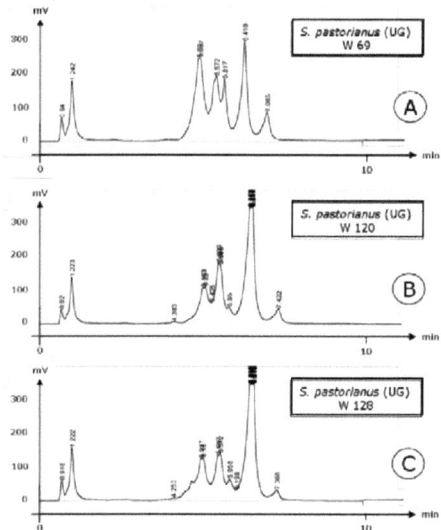

Abbildung 123: DHPLC-Auftrennung der IGS2-314-Amplifikate der Hefestämme *S. pastorianus* UG W 69, 120 und 128

Anhang

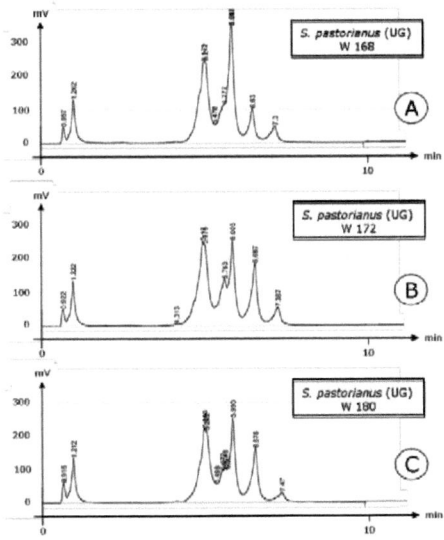

Abbildung 124: DHPLC-Auftrennung der IGS2-314-Amplifikate der Hefestämme *S. pastorianus* UG W 168, 172 und 180

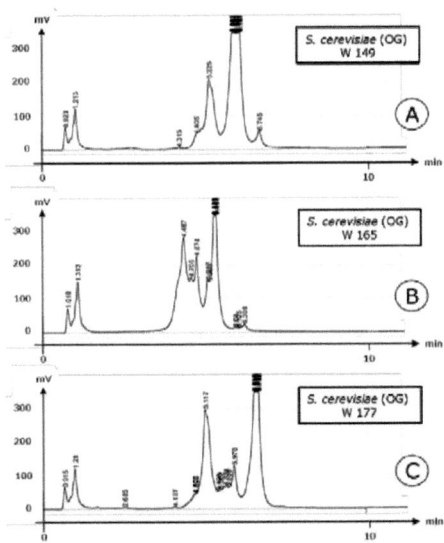

Abbildung 125: DHPLC-Auftrennung der IGS2-314-Amplifikate der Hefestämme *S. cerevisiae* OG W 149, 165 und 177

Anhang

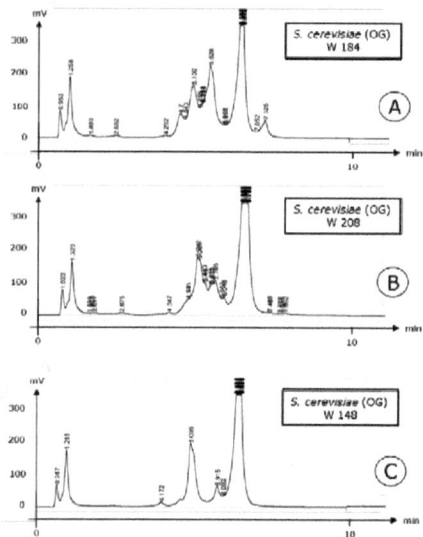

Abbildung 126: DHPLC-Auftrennung der IGS2-314-Amplifikate der Hefestämme *S. cerevisiae* OG W 184, 208 und 148

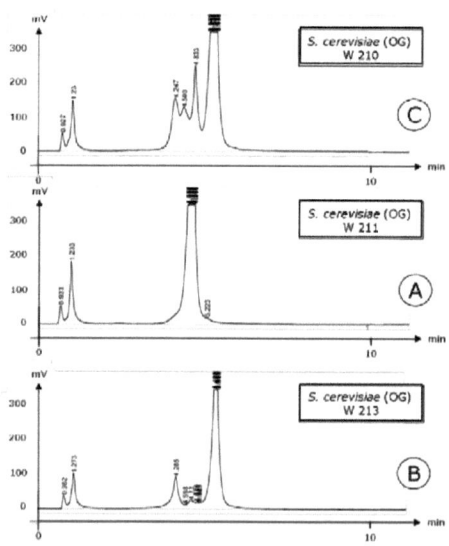

Abbildung 127: DHPLC-Auftrennung der IGS2-314-Amplifikate der Hefestämme *S. cerevisiae* OG W 210, 211 und 213

8.12 Identifizierungsergebnisse von Hefeisolaten aus dem Brauereiumfeld mit bekanntem (PI-BB) und unbekanntem (PI-BA) Probenahmeort

Tabelle 81: Identifizierungsergebnisse von Hefeisolaten aus dem Brauereiumfeld mit bekannter Probenahmestelle (PI-BB) und Zweisung in Isolatgruppen (Hygiene, Rohstoff, Bier)

Hefeart	Hygiene	Rohstoff	Bier	Hefeart	Hygiene	Rohstoff	Bier
Candida bituminiphila			1	Pichia fermentans		1	
Candida boidinii			8	Pichia mandshurica (früher P. galeiformis)			2
Candida inconspicua			3	Pichia guilliermondi	4	5	6
Candida intermedia		1	1	Pichia membranifaciens	2	1	9
Candida norvegica			1	Pichia norvegensis	3		
Candida oleophila			1	Rhodotorula mucilaginosa	2		5
Candida parapsilosis		1	1	Rhodotorula sloffiae	1		
Candida pararugosa			2	S. cerevisiae	1	5	3
Candida picinguabensis			1	S. cerevisiae var. diastaticus			6
Candida pseudolambica			1	S. pastorianus (UG)	4	6	6
Candida sake		3	9	Torulaspora delbrueckii			4
Candida sophiae-reginae			1	Williopsis californica			3
Candida sorbophila	1			Claviaspora lustinaniae			1
Candida sp. (identisch mit CBS 9453)			2	Filobasidium floriforme	1	1	1
Candida sp. (identisch mit CBS 5303)			2	Issatchenkia occidentalis	1		
Cryptococcus albidosimilillis			1	Issatchenkia orientalis			1
Cryptococcus albidus	1		1	Kregervanrija delftensis			1
Cryptococcus saitoi	1			Schizosaccharomyces pombe			1
Debaryomyces hansenii		1	3	Sporidiobolus salmonicolor		2	
Dekkera bruxellensis			2	Trichosporon coremiiforme			1
Lindnera fabianii			1	Wickerhamomyces anomalus (früher Pichia anomala)			19
				Yarrowia lipolytica		2	

Tabelle 82: Identifizierungsergebnisse von Hefeisolaten aus dem Brauereiumfeld mit unbekannter Probenahmestelle (PI-BA)

Hefeart	Isolate	Hefeart	Isolate
Cryptococcus flavenscens	1	S. bayanus	1
Dekkera anomala	7	S. bayanus/ S.pastorianus	6
Dekkera bruxellensis	6	S. cerevisiae	65
Filobasidium floriforme	1	S. cerevisiae var. diastaticus	33
Kregervanrija fluxuum	1	S. pastorianus (UG)	28
Pichia guilliermondi	3	S. kudriavzevii	1
Pichia membranifaciens	6	Wickerhamomyces anomalus (früher Pichia anomala)	3

i want morebooks!

Buy your books fast and straightforward online - at one of world's fastest growing online book stores! Environmentally sound due to Print-on-Demand technologies.

Buy your books online at

www.get-morebooks.com

Kaufen Sie Ihre Bücher schnell und unkompliziert online – auf einer der am schnellsten wachsenden Buchhandelsplattformen weltweit! Dank Print-On-Demand umwelt- und ressourcenschonend produziert.

Bücher schneller online kaufen

www.morebooks.de

 VDM Verlagsservicegesellschaft mbH
Heinrich-Böcking-Str. 6-8   Telefon: +49 681 3720 174   info@vdm-vsg.de
D - 66121 Saarbrücken   Telefax: +49 681 3720 1749   www.vdm-vsg.de

Printed by Books on Demand GmbH, Norderstedt / Germany